U0386971

松香基吸附材料及其环境污染控制的应用原理

刘绍刚 刁开盛 林日辉 等 著

科 学 出 版 社

北 京

内 容 简 介

我国松脂资源丰富，松香是一种可再生的天然林化资源，也是石化原料的重要替代品。本书以松香基吸附材料为核心，系统评述了各种松香基吸附材料在环境领域的应用研究进展。本书简述了吸附材料的类型及研究进展，吸附剂的设计原理、制备和研究方法；介绍了松香及其衍生物的基本性质和改性方法，并对松香基吸附材料的应用前景进行了展望；针对水中各种典型环境污染物（染料、重金属离子、抗生素、酚类有机物和苯系物等），总结了松香基表面活性剂改性矿物材料、松香基高分子聚合物、松香酸淀粉酯等高效的吸附剂的制备方法、性能表征，及其对不同污染物的去除性能与机制，系统评价了多种松香基吸附剂的吸附量、吸附速率和再生性能。

本书可供高校化学工程与技术、环境科学与工程和材料科学等专业师生阅读参考。

图书在版编目（CIP）数据

松香基吸附材料及其环境污染控制的应用原理 / 刘绍刚等著. -- 北京：科学出版社，2024. 9. -- ISBN 978-7-03-079575-5

Ⅰ. TB324

中国国家版本馆 CIP 数据核字第 2024J3P779 号

责任编辑：彭婧煜　郭　会 / 责任校对：周思梦

责任印制：徐晓晨 / 封面设计：众轩企划

科学出版社 出版

北京东黄城根北街 16 号

邮政编码：100717

http://www.sciencep.com

三河市春园印刷有限公司印刷

科学出版社发行　各地新华书店经销

*

2024 年 9 月第　一　版　开本：720×1000　1/16

2024 年 9 月第一次印刷　印张：17

字数：303 000

定价：138.00 元

（如有印装质量问题，我社负责调换）

前　言

近年来，随着经济和社会的发展，工业废水、矿山废水、城市生活污水的大量排放以及农药、化肥的盲目使用，导致水环境的污染，对人类健康和生态平衡造成了极大的威胁。吸附分离是自然界中最基本的过程之一，吸附法因其适应范围广、处理效果好、吸附剂可重复利用等优点，已成为去除水中污染物最为简单和高效的方法之一。然而，吸附材料是吸附技术的关键。当前，吸附材料种类繁多，可分为天然和合成的材料，也可分为有机和无机的材料。常用的吸附剂有活性炭、人工沸石、无机矿物材料和高分子聚合物等，它们已在化学化工、生物医药及环境污染控制等领域得到广泛应用。然而，这些吸附剂在吸附量和吸附选择性等方面存在差异。寻找绿色、高效、低廉、可大规模制备的吸附剂是非常必要的。

目前，针对环境问题制备出高效吸附剂是环境污染控制领域的热点问题。如何解决传统吸附剂存在吸附量小、吸附效率低和再生成本高等问题，值得深入研究。随着新污染物的出现，需要开发新型高效的吸附材料，阐明吸附特性和机理。此外，就吸附理论而言，许多吸附机理尚未明确，缺少可靠的定量分析手段分析吸附材料和污染物之间的作用力。

我国松脂资源丰富且价格便宜，其对环境友好且成本低廉，松香是一种可再生的天然林化资源，也是不可再生的石化原料的重要替代品。本书概述了吸附材料的类型及研究进展，环境吸附材料的设计原理、制备方法和研究方法；重点介绍了具地区优势及特色的松香及其衍生物的基本性质和改性方法，并对松香基吸附材料的应用前景进行了展望；针对水中有机污染物（染料和腐殖酸），开展了基于表面改性等方式制备松香基表面活性剂改性天然矿物吸附材料及其去除效果和吸附机理的研究；针对水环境中各类典型污染物，例如重金属离子、抗生素和酚类有机物等，开发了系列松香基高分子聚合物并对其去除上述污染物的性能与机理进行研究，特别是表面接枝的高分子聚合物的松香基吸附材料的制备及其对各污染物的吸附特性和机理；针对持久性有机物（苯系物为例），以淀粉和松香为原料，研制出松香酸淀粉酯类吸附剂，并应用于研究苯系物的去除效果和吸附机理。

本书是作者多年来从事环境污染控制领域的主要成果，发表的学术论文和所指导的研究生学位论文构成了本书的写作基础。本书主要由刘绍刚、刁开盛和林日辉完成。在撰写过程中，研究组的博士生（刘敏、何雨涵）、硕士生（周瑞武、马亚红、王珏、赵芳、孙剑、王宇航、吕金容、刘芸、张婷婷、谭紫燏、马赫和赵程）做了大量的工作，在这里向他们表示感谢。本书的部分内容得到雷福厚教授、谭学才教授、李鹏飞副研究员很多指导。研究组的龙桂发博士、谢婷博士、田静副教授和刘苏妮老师也提出了很多建议并给予支持。

本书主要成果是在国家自然科学基金项目（22166008、22166007、21667005、201567004 和 21367004）、广西自然科学基金项目（桂科 AB24010135、216GXNSFCA380009 和 2014GXNSFAA118284）、广西一流学科建设项目［桂教科研（2018）12 号］和国家民委重点实验室暨广西林产化学与工程重点实验室和广西高校高水平创新团队项目（桂教人［2020］6 号）等资助下完成。在此一并表示感谢！

受作者水平所限，书中难免存在不足之处，恳请读者批评指正。

作　者

2024 年 4 月

目　录

第1章　吸附材料概述

吸附剂是一种根据某些分子或离子不同的物理化学性质，有效地从气体或液体介质中吸附某些物质的固体物质。通常来说，作为吸附剂，一般都是多孔材料，具有大的比表面积，合适的孔结构，特定的表面结构，对吸附质有较强的吸附能力，不与吸附质和介质发生化学反应。工作时，通过物理作用或化学作用使活性成分或有害成分附着在颗粒表面，进而利用简单的过滤就可将活性成分或者有害成分从液体或气体中分离。在环境吸附领域，理想的吸附材料要求具有制造简单、容易再生、吸附性能好和机械强度高等特性。吸附材料主要包括无机吸附材料、天然高分子吸附材料、无机/有机杂化吸附材料和其他吸附材料。常见传统吸附材料包括活性炭、粉煤灰、膨润土、沸石、高岭土、凹凸棒土等。

1.1　活　性　炭

活性炭是一种色泽深黑、具有多孔结构的固体碳质材料，通常由木炭、坚果壳炭、煤和石油渣等原料进行高温热解、活化加工制备而形成。它具有发达的孔隙结构、较大的比表面积和丰富的表面化学基团，这些结构特点赋予活性炭很强的吸附能力[1]。活性炭种类繁多，其吸附特性随所用原材料和制备工艺的不同而不同。按形状可分为粒状活性炭（多为不规则颗粒状和柱状颗粒）、粉末状活性炭和纤维状活性炭；按材质可分为矿物质活性炭（煤、沥青、石油焦等）、木质活性炭（木材、果壳等）、生物质活性炭（稻壳、活性污泥等）。

1.1.1　活性炭的制备方法

活性炭制备主要有炭化和活化两个阶段，炭化是原料中有机物或易分解物质发生热解过程；活化是指炭化料内部碳原子与活化剂发生氧化还原反应，部分元素以气态形式逸出，形成孔隙。由于活化是造孔阶段，最为关键。活性炭的活化方式有以下几类：

（1）物理活化法

物理活化法是在高温下将炭化料与气体活化剂反应，使炭化料活性点上的碳原子发生反应，从而在材料内部形成丰富的孔隙结构。

首先，在400～500 ℃的无氧条件下对原料进行炭化处理，以去除可挥发成分；随后，在800～1000 ℃的无氧环境下使用氧化性气体（水蒸气、CO_2、烟道气或空气等）进行活化处理。

在制备过程中，具有氧化性的高温活化气体与无序碳原子及杂原子首先发生反应，使原来封闭的孔打开，进而基本微晶表面暴露，然后活化气体与基本微晶表面上的碳原子继续发生氧化反应，使孔隙不断扩大。一些不稳定的碳原子因气化生成 CO、CO_2、H_2 和其他碳化合物气体，从而产生新的孔隙结构。活化可以使碳材料开孔、扩孔和造孔，从而形成发达的孔隙结构。

（2）化学活化法

化学活化法是通过将炭化料与适当的活化剂（$ZnCl_2$、KOH 和 H_3PO_4 等）混合或浸渍，并在惰性气体的保护下加热进行侵蚀、水解、脱水或氧化等不同的化学反应，使不稳定的无序碳原子及杂原子以 CO、CO_2、H_2 和 CH_4 等小分子形式逸出，进而形成大量的孔隙。相较于物理活化法，化学活化法可以有效抑制热解过程产生焦油的副反应，避免了孔隙堵塞的问题。此外，该法具有活化时间短、反应易控制、产物比表面积大和成品收率高等优点，当前已成为高性能活性炭的主要制备方法[2-6]。

（3）物理-化学联合活化法

物理-化学联合活化法是指先用化学试剂对原料进行化学活化处理，然后进一步用氧化性气体进行物理活化处理。首先对原料进行化学活化提高炭化料的活性，在其内部形成活化通道，有助于物理活化时活化气体对孔隙的深入刻蚀。此法兼具物理活化法和化学活化法的优点，往往能形成超大比表面积的活性炭。

1.1.2　活性炭的改性方法

活性炭改性主要通过物理、化学处理，对其表面物理结构特性和表面化学性质进行改性，以适合不同的污染物。

（1）表面物理结构改性是指通过物理或化学方法改变活性炭的物理结构特性，比如增大比表面积、调节孔径分布、控制孔径大小，从而提高活性炭的物理吸附性能。

（2）表面化学性质改性主要通过不同的化学反应改变或增加活性炭表面化学基团，提供特定吸附活性点，从而调节或改变对极性、弱极性以及非极性物质的吸附能力。表面化学性质改性有以下几种方法：

①表面酸碱改性。利用酸、碱等物质对活性炭进行处理，根据需求控制活性炭表面官能团的数量，针对性吸附金属离子污染物。

②表面氧化改性。利用 HNO_3、$HClO_3$ 和 H_2O_2 等强氧化剂氧化活性炭表面官能团，提高表面含氧酸性官能团的数量，增强极性和亲水性，可提高对极性有机污染物的吸附。

③表面还原改性。利用还原剂（H_2、氨水和苯胺）对活性炭表面官能团进行还原处理，提高碱性官能团的数量，表面有含氮官能团的活性炭对重金属和阴离子污染物有较好的吸附性能。

④负载金属改性。活性炭表面吸附金属离子，然后利用活性炭的还原性将其还原成单质或低价态离子，再通过金属离子或金属与某些污染物具有更强的键合吸附能力，增强吸附效果。

1.1.3　活性炭的再生

活性炭再生是活性炭应用的关键，是在保持活性炭固有物化结构的前提下去除其孔隙中的吸附质进而恢复活性炭吸附性能的操作过程。活性炭使用一段时间后达到吸附饱和，即丧失吸附能力成为“废炭”。如果直接将吸附饱和的活性炭丢弃，不仅增加应用成本，还可能导致二次污染。因此，从经济和环保两方面考虑，活性炭的“再生”意义重大。

活性炭的吸附往往不具有选择性，导致活性炭上的吸附质多种多样。对活性炭进行再生，需要根据吸附质的特点、吸附行为以及工艺繁简程度等来选择合适的再生方式和方法。活性炭再生方式可以是直接萃取或置换将吸附质去除而再生，也可以通过改变吸附质的溶解性或化学性质使其脱附而再生，还可以通过化学反应将吸附质氧化或分解去除而再生。常用的活性炭再生方法主要包括：热再生法[7]、药剂再生法[8]、微波再生法[9]、生物再生法[10]和催化再生法[11]等。其中热再生法是最早使用、发展历史最长、应用最广泛的再生方法，该方法工艺流程简单、可有效分解脱去多种吸附质，对活性炭再生较为彻底。

1.1.4 活性炭的应用

（1）气相溶质的吸附与分离

基于活性炭的吸附性能，活性炭与储氢合金形成的复合材料，在温和条件下能够吸附氢气或天然气混合物，用于炼油厂催化干气中氢气的吸附。城市天然气用量随时间的变化或高或低，通过大比表面积的活性炭吸附罐可有效实现天然气管道下游调峰，降低投资成本[12-15]。

（2）液相溶质的吸附与分离

活性炭液相吸附广泛应用于移动式水处理系统、重油的脱色除臭、金属离子的吸附、制药过程选择性吸附、临床医学以及生物活性炭等方面。相较于其他领域，水处理是活性炭应用最为广泛的领域。美国环保署制定的饮用水污染控制标准中涉及有机污染物的有 60 项指标，其中 51 项污染物的最有效去除技术就应用了最简单的活性炭吸附[16]。

（3）催化剂或催化剂载体

催化剂因其表面具备活性中心而具有催化活性。而结晶缺陷又是活性中心能够存在的主要原因。石墨化炭和无定形炭是活性炭晶型的组成部分，因为具有不饱和键，所以表现出类似结晶缺陷的功能。具有结晶缺陷的活性炭可直接作为催化剂，普遍应用在烟道气脱硫、光气氧化、氯化氰的合成、臭氧分解及电池中氧的去极化等氧化还原反应中。同时，因为具有较大的比表面积，活性炭还是理想的催化剂载体，负载了相应活化物种的活性炭可用于电催化、光催化、热催化以及环境污染物催化降解等领域。

1.2 粉煤灰

粉煤灰是煤炭在高温下燃烧产生的一种细微灰粒，属于工业废弃物。粉煤灰的组成和性质受燃料种类、燃烧方式、收集方式等多种条件影响，主要由 SiO_2 和 Al_2O_3 组成，占粉煤灰的 70%～80%以上，其余约 20%～30%为 FeO、

CaO、MgO、Mn_3O_4、TiO_2、P_2O_5、SO_3、K_2O、Na_2O 等物质，此外还可能含有未燃尽的炭粒以及稀有元素如锗、镓等[17-19]。

粉煤灰比表面积较大、多孔，具有一定的吸附性能及表面化学基团，其吸附作用主要包括物理吸附和化学吸附。粉煤灰的物理吸附是指粉煤灰与吸附质（污染物分子）间通过分子间引力产生吸附效应，吸附能力由粉煤灰的孔隙结构及比表面积决定。这类物理吸附的一个主要特征是吸附时粉煤灰颗粒表面能降低、放热，故在低温下可自发进行，另一个特征是无选择性、对各种污染物都有一定的吸附去除能力。粉煤灰的化学吸附是指粉煤灰存在大量 Al、Si 等活性位点，与吸附质通过化学键相结合。化学吸附的特点是选择性强，通常为不可逆。在一般情况下，上述两种吸附作用同时存在，但在不同条件（pH、温度等）下体现出不同优势。

1.2.1　粉煤灰的理化性质

粉煤灰的颗粒主要呈球形，其直径在 1～400 μm。由于粉煤灰中存在大量形状不规则且含有不同数量小气泡的玻璃状颗粒，粉煤灰整体呈多孔结构，其孔隙率高达 50%～80%。相应的比表面积也较大，一般为 800～19500 cm^2/g，而且表面上的原子力都呈未饱和状态，存在大量活性位点，这些位点上存在 Si、Al 的基团，因此具有一定的表面能，呈现出较强的物理和化学吸附作用。燃煤的品种、质地、产地等因素对粉煤灰的化学组分都有一定程度的影响，而化学组分又会对粉煤灰的物理性质和晶相组成产生决定性的影响。因此，不同国家和地区煤粉燃烧所产生的粉煤灰，其物理和化学特性均会存在较大差异[20]。

1.2.2　粉煤灰的改性方法

粉煤灰中含有大量无定形的 SiO_2 和 Al_2O_3，活性 SiO_2 和 Al_2O_3 经过水合作用会形成牢固的 Si—O—Si 和 Si—O—Al 网络结构，导致其应用范围和应用效果受限。实际中，常需要对粉煤灰进行表面改性或结构改性，增强其活性。为了综合利用粉煤灰，实现高附加值，必须重视粉煤灰的改性研究。选择的改性剂和采用的改性方法是影响改性效果的重要因素。粉煤灰改性常用的方法有物理改性和化学改性。物理改性是通过机械研磨使粉煤灰的大颗粒粉碎，高强度的机械研磨能使粉煤灰颗粒更细而增大比表面积，有利于增强吸附能力[21]。化学改性主要分干法和湿法两大类，如常用的酸改性、碱改性和盐改性等都属于湿法改性，火法改性则属于干法改性。近些年，也有一些学者用有机物对粉煤灰进行改性或同时几种方法对粉煤灰进行联合改性，使粉煤灰的吸附性能大大提升[22]。

1.2.3 粉煤灰的应用

粉煤灰因其出色的吸附特性而被广泛应用于废气和废水的处理。粉煤灰的表面粗糙、多孔、大比表面积赋予其吸附和沉降性能，可有效去除废水中的悬浮物和其他污染物，同时降低废水的色度、浑浊度和化学需氧量。

（1）在废水处理中的应用

粉煤灰对生活污水、印染废水、造纸废水、制药废水、电镀废水、含酚含铬废水等均有较好的处理效果。研究表明，在造纸、印染等有机废水处理中，以及适宜的 pH 和粉煤灰投加量条件下，粉煤灰去除污染物和降低化学需氧量的效果高于生物接触氧化法。此外，粉煤灰对废水中的悬浮物也有很好的去除效果，例如用粉煤灰处理印染纺织废水时，悬浮物去除率高达 96.3%。在用粉煤灰处理生活污水时具有显著的脱色除臭效果，颜色由棕色变淡且澄清透明，无色无味，在一定时间范围内，脱色除臭效果随时间增长而增强。由粉煤灰制成的脱硫剂在适当条件下能发挥出比纯石灰脱硫剂更优异的脱除效果[23]。粉煤灰还能有效去除重金属离子及其他有毒物质，适合用于处理含有 Cr^{3+}、Hg^{2+}、Pb^{2+}、F^-、酚类等有毒物质的工业废水。

（2）在废气处理中的应用

粉煤灰在废气处理方面应用广泛。Montes-Hernandez 等[24]使用粉煤灰中 CaO 成分封存处理 CO_2。Liu 等[25]利用粉煤灰对烟气中的钾组分进行吸附，结果表明粉煤灰对钾具有良好的吸附效果。施云芬和魏冬雪[26]以改性粉煤灰制备陶粒用于 SO_2 的吸附研究，实验结果显示该陶粒最大吸附量为 30.9～39.5 mg/g，可以有效地吸收 SO_2 气体。贾小彬[27]利用粉煤灰加工制成催化剂载体，通过浸渍法负载 Mn、Fe、Cu 等金属，煅烧得到脱硝催化剂，NO 的转化率在 100 ℃时可以达 95%以上。陆靓燕等[28]采用热法制备了粉煤灰基吸附剂，并且研究了该吸附剂对 SO_2 的吸附性能。

1.3　膨　润　土

1.3.1　膨润土的组成与特点

膨润土属于黏土类物质，是一种含水的层状铝硅酸盐土状矿物，主要成分为蒙脱石，呈白至橄榄绿色，密度为 2.4～2.8 kg/dm^3，熔点为 1330～1430 ℃，其晶体由两层 SiO_4 四面体和一层 $AlO_2(OH)_4$ 八面体组成，属于 2∶1 型[29]。蒙脱石的理论化学成分主要是 SiO_2、Al_2O_3 和 H_2O[30]。由于层状结构中的无机碱金属或碱金属阳离子（如 Cu^{2+}、Mg^{2+}、Na^+、K^+等）与蒙脱石晶胞的联结很不稳定，故其具有较好的离子交换特性[31]。膨润土不仅无毒、无味、无污染，而且具有良好的黏结性、吸附性、分散性、润滑性，同其他钠基盐、钙基盐交换后具有相当强的悬浮性，经酸化处理后又具有优良的脱色性，因此可以制成各种黏结剂、悬浮剂、脱色剂、增塑剂、催化剂、消毒剂和填充剂等，在工农业生产及环境保护领域有着广泛的用途。

膨润土具有比表面积大、低温再生能力强、储量丰富、价格低廉等特点，将吸附污染物的吸附剂焚烧后可再利用，既实现废物利用，也可消除二次污染。膨润土作为吸附剂主要是将天然膨润土或改性膨润土，可直接用于净化污染物浓度较低的废水。虽然膨润土作为高效廉价的吸附剂在废水净化中取得了一定成果，但是天然膨润土仍存在以下一些缺点：①表面的硅氧结构具有很强的亲水性，层间的阳离子易于水合，在吸附非亲水性污染物时吸附动力小，吸附速率慢，而且吸附的污染物容易解吸脱附，导致吸附不稳定；②蒙脱石晶体层间距较小，杂质离子易堵塞孔隙，不利于物质的扩散传输，造成阳离子交换容量无法充分利用；③对污染物的吸附不具选择性；④具有较强的悬浮性，在废水处理过程中难以分离和回收[32]。因此，需要研究者将膨润土进行活化、改性或者复合，通过改性克服上述缺点，从而提高其的吸附性能，使其成为理想的吸附剂。

1.3.2　膨润土的改性方法

膨润土通常使用的改性方法有酸改性、热活化改性、有机改性、无机改性和复合改性等[33-34]。

（1）酸改性

通过使用一定浓度的HCl、磷酸、硫酸等与膨润土混合后，可以去除膨润土层间的Na^{+}、Mg^{2+}和Ca^{2+}等阳离子和一些杂质，膨润土层间孔径增大，孔道被疏通，层间晶格裂开，层间距增大，从而增强其吸附性能。

（2）热活化改性

将膨润土在高温下进行焙烧可以除去其表面水、层间水以及层间孔隙中存在的一些杂质，减少水膜对污染物的吸附阻力，从而增强膨润土的吸附能力。

（3）有机改性

有机改性是用有机阳离子、有机小分子或有机聚合物等通过离子交换，取代膨润土层间或表面可交换的阳离子或结构水，形成一类疏水亲油有机膨润土纳米材料，增强对有机污染物的吸附能力。

（4）无机改性

无机改性是利用膨润土的膨胀性、阳离子交换性和吸附性将无机物引入到膨润土层间，形成一类亲水性膨润土纳米材料，增强对无机类污染物的吸附能力。

（5）复合改性

复合改性是指使用两种或两种以上改性方法对膨润土进行改性。如无机-有机复合改性膨润土、聚合物-膨润土复合改性，复合改性能提高对吸附质的普适性。

1.3.3 膨润土在废水处理中的应用

（1）染料废水的处理

天然膨润土对酸性染料的吸附能力有限，但对碱性染料具有良好的吸附脱色能力。Chen 和 Zhu[35] 制备了羟基铁柱撑膨润土作为光催化剂，在紫外光下对偶氮染料酸性嫩黄G进行降解实验，结果表明，染料溶液的脱色率可达98%。Lian 等[36] 研究了天然钙基膨润土对刚果红的吸附性能，研究发现 0.2 g 钙基膨润土可以从 100 mg/L 刚果红染料溶液中去除 90.0%以上的染料。

（2）有机废水的处理

Al-Asheh 等[37]探究了改性方法对膨润土吸附苯酚的性能的影响，结果表明，处理后的膨润土对苯酚的吸附能力大幅提高。然而温度升高对其吸附苯酚具有负面影响。Gu 等[38]制备了一种二溴双吡啶改性膨润土并对苯胺进行了吸附研究，结果表明，改性后的膨润土的吸附性能与二溴化物中连接碳链的长度有关，当连接碳链中的碳数达到五或六时才能获得较高的苯胺去除效率。

（3）含重金属离子废水的处理

黏土矿物能够通过离子交换反应以及与矿物表面的硅氧基和铝氧基形成内层配合物，从而有效吸附重金属离子。Kakaei 等[39]利用咪唑改性膨润土对废水中钴、铜和铅离子进行了吸附实验，去除率分别可达 84%、87%和 90%。Niu 等[40]利用硫铝酸盐水泥改性膨润土并对水中 Cr(III)、Pb(II)和 Cd(II)进行了吸附研究，结果显示，当膨润土与硫铝酸盐水泥的质量比为 1∶1 时，改性膨润土对 Cr(III)、Pb(II)和 Cd(II)的去除率分别高达 99.96%、99.8%和 99.7%。

1.4 沸　石

1.4.1 沸石的组成与特点

沸石属于黏土类物质，是一种含水硅铝酸盐的多孔矿物材料的总称。自然界存在的硅铝酸盐矿石在高温处理过程中会产生气体排放、冒泡和剧烈沸腾等现象，因此得名“沸石”。沸石比表面积适中，一般为 500～800 m^2/g。其孔结构以微孔为主，孔径较小，分布均一。硅-氧四面体和铝-氧四面体是构成沸石的基本结构，两个硅-氧四面体以铝-氧四面体为桥梁连接在一起。硅、铝的四面体通过共同的氧原子相连，形成各种环形或三维立体构造，从而形成不同结构的沸石。沸石晶格中的铝-氧四面体带有负电荷，在与外界阳离子发生交换过程中保持了结构电中性。阳离子与水分子同时存在于硅铝酸盐框架的空腔和通道内，因此水分子可作为交换阳离子之间的桥梁[41-42]。

沸石结构稳定，耐酸耐热，具有吸附、离子交换、催化等性能，因此被广泛用作吸附剂、离子交换剂和催化剂，也可在气体干燥、净化和污水处理等方面发挥重要作用。

1.4.2　沸石的改性方法

沸石的铝-氧四面体带有负电性，使其对无机阴离子和带负电污染物的吸附能力较差，而强亲水性又使其对有机污染物的亲和力也较弱。因此，需要通过修饰改变沸石材料表面的特性，改变表面电荷或亲水性，增强沸石对这些类型污染物的吸附性能。改性的方法包括高温焙烧法、酸/碱改性法、无机盐改性法和有机改性法[43]。

（1）高温焙烧法

通过在 350 ℃以上对沸石材料进行高温焙烧，能够有效去除沸石空隙中的水分子、有机物以及碳酸盐，增加有效的空穴和孔道容量。在焙烧后，沸石材料本身的比表面积和离子交换性能显著提高，但温度过高时，容易对沸石本身结构产生破坏，导致比表面积降低。

（2）酸/碱改性法

酸改性法通常使用低浓度的 HCl、硫酸等无机酸对沸石进行浸渍，目的是溶解沸石孔穴和孔道中所含有的部分杂质，无机酸中的氢离子能够与沸石结构中的阳离子进行置换，形成更多的活性中心。对沸石材料进行酸改性，其改性效果与酸的浓度和种类有关。目前改性采用的酸主要包括低浓度的有机酸和无机酸，但无机酸的使用更为普遍。李海鹏等[44]利用不同酸性溶液（磷酸、硝酸和硫酸）对沸石进行酸改性，将这些酸改性沸石对氨氮的吸附性能进行了平行比较，发现磷酸改性的效果最好，吸附量较未改性提高了 91%，硝酸改性吸附量较未改性提高了 14%，硫酸改性吸附量较未改性则降低了 10%。

碱改性也是一种提高沸石吸附污染物能力的有效方法，通常采用 NaOH 和 KOH 溶液对其进行浸渍，当碱溶液的浓度较大时可以显著降低沸石材料中的硅铝比，但不会影响沸石材料本身的结构。碱溶液中的阳离子，如 Na^+、K^+能够与沸石材料中的阳离子进行交换，从而增强离子交换性能。Wang 等[45]研究表明使用 0.1～3 mol/L 硝酸可从斜发沸石骨架中去除 5.05%～23.26%的 Al，然而使用 0.05～0.8 mol/L NaOH 可去除 0.49%～7.64%的 Si。随着 Al 和 Si 的去除，沸石的比表面积明显增加。

（3）无机盐改性法

碱土金属离子的粒径及电荷存在差异，因此沸石材料对水体或土壤溶液中的阳离子交换能力存在差异[46]。利用沸石材料对不同阳离子的亲和力不同来对沸石材料进行改性，最终能够改变沸石材料内部的孔径及其所含阳离子的类型，使沸石材料获得新的离子交换性能。江喆等[47]将沸石浸渍于 0.8 mol/L 的 NaCl 溶液中，结果发现改性后的沸石对氨氮的去除率最高可达 80%。

（4）有机改性法

利用有机物对沸石材料表面进行有机修饰，这种方法能够在沸石材料表面引入丰富的有机官能团，经过有机改性的沸石能增强对有机污染物的亲和力[48, 49]。

1.4.3　沸石的应用

（1）氨氮废水的处理

由于天然沸石材料的平均孔径为 0.4 nm，因此直径大于 0.4 nm 的粒子被阻挡在外，只有直径小于 0.4 nm 的粒子才能进入到沸石材料的孔道和空穴中实现离子交换过程。NH_4^+的离子半径约为 0.286 nm，满足沸石的尺寸效应，较容易进入到沸石材料的内部发生离子交换，同时沸石晶格中负电性的铝-氧四面体导致沸石存在阳离子空缺位，因此，沸石材料对氨氮具有非常强的亲和力和选择性。Eljamal 等[50]制备了一种磁性纳米零价铁沸石材料并对氨氮进行了吸附测试，反应 120 min 后达到最佳去除率为 85.7 %。

（2）含氟废水的处理

用硫酸铝钾改性的沸石材料用于含氟废水的治理，电负性的氟离子和硫酸根离子发生交换，铵根离子与钾离子发生交换，在沸石材料吸附饱和后，采用硫酸铝钾溶液对吸附饱和的含氟沸石材料进行脱附再生，干燥之后可重新进行除氟。Zhang 等[51]采用氯化钙改性沸石并应用于去除水中氟离子，除氟容量可达 1.77 mg/g。

（3）含重金属离子废水的处理

在许多去除水中重金属离子的方法中，吸附法成本最低，效率最高。其中廉价、易得的沸石材料是常用的吸附材料。Zanin 等[52]利用天然斜发沸石作为吸附剂去除印刷工业废水中的重金属离子，Fe(Ⅲ)、Cu(Ⅱ)和 Cr(Ⅲ)的去除率分别高达 95.4%、96.0%和 85.1%。

（4）有机废水的处理

沸石能够有效去除有机污染物是由于沸石材料本身正负电荷中心不发生重叠所导致的极性，使其对极性较强的有机物具有良好的吸附性能。Xie 等[53]研究了十六烷基三甲基铵改性后的沸石对可电离酚类化合物和不可电离有机化合物的吸附能力和机理，发现改性后的沸石对这两种有机物有很强的去除能力，而改性前的沸石几乎没有吸附作用。

1.5 分 子 筛

1.5.1 分子筛的组成与特点

分子筛材料是由相邻的 TO_4 四面体共享顶点而构成的三维四连接的无机微孔材料。分子筛的吸附性能优异，在吸附分离中的应用十分广泛。作为骨架的 T 原子通常采用 Si、Al 或 P 原子，少数情况下用 Ge、B、Ga、Be 等原子[54]。分子筛的骨架中，硅-氧四面体显示电中性，铝-氧四面体带有一个负电荷，磷-氧四面体带有一个正电荷。应用最为广泛的硅铝酸盐分子筛的骨架为阴离子骨架，存在阳离子空缺位，需要有额外的阳离子来平衡骨架负电荷，一般用碱金属阳离子（Na^+、K^+和 Li^+）、碱土金属阳离子（Mg^{2+}、Ca^{2+}等）以及带正电荷的模板剂或结构导向剂。典型的硅铝酸盐分子筛的化学通式为 $A_{x/n}(SiO_2)(Al_2O_3)_x \cdot mH_2O$（A 为阳离子，价态为 n）[55]。

1.5.2 分子筛的制备方法

（1）传统的水热合成法

水热法合成分子筛的两个基本过程是硅铝酸盐水合凝胶的生成和晶化。整个晶化过程一般包括以下几个基本步骤：①硅酸盐和铝酸盐的再聚合；②分子筛的成核；③核的生长；④分子筛晶体的生长及引起的二次成核。水热法合成分子筛的过程如下：首先，在碱性或者酸性条件下，无定形的硅酸盐和铝酸盐在水中发生溶解，经历“溶胶-凝胶”或者清液的状态；其次，将该“溶胶-凝胶”混合物转移至反应釜中进行加热处理，形成预有序的次级单元；再次，在成核阶段会形成许多局部有序的晶核；最后，长成结晶完好的分子筛晶体。由于水热合成法具有操作简单、实验重复性好、对仪器和设备无特殊要求等优点，十分适合用于工业生产。然而这个方法也存在一定的问题，比如高温高压的反应条件、反应周期长等导致该方法的反应效率较低。另外还需使用较大量的有机模板剂，在除去模板剂时会因为有机物的燃烧而释放一定量的温室气体。

（2）晶种辅助合成法

晶种辅助合成法是合成分子筛时在材料前驱体中加入相应结构的分子筛作为晶种来代替传统的无定形硅源和铝源最终得到结晶产物的过程。晶种辅助合成法可以显著地缩短合成时间，容易得到想要的晶相，因此晶种辅助合成法在分子筛的合成中十分常见。另外值得一提的是，这个方法具有普适性，其他多孔结晶材料如金属有机骨架（MOFs）、共价有机框架（COFs）采用此方法合成也很成功。无论是传统的批次生产，还是在持续流反应，此方法在加速结晶过程方面都有十分显著的效果，能明显提升分子筛的合成效率。而且，晶种的存在可以减少产物杂质，甚至能省去有机结构剂的使用。

1.5.3　分子筛的应用

在工业上，分子筛已经成为应用广泛的材料，在催化、吸附、分离和离子交换等方面都得到了广泛应用。

（1）分离富集气体

分子筛作为吸附剂，广泛应用于气体的分离和提纯，包括从空气中分离制氮、甲烷的富集、CO_2 的捕捉等。Park 等[56]研究了 CO_2、CO 和 N_2 在碳分子筛上的吸附平衡及动力学，结果表明，CO 和 N_2 在碳分子筛上的实验吸收曲线可以用等温动力学模型拟合，而 CO_2 由于吸附热高而表现出非等温动力学行为。在相同的温度和表面覆盖率下，碳分子筛的吸附速率顺序为 $CO_2 > CO > N_2$。吸附质的吸附速率很大程度上受其电学性质的影响，而不是直接受其动力学的影响。

（2）色谱上的应用

分子筛在气相色谱中的应用一般是对稀有气体、低级烃类气体等进行分离。例如，在常温下对 He-Ne-H_2 三元体系的分离效果极好，且在吸附柱温度低于 100 ℃时仍能完全分离 H_2-He。此外，对 O_2-N_2 也表现出了良好的分离效果，对乙烯中的微量乙炔也能起到分离效果。

1.6 高　岭　土

1.6.1 高岭土的组成与特点

高岭土是由高岭石、地开石、珍珠陶土、埃洛石等四种矿物中的一种或数种组成的黏土矿物，分子式为 $Al_2O_3 \cdot 2SiO_2 \cdot 2H_2O$[57, 58]。其中，高岭石的层结构单元是由一层硅-氧四面体和一层铝-氧八面体通过共同的氧原子互相连接形成。在硅-氧四面体和铝-氧八面体组成的单元层中，四面体的边缘是氧原子，而八面体的边缘是—OH 基团，单元层与单元层之间通过氢键相互连接。所以我们称之为 1∶1 型二八面体层状硅酸盐矿物。在显微镜下，高岭土呈六角形鳞片状、单晶呈六方板状或书册状[59]。

高岭土质地纯净，其原矿颜色呈白色或浅灰色，含杂质时为灰色或淡黄色，纯净的高岭土颜色洁白，白度可达 80%～90%；外观由于成因不同呈致密块状或疏松土状，质软，有滑腻感，硬度小于指甲，密度为 2.54～2.60 g/cm^3；耐火度高，熔点约为 1785 ℃；可塑性低，黏结性小，具有良好的绝缘性和化学稳定性。使用分散剂后可使高岭土的黏性下降，从而使其可塑性、烧结性、绝缘性、耐火度、离子吸附性、抗酸碱腐蚀性均增强，但阳离子交换性依然较弱。

1.6.2 高岭土的改性方法

（1）酸改性

酸改性是高岭土改性的常见方法。一般是指利用无机酸、有机酸以及复合酸等调控高岭土的结构以及溶出硅、铝等离子以增强高岭土的反应活性，达到改性高岭土的目的。

无机酸改性大多是通过发生置换反应，用 H^+将高岭土中 Fe^{3+}、Al^{3+}等阳离子置换出来，再通过极化作用将铝离子释放出来，无机酸改性对高岭土结构中的 Si—O 核心键影响较小[60]。有机酸则是与高岭土中的基团进行亲核取代反应，破坏高岭土中 Si—O 键、Al—O 键，能够溶出高岭土中的硅与铝，降低硅酸盐矿物中的 Si、Al 含量，增强高岭土的反应活性。

（2）插层改性

在一定条件下，某些物质可以克服层间氢键插入层间空隙，而不破坏其原有的层状结构，这种作用称为插层作用。高岭土层间距比较小，仅有 0.72 nm 左右[61]。高岭土的层间化学键主要是—OH 键、Si—O 键以及氢键等，在高岭土的层间域两边分别是羟基层和氧原子层，原子的不对称性分布导致其层间显极性，因此一般情况下仅有部分极性强的小分子能够进入到高岭土的层间。通过特殊方法可以让极性小分子进入高岭土层间，此时其中的氢键被破坏，高岭土层间距扩大，层间的表面能降低，使本来不能直接进入高岭土层间的有机大分子通过置换反应插入层间。根据插层剂和高岭土插层反应的状态不同，高岭土插层反应的方法主要包括液相插层法、机械力化学法以及新出现的微波插层法和超声法等。

（3）煅烧改性

对高岭土进行煅烧处理，主要是指高岭土在 600～900 ℃条件下，煅烧脱去水分以及其他容易挥发的物质，提高了高岭土的纯度和白度并优化了高岭土晶体结构，提升了加工性能等。高岭土经过煅烧后，其密度变小、比表面积增大、抗磨性以及热稳定性都有较大的提高，经过煅烧后也可以提高其反应活性。

（4）偶联剂改性

偶联剂改性是通过化学方法使高岭土微细颗粒表面包覆一层有机偶联剂，从而使高岭土表面性质由亲水疏油变成亲油疏水，增强高岭土与有机物基体之间的相容性。其作用机理是偶联剂经水解变成一种同时具有亲水基团和疏水基团的两性物质，亲水基团可与高岭土颗粒表面基团产生化学反应，形成共价键，而疏水基团则可与聚合物相容结合，或同时进行反应生成更稳固的化学键，从而达到改性目的。

（5）包膜

包膜处理是把有机物或者无机物包覆在高岭土的细颗粒表面的一种处理方法，从而扩大高岭土的应用范围。这个方法通常被用于一些质量要求不是很高的产品，比如用硬脂酸来包裹高岭土粉末，用作普通橡胶的填料。

（6）化学接枝

在特定条件下，高岭土的活性羟基可以与其他物质形成化学键或者被取代，达到使高岭土表面改性的目的。用这种方法对高岭土进行表面处理，可以选择不同的接枝体和改性条件获得多种类的改性高岭土。相对其他改性方法而言，这种表面处理方法灵活性更强、调控手段更多，具有明显优势。

1.6.3 高岭土的应用

（1）重金属离子的吸附

Srivastava 等[62]对高岭土吸附重金属离子的吸附竞争行为进行了研究，发现在单一元素体系中，Cu 的吸附选择性高于 Pb、Zn 和 Cd；而在多元素体系中，Pb＞Cu＞Zn＞Cd。Zhong 等[63]则探究了改性高岭土对燃煤中重金属（Pb、Cd、Zn 和 Cr）的吸附性能。结果表明，高岭土在插层剥离和酸/碱改性后，对 Pb、Cd、Zn 和 Cr 的吸附作用显著增强，这主要是改性后的高岭土具备更多的吸附活性位点、更丰富的孔隙率和更有效地减缓煤灰的结焦过程。

（2）有机物的吸附

Ma 等[64]利用 Fe_2O_3 改性高岭土作为助催化剂成功地对含亚甲基蓝废水进行了电催化降解，当初始 pH 为 3，电流密度为 69.23 mA/cm^2，催化剂用量为 30 g/L 时，40 min 内化学需氧量去除率可达 96.47%。Ma 等[65]以高岭土载体制备的催化剂进行氧化降解对硝基甲苯，研究结果表明，天然高岭土通过形成更高活性的羟基自由基促进对硝基甲苯的氧化，而经过煅烧后的高岭土主要通过表面反应加速氧化过程。其中负载了 Mn 的高岭土由于其具有 Mn 氧化物（Mn^{2+}、Mn^{3+}和 Mn^{4+}）以及表面羟基基团，氧化效果最好。

1.7 凹凸棒土

1.7.1 凹凸棒土的组成与特点

凹凸棒土（attapulgite，ATP）又名坡缕石（palygorskite），是一种具层链状过渡结构的以含水硅酸盐为主的富镁黏土矿[66]。凹凸棒土的理想化学式为 $Mg_5Si_8O_{20}(OH)_2(OH_2)_4 \cdot 4H_2O$[67]，理论的化学成分质量分数为：$SiO_2$ 56.96 %，MgO 23.83%，H_2O 19.21%[68]。但由于在形成过程中存在类质同象替代等现象，其中 Mg 可被 Al 和 Fe 等元素取代，分别形成铝凹凸棒土和铁凹凸棒土等变种。凹凸棒土属于单斜晶体，其颜色根据杂质及其含量不同可呈现白色、浅灰色、浅绿色和褐色。沉积型凹凸棒土一般为致密块状或土状，热液型凹凸棒土外貌呈皮革状，质地柔软。凹凸棒土在含水的情况下具有高度的可塑性，在高温和盐水中稳定性好，密度较小，一般为 2.05～2.30 g/cm^3，莫氏硬度为 2～3，当加热到 700～800 ℃时，其硬度大于 5。

凹凸棒土的基本构造单元是由平行于 C 轴的硅-氧四面体双链组成，各个链间通过氧原子连结，硅-氧四面体的活性氧原子指向（即硅-氧四面体的角顶）每四个一组，上下交替地排列[69]，分别指向 Mg(Ⅱ)八面体或 Al(Ⅲ)八面体。由于四面体的自由氧原子的指向不是同一个方向，配位结合得到连续四面体层和不连续八面体层的链层状硅酸盐，所以形成很多孔道。

凹凸棒土有较强的吸附效果，其吸附机理主要为[70]：①凹凸棒土表面电荷分布不平衡所带来的吸附效应，主要是通过不同价态的离子与晶体中 Fe^{3+}、Al^{3+}和 Mg^{2+}发生交换，为离子交换吸附机理；②Si—O—Si 中氧硅键的断裂形成的 Si—OH 羟基，可以作为电子给体与缺电子的原子或基团（如金属离子和金属化合物、阳离子、三价硼化合物等）形成配位结合而产生吸附能力，也可以作为氢键给体（羟基氢）或受体（羟基氧）与其他含氢键受体或给体的基团以氢键结合而产生较强的吸附能力。

1.7.2 凹凸棒土的改性方法

（1）提纯

天然凹凸棒土存在蒙脱石、伊利石、石英砂、方解石和白云石等杂质，会大大降低凹凸棒土特有的吸附性、胶体性和黏结性，通常需要经过分散提纯后才能投入实际应用。目前主要提纯技术有干法和湿法两种。干法提纯是简单的物理分离方法，将凹凸棒土粉碎后，利用不易磨碎的非黏土杂质的密度和粒度不同，轻松除去凹凸棒土的蒙脱石、伊利石、碳酸盐和石英砂等杂质。干法提纯成本低、工艺流程较简单，但提纯效果有限，只适用于原矿品位好、凹凸棒土含量高的矿石，所得产品只能用在纯度要求不高的行业作载体和填料。湿法提纯要经过粉碎—水浸渍—分散剂分散—过滤、沉降或离心分离—脱水干燥五个操作步骤。凹凸棒土湿法提纯工艺回收率偏低，资源浪费严重，生产成本高，然而湿法提纯的凹凸棒土产品纯度高，可做成纳米材料用在对凹凸棒土纯度要求较高的化妆品、催化剂、洗涤剂、医药等行业。但是凹凸棒土的膨胀性、胶体性和高黏度给脱水干燥带来很大困难。

经过干法或湿法提纯的凹凸棒土应用范围依然十分有限，如果将提纯后的凹凸棒土进行相应的改性，则会大大拓展其应用领域。

（2）高温烘焙改性

凹凸棒土在加热时能脱除晶体结构中不同状态的水，内部结构变得疏松多孔，从而增加比表面积，增强吸附力。天然凹凸棒土的比表面积约为 164～210 m^2/g，经高温焙烧后，比表面积能够显著增加，甚至达到 350 m^2/g 以上。在一定温度范围内，凹凸棒土的比表面积随着焙烧温度的增加而增加，在 230 ℃前失去表面吸附水和晶格间隙水，230～400 ℃失去大部分结晶水，400～600 ℃失去剩余结晶水和大部分结构水。然而当温度超过 600 ℃时，比表面积就会出现下降趋势，失去结构水引起孔洞塌陷、纤维束堆积，针状纤维束紧密烧结在一起，孔隙容积和比表面积减小，致使吸附能力减弱。

（3）酸改性

经酸浸渍后凹凸棒土内部的四面体与八面体结构部分溶解，但未溶解的八面体结构仍起到支撑作用，同时除去孔道中的碳酸盐等杂质，保持孔道通畅，使孔数目增加，并提高了比表面积。此外，由于凹凸棒土具有阳离子可交换性质，较小半径的 H^+能置换层间部分 K^+、Na^+、Ca^{2+}和 Mg^{2+}等离子，进一步增大孔容积。随着酸含量和改性时间的增加，凹凸棒土的比表面积也会相应增大。但是，如果酸浓度过高将导致八面体结构中的阳离子完全溶解，八面体结构将失去支撑引起结构塌陷，并导致比表面积下降。

（4）有机改性

凹凸棒土的有机改性一般采用有机表面活性剂或硅烷偶联剂作为改性剂，用长碳链有机阳离子取代凹凸棒土间无机阳离子，使层间距扩大。同时凹凸棒土颗粒表面也能吸附部分无机阳离子，晶格内外的部分结晶水和吸附水也可能被有机物取代，从而改善疏水性，增强吸附有机物的能力。

凹凸棒土表面富含的 Si—OH 极性基团是用偶联剂对其表面改性的基础[71]。采用偶联剂对凹凸棒土表面进行处理，形成表面改性，使其表面活性化，从而改善凹凸棒土的表面性能。通过偶联剂的偶联作用，使之与聚合物大分子链彼此相连形成交联结构，从而使得凹凸棒土表面由亲水性转变为亲油性，改善凹凸棒土与高分子基体的界面，达到增强其对疏水性有机物或高聚物亲和力的改性效果。

1.7.3　凹凸棒土的应用

（1）含重金属离子废水的处理

Liu 等[72]制备了负载氧化石墨烯/凹凸棒土的陶瓷复合膜并对重金属离子的吸附性能进行了研究，结果表明，复合膜具有 6.3 L/(m^2·h) 的高渗透通量以及接近 100%对 Cu(Ⅱ)、Ni(Ⅱ)、Pb(Ⅱ)、Cd(Ⅱ)等重金属离子的截留率。

（2）有机废水的处理

Wang 等[73]研究了一种高效处理染料废水的复合膜，该膜是陶瓷基氧化石墨烯/凹凸棒土复合膜。研究表明，对于 7.5 mg/L 的罗丹明 B（Rh B）废水，渗透通量从石墨烯膜的 3.4 L/(m^2·h)增加到掺杂凹凸棒土的复合膜的 13.3 L/(m^2·h)，并且复合膜保持了近 100%的截留率。Cui 等[74]制备了一种新型的三维凹凸棒土，疏油性超强，可有效分离油/水和吸附污染物，他们发现该材料对亚甲基蓝和结晶紫的最大吸附量分别为 115.2 mg/g 和 68.8 mg/g。

（3）其他应用

凹凸棒土具备独特的孔道结构和界面性质以及较大的比表面积，使其成为一种理想的催化剂载体，经过直接或适当表面改性处理，用于固体催化剂。

化学惰性也是凹凸棒土的一个最有价值的特点。凹凸棒土胶体悬浮液受氨水、NaOH、氯化钾、无机磷酸盐等电解质的影响很小，在电解质中不产生絮凝沉淀。因此，凹凸棒土被广泛地用于液体肥料、乳胶涂料、钻井泥浆和其他需要用到高浓度的电解质的体系中作为增稠剂和稳定剂。

1.8 活性氧化铝

活性氧化铝为白色多孔的球状颗粒，一般具有光滑表面，粒度比较均匀，机械强度大，吸湿性强，无毒无味，并且不溶于水和乙醇。活性氧化铝的结构稳定，即使吸附了水或有机物，仍能保持其原始状态不会发生胀裂。

活性氧化铝是一种高效干燥剂，对某些含水物质具有极强吸水性。而且，活性氧化铝的空隙众多，比表面积较大，处于不稳定的过渡态，这些特点赋予其较高的活性。活性氧化铝在无机化工产品中占据着较为强势的地位，其应用十分广泛，能够作为催化剂或催化剂载体用在石油化工以及其他化学工业中。

1.8.1 活性氧化铝制备方法

活性氧化铝通常有以下两种制备方法：一是快脱粉法，即在煅烧水铝石后用流动床滚动成型；二是先制备一水合氧化铝（酸碱法、中和法、醇铝法等）[75，76]，然后通过油-氨柱老化成型、挤出成型或喷雾干燥成型。第二种制备方法能够制备晶相纯度较高的产品，并且具有便捷的成型过程，目前催化剂载体氧化铝和活性氧化铝主要采用此方法生产。

1.8.2 活性氧化铝的应用

（1）含氟废水的处理

Maliyekkal 等[77]使用氧化镁对活性氧化铝进行了改性并对含氟废水进行了吸附研究，结果表明，氟化物在改性后的活性氧化铝上的吸附依赖于 pH，并且在较高 pH 下吸附性能较低。在中性条件下反应 3 h，10 mg/L 氟化物的去除率超过 95%。Tripathy 等[78]研究了浸渍明矾的活性氧化铝吸附去除水中氟化物的能力，研究发现在 pH 为 6.5 时，反应 3 h 后除氟率可高达 99%。

（2）废气的处理

Auta 等[79]使用 NaOH 对活性氧化铝进行了改性，并将其用于固定床吸附

CO_2。结果表明，500℃煅烧后的改性活性氧化铝对 CO_2 吸附量最高可达 51.92 mg/g，并可稳定循环使用 3 次。王海[80]使用活性氧化铝吸附剂对牛舍中的 CO_2 气体进行吸附研究，实验表明活性氧化铝对 CO_2 有较高的吸附性能，最大吸附量为 38.54 mg/g。

1.8.3　活性氧化铝的再生

活性氧化铝的再生性能是影响其经济性的一项重要指标。用作催化剂载体或吸附剂的活性氧化铝失去活性，则成为废活性氧化铝。废活性氧化铝数量多，长期堆放，严重污染环境。因此，研究活性氧化铝的再生技术是有必要的。程小娟[81]采用热处理法和酸处理法以改善废活性氧化铝内部孔结构，提高活性，达到再生后重复使用的目的。Lounici 等[82]提出了一种基于电化学的新再生技术，对于吸附氟离子饱和的活性氧化铝，电化学再生系统能恢复其相对初始活性氧化铝 95%的吸附量。

1.9　硅　　胶

硅胶的材质坚硬，是一种由无定形 SiO_2 构成的多孔结构的固体颗粒，其分子式是 $m\mathrm{SiO_2} \cdot n\mathrm{H_2O}$[83]。硅胶表面的物化结构与制备条件和方法密切相关。硅胶的表面含有大量的硅醇基团，因此具有很强的氢键作用和极强的吸湿性能。其廉价易得、制备简单、无毒副作用且不污染环境，同时结构稳定且耐腐蚀，产品使用寿命长。因此，硅胶在药物缓释剂、吸附材料、色谱分离、生物技术、节能减排、光学材料、环境治理和涂料等方面都有广泛应用[84]。

1.9.1　硅胶的制备方法

硅胶的制备方法包括气相法、化学沉淀法[85]、溶胶-凝胶法[86]和微乳液法[87]。其中，化学沉淀法利用硅酸钠和无机酸作为原料，在操作上具有便捷性，且原料成本低廉且易于获得，适合进行工业规模生产。

1.9.2　硅胶的应用

（1）作为催化剂载体

硅胶的比表面积大、热稳定性好、可重复利用性高、选择性高、易于处理，用硅胶作为催化剂或催化剂载体不仅能简化反应过程，而且能避免残留物污染环境，受到了人们的青睐。Shen 等[88]制备了负载溴化铜-六甲基三亚乙基四胺配合物的硅胶基催化剂用来催化甲基丙烯酸甲酯（MMA）的原子转移自由基聚合。结果表明，使用催化剂后聚合物具有稳定的分子量和低分散性，将该催化剂再循环用于 MMA 聚合，在第 2 次使用中保持 80%的活性，在第 3 次使用中保留 50%的活性。

（2）含重金属离子废水的处理

Kumar 等[89]采用了一种用树脂聚合物苯胺甲醛缩合物涂覆在硅胶上的吸附剂，对水溶液中 Cr(Ⅵ)进行去除研究。结果表明，在 pH=3.0 时，总铬［Cr(Ⅵ)和 Cr(Ⅲ)］的去除效果最佳。当 Cr(Ⅵ)初始浓度为 200 mg/L 时最大吸附量为 65 mg/g。

1.10 高分子吸附材料

常见的高分子吸附材料包括人工合成的吸附树脂和天然存在的纤维素类、淀粉类和壳聚糖类等。人工合成的吸附树脂可以反复使用，并且化学结构和物理结构均可有选择性地调整和改变，以满足不同需求，因此其种类繁多，应用范围广泛。而天然有机高分子吸附剂具有廉价、无毒、易得及可再生等优点。

1.10.1 吸附树脂

吸附树脂是一类多孔隙、高度交联的高分子聚合物，其内部具有三维空间立体孔结构。它具有吸附速率快、净化效果好、吸附量大、再生性好、机械强度高等优点，适用于去除气相或溶液中的污染物[90]。由于原料和制备方法不同，吸附树脂有亲水性吸附树脂和疏水性吸附树脂，配位型树脂和离子交换树脂，微孔吸附树脂、介孔吸附树脂和大孔吸附树脂，一般交联吸附树脂和超高交联吸附树脂，等等。

（1）制备和改性方法

吸附树脂通常是在一定比例致孔剂的存在下，利用分散剂形成悬浮液进行聚合而成。以制备苯乙烯树脂为例，主要原料为苯乙烯，交联剂为二乙烯苯。将苯乙烯和二乙烯苯加入水相中，并添加引发剂（如过氧化苯甲酰）和分散剂

（如羟乙基纤维素），搅拌形成均匀油珠后在一定温度（80～95 ℃）下保持搅拌速度进行悬浮共聚，得到球状共聚体（聚合小球），将聚合小球脱水并过筛，得到符合标准的苯乙烯树脂。分散剂的特性、搅拌条件和温度等是影响悬浮共聚的主要因素。

吸附树脂作为一种常用的吸附剂，广泛应用于环境保护、抗生素分离、维生素提取、生化和有机质的纯化分离等领域。随着工业分离和净化领域对吸附树脂性能要求的不断提高，为改善传统吸附树脂的吸附性能和选择性，通常需要采用氢键型改性、接枝改性和磁改性等技术提升吸附树脂的分离效果。

1）氢键型改性

吸附树脂的吸附作用主要来自于树脂与吸附质之间的分子间作用力和氢键作用。因此氢键数量直接影响树脂的吸附能力。对苯乙烯树脂而言，常见的氢键改性是通过将树脂氯甲基化后再引入氢键给体或受体基团从而制得氢键型吸附树脂，使改性树脂与吸附质之间形成氢键实现吸附量的增加。

2）接枝改性

接枝共聚是高分子化学改性的一种主要方法，所谓接枝改性是指在主干聚合物链上键合分支聚合物的反应。采用的接枝方法通常有链转移接枝、化学接枝和辐射接枝等。接枝改性在实际应用中非常普遍，一般都是根据吸附质特性选择具有对应作用基团的分子进行接枝改性。

3）磁改性

由于磁性树脂具有吸附效率快、易分离、操作简单等优点，受到越来越多的关注，尤其是在水处理方面。磁性树脂是指将磁性材料嵌入到树脂中，使其具有磁性易于分离，树脂流失少等特点，可以制备成较小粒径从而增大其比表面积，增加吸附量。

（2）吸附树脂的应用

1）含重金属离子废水的处理

Liu 等[91]采用超声波加热法合成了葡聚糖-壳聚糖大分子树脂，并将其应用于吸附各种重金属离子。研究表明，该树脂对重金属离子的吸附是一种自发的单分子化学吸附，在 20 ℃、pH=7.0 的条件下对于 Cu(Ⅱ)、Co(Ⅱ)、Ni(Ⅱ)、Pb(Ⅱ)和 Cd(Ⅱ)的吸附量分别为 342 mg/g、232 mg/g、184 mg/g、395 mg/g 和 269 mg/g，并且具有良好的重复使用性能。

2）染料废水的处理

Sun 和 Yang[92] 制备了改性泥炭树脂颗粒并对碱性染料的品红和亮绿进行了吸附研究。结果表明，改性泥炭树脂颗粒对品红和亮绿的吸附能力非常高，品红和亮绿在改性泥炭树脂颗粒上的吸附过程可以用颗粒内扩散模型很好地描述。

1.10.2 纤维素类吸附剂

纤维素是一种纤维状多毛细管的立体高分子聚合物，直径小（微米级）、细长、比表面积较大，且分子内含有许多亲水性羟基，可以发生一系列与羟基有关的化学反应，制取不同用途的功能高分子材料[93]。天然纤维素的高分子链结构上存在大量羟基，在其分子链间和分子链内广泛形成了氢键，这种羟基相互形成氢键结构降低反应活性。天然纤维素直接用作吸附剂时，吸附量小、选择性低。因此，为了使纤维素达到所预期的吸附性能，必须对天然纤维素进行改性。纤维素的常见改性方法有氧化反应、酯化反应、醚化反应、自由基接枝共聚反应等[94]。

Fakhre 和 Ibrahim[95] 以纤维素和二苯并-18-冠醚-6 为原料，以硝酸铈铵为引发剂，一步合成了新型超分子多糖复合物，并用于溶液中重金属离子的吸附研究。结果表明，超分子多糖复合材料对 Cd(Ⅱ)、Zn(Ⅱ)、Ni(Ⅱ)、Pb(Ⅱ)和 Cu(Ⅱ)的去除率分别为 98%、94%、93%、97%和 96%，效果远高于单独使用纤维素或二苯并-18-冠醚-6。二苯并-18-冠醚-6 与纤维素具有协同作用，与重金属离子形成更稳定的络合物。

1.10.3 淀粉类吸附剂

淀粉是一种容易降解的高分子碳水化合物，是葡萄糖脱去水分子后经由糖苷键连接在一起所形成的共价聚合物。淀粉可以吸附许多有机化合物和无机化合物，直链淀粉和支链淀粉因分子形态不同具有不同的吸附性质。直链淀粉分子在溶液中分子伸展性好，很容易与一些极性有机化合物如正丁醇、脂肪酸等通过氢键相互缔合，形成结晶性复合体而沉淀。

Ma 等[96] 以马铃薯淀粉为原料，合成了多孔淀粉黄原酸酯（PSX）和多孔淀粉柠檬酸盐（PSC）并用于水溶液中 Pb(Ⅱ)的去除。结果表明，PSX 和 PSC 对 Pb(Ⅱ)的最大吸附量分别为 109.1 mg/g 和 57.6 mg/g。Fang 等[97] 以豌豆淀粉为原料制备了一种新型的三维纳米多孔淀粉基纳米材料并对重金属离子进行了吸附研究。结果表明，反应30 min时，三维纳米多孔淀粉基纳米材料对Cd(Ⅱ)、Hg(Ⅱ)、Cu(Ⅱ)和Pb(Ⅱ)的吸附量分别高达532.28 mg/g、381.47 mg/g、354.15 mg/g和238.39 mg/g。

1.10.4 甲壳素/壳聚糖类吸附剂

壳聚糖是一种含有氨基的天然多糖，由甲壳素脱乙酰而得，具有生物降解性、细胞亲和性和生物效应等多种性质。由于分子内含有反应活性较强的羟基、氨基等官能团，壳聚糖能够通过氢键、配位键形成具有类似网状结构的笼形分子，从而使其具有优异的生物学功能，并能进行化学修饰，可广泛应用于食品、农业、环保、药物缓释、生物医用等领域。

壳聚糖的改性主要是对分子链上氨基和羟基的化学修饰[98]，通过在N位和O位酰基化、羧甲基化、季铵化和硫酸酯化等，向分子链上引入具有不同功能和性质的官能团，提高壳聚糖的选择吸附性能。Zhou等[99]利用壳聚糖对生物炭进行改性后用于对Cu(Ⅱ)、Pb(Ⅱ)和Cd(Ⅱ)的吸附研究，结果表明与未改性的生物炭相比，几乎所有的壳聚糖改性生物炭对这3种重金属离子的去除作用都得到增强。Sakkayawong等[100]研究了壳聚糖对合成活性染料废水的吸附机理，研究表明在酸性条件下，壳聚糖聚合物上的氨基是染料吸附的有效官能团，而在碱性条件下，羟基是染料吸收的有效官能团。

1.10.5 木质素类吸附剂

木质素是唯一具有芳香结构的天然高分子，在自然界中含量仅次于纤维素。其含有酚、醇羟基和羧基等活性官能团，具有很强的亲水性。用作吸附剂时，木质素吸附选择性差，不针对特定污染物，而且对污染物的吸附量较低。但是，改性能增强木质素的稳定性，并可提高其对污染物的吸附量、选择性以及可循环使用性能，所以改性是木质素高值化利用的途径之一。因木质素的酚、醇羟基以及其邻、对位氢原子具有反应活性，这为木质素的改性提供了可能，可以通过交联、杂交、缩合、接枝和共聚等反应来实现。木质素及其改性产物表现出良好的吸附性能，可应用于吸附重金属离子［Cd(Ⅱ)、Pb(Ⅱ)、Cu(Ⅱ)等］[101, 102]、阴离子、有机物（如酚类、醇类、烃类化合物等）和其他物质（如染料和杀虫剂）等。

1.11　纳米吸附材料

纳米材料是指在三维空间中至少有一维处于纳米尺度范围（1～100 nm）或由三维空间中的二维或三维纳米尺度范围组合作为基本单元构成的材料。相当于 10～1000 个原子紧密排列在一起的尺度。由于纳米材料比表面积大、表面自由能高，对污染物有很强的吸附能力，容易吸附环境中的有毒污染物从而改变其自身的毒性，进而影响迁移和归趋。故纳米材料在分离科学领域的应用受到广泛关注，尤其在水环境中污染物微观界面的吸附过程是近年来研究的热点之一。在环境污染领域中所使用的纳米材料主要有碳纳米管、石墨烯、富勒烯、二氧化钛纳米管等。

1.11.1　碳纳米管

碳纳米管（carbon nanotube，CNT）于 1991 年由日本科学家饭岛澄男（Sumio lijima）首次报道，是除金刚石、石墨、富勒烯以外的第四种碳的同素异形体，是石墨烯围绕同一中心轴卷曲而成的一维纳米级管状材料[103]。这种多孔、空心的独特结构决定了 CNT 能与吸附质间产生分子间的相互作用，因而在水相中表现出高效的吸附性能。按照石墨烯片卷曲层数的不同可分为单壁碳纳米管和多壁碳纳米管；按结构特征可以分为扶手椅式碳纳米管、锯齿形碳纳米管和手型碳纳米管；按外形的均匀性和整体形态可分为直管型、管束、Y 型、蛇型等。

（1）制备和改性方法

自从 CNT 被引入材料领域以来，如何能高产量、高质量、低成本地制备 CNT 材料成为该研究方向的重要问题。目前，CNT 的主要制备方法包括电弧放电法、激光烧蚀法、化学气相沉积法等。最常用的电弧放电法制备工艺是在真空容器中充满一定压力的惰性气体或氢气，以掺有催化剂（如 Ni、Co、Fe 等）的石墨为电极，进行电弧放电，过程中阳极石墨被蒸发消耗，同时在阴极石墨上沉积碳纳米管。初步生产出的 CNT 一般都需要纯化，主要是去除无定形碳和金属杂质。目前多壁碳纳米管可大量生产，而单壁碳纳米管产量小、价格贵。

CNT 的改性包括物理改性和化学改性。物理改性是通过球磨、表面活性剂处理等方法使 CNT 管长变短、管口打开，可在减少管间缠绕的同时增加管内的毛细凝聚吸附，提高其吸附性能；化学改性是通过在 CNT 上引入或去除羟基、羧基和氨基等官能团，改变其化学特性。

（2）理化性质

CNT 作为一维纳米材料，重量轻，六边形结构连接完美，具有许多异常的力学、电学和化学性能。CNT 具有良好的力学性能，抗拉强度是钢的 100 倍，弹性模量约为钢的 5 倍，目前是人工合成的比强度最高的材料。将其掺杂入其他工程材料制成的复合材料表现出良好的强度、弹性和抗疲劳性。CNT 的结构与石墨的片层结构相同，具有良好的导电性能，理论预测其导电性能取决于其管径和管壁的螺旋角。CNT 具有良好的传热性能，非常大的长径比使其沿着长度方向的热交换高，而垂直方向的热交换低，因此在复合材料中掺杂 CNT 能显著提高材料的热导率。

（3）CNT 的吸附应用

CNT 对重金属离子有优良的吸附能力，经过改性处理后的 CNT，其表面富含羟基、羧基和氨基等官能团，能通过离子交换、络合等作用吸附水中的重金属离子。Tofighy 和 Mohammadi[104] 研究了浓硝酸氧化后的 CNT 对重金属离子的吸附性能，结果表明，氧化处理后 CNT 的吸附能力显著提高，所考察的不同重金属离子在氧化 CNT 上吸附的优先顺序为 Pb(Ⅱ)>Cd(Ⅱ)>Co(Ⅱ)>Zn(Ⅱ)>Cu(Ⅱ)。此外，增加初始盐浓度能够增加 CNT 的吸附能力。

纯化后的碳纳米管会在其末端和缺陷处引入大量的含氧官能团，能提供含大量带孤对电子的给体原子，增加了碳纳米管表面的负电荷，使 CNT 对金属离子有吸附作用。CNT 表面的 π 键与含 C═C 或苯环的有机物分子之间有 π-π 堆积作用，使其对有机污染物（芳香化合物、酚类、苯类等）也有很强的吸附能力，CNT 也能通过 π-π 堆积作用和疏水作用吸附弱极性污染物。此外，CNT 表面有含氧官能团时还可以通过氢键作用和静电作用吸附有机污染物[105]。

总体来说，虽然碳纳米管的比表面积较大，再生性能好，具有良好的机械性能和化学惰性，是一种优秀的吸附材料。但由于其管径小、表面能大，在水环境中分散性较差，需要进一步研究改善其在水中的分散性，因而近些年的研究开始转向 CNT 的复合材料。

1.11.2　石墨烯和富勒烯

（1）石墨烯

石墨烯（graphene）是一种以 sp^2 杂化连接的碳原子紧密堆积成单层二维蜂窝状晶格结构的新材料[106]，其厚度仅为 1 个碳原子的直径，是构成其他碳纳米材料的基本单元。石墨烯的薄膜层状结构使其具有其他材料不可比拟的比表面积，是良好的吸附材料。但由于其表现出明显的疏水性，且容易聚集，实际应用中常采用分散性较好的石墨烯复合材料。

氧化石墨烯（graphene oxide，GO）是石墨烯表面被氧化的产物[107]。氧化石墨烯表面含有羟基、环氧基、羰基、羧基等含氧官能团，这些化学基团不仅使其表现出良好的亲水性，还可成为活性吸附位吸附水中的碱性分子和阳离子等。同时氧化石墨烯可通过 π-π 键的作用对萘、1,2,4-三氯苯产生很强的吸附作用，而通过表面含氧官能团的氢键作用能对 2,4,6-三氯苯酚和 2-萘酚进行有效的吸附。GO 还可以作为前驱体，与不同种类的聚合物或无机材料进一步反应，形成石墨烯基纳米复合材料。石墨烯基纳米复合材料不仅具有更高的吸附能力，吸附后也更容易从溶液中分离。

（2）富勒烯

广义上，任何由碳原子组成中空的圆球形、椭球形、管柱形分子都可以称为富勒烯，而富勒烯多为 C_{60}、C_{70} 或具有类似封闭结构的碳族单质。以 C_{60} 为例，其分子由 20 个六元环和 12 个五元环组成，碳原子之间以 sp^2 杂化轨道成键，但弯曲幅度较大，所以带有一定的 sp^3 特性，这也使 C_{60} 带有特殊的性质[108, 109]。

C_{60} 是黑色粉末状态，密度为（1.65 ± 0.05）g/cm^3，熔点大于 700 ℃，难溶于大多数溶剂中，但是易溶于二硫化碳、甲苯等中，在脂肪烃中的溶解度随溶剂碳原子数的增加而增加。C_{60} 是已发现的固体碳中弹性最大的、抗冲击性最强的碳纳米材料。富勒烯比表面积一般在 200～300 m^2/g。富勒烯本身表面不带有任何官能团，化学性质稳定，而通过不同的改性方法，包括氧化、卤化、羟基化等，可以改变富勒烯表面的极性、疏水性和化学活性等。

富勒烯与其他碳质吸附剂不同，富勒烯表面不含极性官能团，使其对有机污染物具有非特异性吸附，适合吸附挥发性有机物，可通过范德瓦耳斯力和氢键作用等作用吸附相对分子质量较小的有机污染物。

1.11.3　纳米二氧化钛

纳米二氧化钛（TiO_2）外观为白色疏松粉末，粒径小于 100 nm，常见的是二氧化钛纳米管。纳米 TiO_2 比表面积较大，表面具有丰富的羟基，具有较好的吸附能力，而且具有光催化降解污染物的能力，在环境方面受到广泛关注。

在水处理中，在紫外线照射下，价带电子被激发到导带，形成了电子和空穴，与吸附于 TiO_2 表面的 O_2 和 H_2O 作用，生成超氧化物阴离子自由基（$\cdot O_2^-$）和羟基自由基（·OH）能氧化降解很多有机污染物。在环境治理领域，纳米 TiO_2 可应用于治理工业染料造成的废水染料、药物生产中产生的药物污水、室内的空气净化、去除土壤中污染物等方面。

1.11.4　纳米零价铁

在 298.15 K、101.325 Pa 条件下 Fe(Ⅱ)/Fe 的标准电极电位为−0.440 V，具有还原能力，可用于治理水污染物。纳米金属具更大的比表面积和表面活性[110]，可以更加有效地去除水体污染物。目前，水处理领域针对纳米零价铁吸附能力的研究主要集中在对水中重金属离子的去除[111]。

Li 等[112]研究了纳米零价铁对重金属离子的去除性能，结果表明纳米零价铁能够同时去除废水中的不同离子（如 Cu、Zn、Ni 和 As 离子），去除机理包括还原、吸附和（共）沉淀。在实际应用中，纳米零价铁对 Cu 和 As 的去除能力分别达到 226 mg/g 和 245 mg/g，对所有离子的总去除能力大于 500 mg/g。Huang 等[113]研究了纳米零价铁的磁性对重金属离子的去除性能，结果表明，重金属离子的去除效率随金属种类，纳米级零价铁负载量，反应时间和磁选时间的变化而变化。在大多数情况下，使用纳米零价铁对 Pb(Ⅱ)、Cd(Ⅱ)和 Cr(Ⅳ)的去除率超过 80%。将磁处理时间从 1 min 增加到 20 min 可以使 Pb(Ⅱ)的去除率提高 20%，但对 Cd(Ⅱ)和 Cr(Ⅳ)没有改善。相反，增加反应时间降低了 Pb(Ⅱ)的去除率，但对 Cd(Ⅱ)和 Cr(Ⅳ)没有影响。通常 5 min 的反应时间和 1 min 的磁分离以实现相当大的重金属离子去除。

1.11.5　纳米二氧化硅

纳米二氧化硅（SiO_2）是呈无定型白色粉末状非金属材料，无毒、无味、无污染，具有良好的生物相容性[114，115]。纳米二氧化硅颗粒由于比表面积大、密度小、分散性能好和化学惰性等特性，具有诸多独特的性能和广泛的应用前景。纳米二氧化硅作为一种理想的基底材料，对其他材料有较好的相容性，易与其他材料复合，能够在保留纳米二氧化硅本身特性的基础上还兼具其他材料的特性，进而拓展了纳米二氧化硅的使用范围。

Mahmoud 和 Al-Bishri[116]通过将离子液体负载在纳米二氧化硅上用于吸附Pb，结果表明改性二氧化硅对Pb具有优异的吸附性能，吸附量为1.3 mmol/g。Zhang 等[117]采用巯基功能化的纳米二氧化硅对土壤中的 Ni(Ⅱ)、Cu(Ⅱ)和Zn(Ⅱ)进行了钝化，结果表明钝化剂对 3 种重金属离子具有良好的钝化效果，钝化时间和钝化剂用量会提高钝化效率，而土壤湿度过低或过高都不利于钝化。土壤水分的变化会影响土壤和钝化剂的表面电荷分布，从而影响重金属离子的迁移。

参 考 文 献

[1] 范延臻，王宝贞. 活性炭表面化学[J]. 煤炭转化，2000（4）：26-30.

[2] 蒋剑春，孙康. 活性炭制备技术及应用研究综述[J]. 林产化学与工业，2017，37（1）：1-13.

[3] Labaran B A，Vohra M S. Application of activated carbon produced from phosphoric acid-based chemical activation of oil fly ash for the removal of some charged aqueous phase dyes：Role of surface charge，adsorption kinetics，and modeling[J]. Desalination and Water Treatment，2016，57（34）：16034-16052.

[4] Sayğılı H，Güzel F. High surface area mesoporous activated carbon from tomato processing solid waste by zinc chloride activation：Process optimization，characterization and dyes adsorption[J]. Journal of Cleaner Production，2016，113：995-1004.

[5] Dobashi A，Shu Y，Hasegawa T，et al. Preparation of activated carbon by KOH activation from amygdalus pedunculata shell and its application for electric double-layer capacitor[J]. Electrochemistry，2015，83（5）：351-353.

[6] Martins A C，Pezoti O，Cazetta A L，et al. Removal of tetracycline by NaOH-activated carbon produced from macadamia nut shells：Kinetic and equilibrium studies[J]. Chemical Engineering Journal，2015，260：291-299.

[7] 夏洪应，彭金辉，刘晓海，等. 水蒸气活化再生乙酸乙烯合成触媒载体活性炭[J]. 化学工程，2007（4）：61-64.

[8] 孙康，蒋剑春，邓先伦，等. 柠檬酸用颗粒活性炭化学法再生的研究[J]. 林产化学与工业，2005（3）：93-96.

［9］傅大放，邹宗柏，曹鹏. 活性炭的微波辐照再生试验[J]. 中国给水排水，1997（5）：7-9.
［10］饶兴鹤. 废活性炭的生物再生法[J]. 精细石油化工进展，2002（6）：32.
［11］赵建夫，陈玲，陈缶松. 湿式氧化再生活性炭研究进展[J]. 世界科学，1998（3）：23-25.
［12］陈文凯，胡子晗，白效言，等. 我国煤基活性炭应用研究现状与发展趋势[J]. 煤质技术，2023，38（3）：1-10.
［13］呼友明，夏金童，李劲，等. 气相吸附用煤基块状活性炭材料试验研究[J]. 煤炭科学技术，2010，38（7）：118-121.
［14］刘娅琼，陈秋燕，沈飞翔，等. 活性炭吸附有害气体特性分析[J]. 绿色科技，2018（20）：124-126.
［15］张丽丹，王晓宁，韩春英，等. 活性炭吸附二氧化碳性能的研究[J]. 北京化工大学学报（自然科学版），2007（1）：76-80.
［16］United States Environmental Protection Agency. National primary drinking water regulations [EB/OL].（2024-08-23）[2024-08-28]. https://www.epa.gov/ground-water-and-drinking-water/national-primary-drinking-water-regulations.
［17］李琴，杨岳斌，刘君，等. 我国粉煤灰利用现状及展望[J]. 能源研究与管理，2022（1）：29-34.
［18］杨红彩，郑水林. 粉煤灰的性质及综合利用现状与展望[J]. 中国非金属矿工业导刊，2003（4）：38-40，42.
［19］Van Dyk J C，Benson S A，Laumb M L，et al. Coal and coal ash characteristics to understand mineral transformations and slag formation[J]. Fuel，2009，88（6）：1057-1063.
［20］李尉卿，马阁，卢丽娟，等. 改性粉煤灰结构与吸附性能及其在废水处理中的应用研究[J]. 现代科学仪器，2006（2）：76-79.
［21］张娜，饶光华，王松，等. 粉煤灰改性及其吸附水体污染物的研究进展[J]. 应用化工，2023，52（2）：540-545.
［22］张立存，昝玉亭，张华明，等. 粉煤灰性质及生态环境效应研究进展评述[J]. 江西水利科技，2018，44（5）：330-333.
［23］王晋刚. 粉煤灰水热化合反应制备钙基烟气脱硫剂[D]. 天津：天津大学，2007.
［24］Montes-Hernandez G，Pérez-López R，Renard F，et al. Mineral sequestration of CO_2 by aqueous carbonation of coal combustion fly-ash[J]. Journal of Hazardous Materials，2009，161（2-3）：1347-1354.
［25］Liu Y H，Duan X L，Cao X，et al. Experimental study on adsorption of potassium vapor in flue gas by coal ash[J]. Powder Technology，2017，318：170-176.

[26] 施云芬，魏冬雪. 改性粉煤灰陶粒的制备及其吸附 SO_2 性能研究[J]. 硅酸盐通报，2012，31（3）：567-570.
[27] 贾小彬. 粉煤灰-凹凸棒石负载锰氧化物催化剂低温 SCR 脱硝性能研究[D]. 合肥：合肥工业大学，2013.
[28] 陆靓燕，陈延林，鲍秀婷，等. 粉煤灰对二氧化硫吸附性能的研究[J]. 粉煤灰综合利用，2007（1）：16-18.
[29] 于桂香，张德金. 膨润土及其开发利用[J]. 辽宁化工，1994（2）：23-26，6.
[30] 朱利中，陈宝梁. 有机膨润土在废水处理中的应用及其进展[J]. 环境科学进展，1998（3）：54-62.
[31] 朱利中，陈宝梁，沈韩艳，等. 双阳离子有机膨润土吸附处理水中有机物的性能[J]. 中国环境科学，1999（4）：38-42.
[32] 邹成龙. 磁性膨润土材料制备及吸附重金属离子与再生研究[D]. 沈阳：沈阳工业大学，2019.
[33] 王连军，黄中华，刘晓东，等. 膨润土的改性研究[J]. 工业水处理，1999（1）：11-13，47.
[34] 冀静平，祝万鹏，孙欣. 膨润土的改性及对染料废水的处理研究[J]. 中国给水排水，1998（4）：11-13，3.
[35] Chen J X，Zhu L Z. Heterogeneous UV-Fenton catalytic degradation of dyestuff in water with hydroxyl-Fe pillared bentonite[J]. Catalysis Today，2007，126（3-4）：463-470.
[36] Lian L L，Guo L P，Guo C J. Adsorption of Congo red from aqueous solutions onto Ca-bentonite[J]. Journal of Hazardous Materials，2009，161（1）：126-131.
[37] Al-Asheh S，Banat F，Abu-Aitah L. Adsorption of phenol using different types of activated bentonites[J]. Separation and Purification Technology，2003，33（1）：1-10.
[38] Gu Z，Gao M L，Luo Z X，et al. Bis-pyridinium dibromides modified organo-bentonite for the removal of aniline from wastewater：A positive role of π-π polar interaction[J]. Applied Surface Science，2014，290：107-115.
[39] Kakaei S，Khameneh E S，Rezazadeh F，et al. Heavy metal removing by modified bentonite and study of catalytic activity[J]. Journal of Molecular Structure，2020，1199：126989.
[40] Niu M D，Li G X，Cao L，et al. Preparation of sulphate aluminate cement amended bentonite and its use in heavy metal adsorption[J]. Journal of Cleaner Production，2020，256：120700.
[41] 高俊敏，郑泽根，王琰，等. 沸石在水处理中的应用[J]. 重庆建筑大学学报，2001（1）：

114-117.

[42] 陈彬，吴志超. 沸石在水处理中的应用[J]. 工业水处理，2006（8）：9-13.

[43] Tao Y S，Kanoh H，Abrams L，et al. Mesopore-modified zeolites：Preparation，characterization，and applications[J]. Chemical Reviews，2006，106（3）：896-910.

[44] 李海鹏，王志芳，武其学. 不同酸改性沸石吸附水中氨氮的试验研究[J]. 山东建筑大学学报，2009，24（3）：195-197，202.

[45] Wang C，Leng S Z，Guo H D，et al. Acid and alkali treatments for regulation of hydrophilicity/hydrophobicity of natural zeolite[J]. Applied Surface Science，2019，478：319-326.

[46] Zorpas A A，Constantinides T，Vlyssides A G，et al. Heavy metal uptake by natural zeolite and metals partitioning in sewage sludge compost[J]. Bioresource Technology，2000，72（2）：113-119.

[47] 江喆，宁平，普红平，等. 改性沸石去除水中低浓度氨氮的研究[J]. 安全与环境学报，2004（2）：40-43.

[48] Li Z H，Burt T，Bowman R S. Sorption of ionizable organic solutes by surfactant-modified zeolite[J]. Environmental Science & Technology，2000，34（17）：3756-3760.

[49] Xie J，Meng W N，Wu D Y，et al. Removal of organic pollutants by surfactant modified zeolite：Comparison between ionizable phenolic compounds and non-ionizable organic compounds[J]. Journal of Hazardous Materials，2012，231-232：57-63.

[50] Eljamal O，Eljamal R，Maamoun I，et al. Efficient treatment of ammonia-nitrogen contaminated waters by nano zero-valent iron/zeolite composite[J]. Chemosphere，2022，287（1）：131990.

[51] Zhang Z J，Tan Y，Zhong M F. Defluorination of wastewater by calcium chloride modified natural zeolite[J]. Desalination，2011，276（1-3）：246-252.

[52] Zanin E，Scapinello J，de Oliveira M，et al. Adsorption of heavy metals from wastewater graphic industry using clinoptilolite zeolite as adsorbent[J]. Process Safety and Environmental Protection，2017，105：194-200.

[53] Xie J，Meng W N，Wu D Y，et al. Removal of organic pollutants by surfactant modified zeolite：Comparison between ionizable phenolic compounds and non-ionizable organic compounds[J]. Journal of Hazardous Materials，2012，231-232：57-63.

[54] Davis M E，Lobo R F. Zeolite and molecular sieve synthesis[J]. Chemistry of Materials，1992，4（4）：756-768.

[55] 王绪绪，陈旬，徐海兵，等. 沸石分子筛的表面改性技术进展[J]. 无机化学学报，2002（6）：541-549.

[56] Park Y，Moon D K，Park D，et al. Adsorption equilibria and kinetics of CO_2，CO，and N_2 on carbon molecular sieve[J]. Separation and Purification Technology，2019，212：952-964.

[57] 叶舒展，周彦豪，陈福林. 高岭土表面改性研究进展[J]. 橡胶工业，2004（12）：759-765.

[58] Brindley G W，Robinson K. The structure of kaolinite[J]. Mineralogical Magazine and Journal of the Mineralogical Society，1946，27（194）：242-253.

[59] 程宏飞，刘钦甫，王陆军，等. 我国高岭土的研究进展[J]. 化工矿产地质，2008（2）：125-128.

[60] 刘从华，高雄厚，张忠东，等. 改性高岭土性能研究 Ⅰ.酸性和催化活性[J]. 石油炼制与化工，1999（4）：34-40.

[61] 张生辉. 高岭土/有机插层复合物的制备、表征及插层机理研究[D]. 徐州：中国矿业大学，2012.

[62] Srivastava P，Singh B，Angove M. Competitive adsorption behavior of heavy metals on kaolinite[J]. Journal of Colloid and Interface Science，2005，290（1）：28-38.

[63] Zhong Z P，Li J F，Ma Y Y，et al. The adsorption mechanism of heavy metals from coal combustion by modified kaolin：Experimental and theoretical studies[J]. Journal of Hazardous Materials，2021，418：126256.

[64] Ma H Z，Zhuo Q F，Wang B. Electro-catalytic degradation of methylene blue wastewater assisted by Fe_2O_3-modified kaolin[J]. Chemical Engineering Journal，2009，155（1-2）：248-253.

[65] Ma W F，Hu J Z，Yoza B A，et al. Kaolinite based catalysts for efficient ozonation of recalcitrant organic chemicals in water[J]. Applied Clay Science，2019，175：159-168.

[66] 陈天虎. 苏皖凹凸棒石粘土纳米尺度矿物学及地球化学[D]. 合肥：合肥工业大学，2003.

[67] Haden W L，Schwint I A. Attapulgite：Its properties and applications[J]. Industrial & Engineering Chemistry，1967，59（9）：58-69.

[68] 马玉恒，方卫民，马小杰. 凹凸棒土研究与应用进展[J]. 材料导报，2006（9）：43-46.

[69] Bradley W F. The structural scheme of attapulgite[J]. American Mineralogist：Journal of Earth and Planetary Materials，1940，25（6）：405-410.

[70] 陈天虎. 凹凸棒石粘土吸附废水中污染物机理探讨[J]. 高校地质学报，2000（2）：265-270.

［71］杜敬梅. 纳米凹凸棒土性质及其改性机理的研究[D]. 北京：北京化工大学，2004.

［72］Liu W，Wang D J，Soomro R A，et al. Ceramic supported attapulgite-graphene oxide composite membrane for efficient removal of heavy metal contamination[J]. Journal of Membrane Science，2019，591：117323.

［73］Wang C Y，Zeng W J，Jiang T T，et al. Incorporating attapulgite nanorods into graphene oxide nanofiltration membranes for efficient dyes wastewater treatment[J]. Separation and Purification Technology，2019，214：21-30.

［74］Cui M K，Mu P，Shen Y Q，et al. Three-dimensional attapulgite with sandwich-like architecture used for multifunctional water remediation[J]. Separation and Purification Technology，2020，235：116210.

［75］Mohammad-Khah A，Ansari R. Activated charcoal：Preparation，characterization and applications：A review article[J]. International Journal of ChemTech Research，2009，1（4）：859-864.

［76］张阳春. 我国多品种氧化铝生产现状及前景[J]. 有色金属（冶炼部分），1994（6）：40-43.

［77］Maliyekkal S M，Shukla S，Philip L，et al. Enhanced fluoride removal from drinking water by magnesia-amended activated alumina granules[J]. Chemical Engineering Journal，2008，140（1-3）：183-192.

［78］Tripathy S S，Bersillon J L，Gopal K. Removal of fluoride from drinking water by adsorption onto alum-impregnated activated alumina[J]. Separation and Purification Technology，2006，50（3）：310-317.

［79］Auta M，Darbis N D A，Din A T M，et al. Fixed-bed column adsorption of carbon dioxide by sodium hydroxide modified activated alumina[J]. Chemical Engineering Journal，2013，233：80-87.

［80］王海. 硅铝酸盐、活性氧化铝吸附剂对四季牛舍中有害气体吸附的影响[D]. 乌鲁木齐：新疆农业大学，2018.

［81］陈小娟. 废活性氧化铝再生研究[D]. 福州：福州大学，2006.

［82］Lounici H，Adour L，Belhocine D，et al. Novel technique to regenerate activated alumina bed saturated by fluoride ions[J]. Chemical Engineering Journal，2001，81（1-3）：153-160.

［83］赵希鹏. 硅胶的制备及应用现状[J]. 广州化工，2011，39（24）：24-26.

［84］Pénard A L，Gacoin T，Boilot J P. Functionalized sol-gel coatings for optical applications[J]. Accounts of Chemical Research，2007，40（9）：895-902.

［85］许珂敬，杨新春，段贤峰，等. 多孔纳米 SiO_2 微粉的制备与表征[J]. 硅酸盐通报，2001

（1）：58-62.
［86］Buckley A M，Greenblatt M. The sol-gel preparation of silica gels[J]. Journal of Chemical Education，1994，71（7）：599.
［87］Arriagada F J，Osseo-Asare K. Synthesis of nanosize silica in a nonionic water-in-oil microemulsion：Effects of the water/surfactant molar ratio and ammonia concentration[J]. Journal of Colloid and Interface Science，1999，211（2）：210-220.
［88］Shen Y Q，Zhu S P，Zeng F Q，et al. Atom transfer radical polymerization of methyl methacrylate by silica gel supported copper bromide/multidentate amine[J]. Macromolecules，2000，33（15）：5427-5431.
［89］Kumar P A，Ray M，Chakraborty S. Hexavalent chromium removal from wastewater using aniline formaldehyde condensate coated silica gel[J]. Journal of Hazardous Materials，2007，143（1-2）：24-32.
［90］张全兴，刘天华. 我国应用树脂吸附法处理有机废水的进展[J]. 化工环保，1994（6）：344-347.
［91］Liu Y，Hu L S，Tan B，et al. Adsorption behavior of heavy metal ions from aqueous solution onto composite dextran-chitosan macromolecule resin adsorbent[J]. International Journal of Biological Macromolecules，2019，141：738-746.
［92］Sun Q Y，Yang L Z. The adsorption of basic dyes from aqueous solution on modified peat-resin particle[J]. Water Research，2003，37（7）：1535-1544.
［93］叶代勇，黄洪，傅和青，等. 纤维素化学研究进展[J]. 化工学报，2006（8）：1782-1791.
［94］张智峰. 纤维素改性研究进展[J]. 化工进展，2010，29（8）：1493-1501.
［95］Fakhre N A，Ibrahim B M. The use of new chemically modified cellulose for heavy metal ion adsorption[J]. Journal of Hazardous Materials，2018，343：324-331.
［96］Ma X F，Liu X Y，Anderson D P，et al. Modification of porous starch for the adsorption of heavy metal ions from aqueous solution[J]. Food Chemistry，2015，181：133-139.
［97］Fang Y S，Lv X L，Xu X Y，et al. Three-dimensional nanoporous starch-based material for fast and highly efficient removal of heavy metal ions from wastewater[J]. International Journal of Biological Macromolecules，2020，164：415-426.
［98］汪玉庭，刘玉红，张淑琴. 甲壳素、壳聚糖的化学改性及其衍生物应用研究进展[J]. 功能高分子学报，2002（1）：107-114.
［99］Zhou Y M，Gao B，Zimmerman A R，et al. Sorption of heavy metals on chitosan-modified biochars and its biological effects[J]. Chemical Engineering Journal，2013，231：512-518.

[100] Sakkayawong N，Thiravetyan P，Nakbanpote W. Adsorption mechanism of synthetic reactive dye wastewater by chitosan[J]. Journal of Colloid and Interface Science，2005，286（1）：36-42.

[101] Da Silva L G，Ruggiero R，Gontijo P M，et al. Adsorption of Brilliant Red 2BE dye from water solutions by a chemically modified sugarcane bagasse lignin[J]. Chemical Engineering Journal，2011，168（2）：620-628.

[102] Xiao D，Ding W，Zhang J B，et al. Fabrication of a versatile lignin-based nano-trap for heavy metal ion capture and bacterial inhibition[J]. Chemical Engineering Journal，2019，358：310-320.

[103] 曹伟，宋雪梅，王波，等. 碳纳米管的研究进展[J]. 材料导报，2007（S1）：77-82.

[104] Tofighy M A，Mohammadi T. Adsorption of divalent heavy metal ions from water using carbon nanotube sheets[J]. Journal of Hazardous Materials，2011，185（1）：140-147.

[105] Peng J L，He Y L，Zhou C Y，et al. The carbon nanotubes-based materials and their applications for organic pollutant removal：A critical review[J]. Chinese Chemical Letters，2021，32（5）：1626-1636.

[106] 徐秀娟，秦金贵，李振. 石墨烯研究进展[J]. 化学进展，2009，21（12）：2559-2567.

[107] 杨永岗，陈成猛，温月芳，等. 氧化石墨烯及其与聚合物的复合[J]. 新型炭材料，2008，23（3）：193-200.

[108] Kroto H W，Heath J R，O'Brien S C，et al. C_{60}：Buckminsterfullerene[J]. Nature，1985，318：162-163.

[109] Fagan P J，Calabrese J C，Malone B. The chemical nature of buckminsterfullerene（C_{60}）and the characterization of a platinum derivative[J]. Science，1991，252（5009）：1160-1161.

[110] Sun Y P，Li X Q，Cao J S，et al. Characterization of zero-valent iron nanoparticles[J]. Advances in Colloid and Interface Science，2006，120（1-3）：47-56.

[111] Zou Y D，Wang X X，Khan A，et al. Environmental remediation and application of nanoscale zero-valent iron and its composites for the removal of heavy metal ions：A review[J]. Environmental Science & Technology，2016，50（14）：7290-7304.

[112] Li S L，Wang W，Liang F P，et al. Heavy metal removal using nanoscale zero-valent iron（nZVI）：Theory and application[J]. Journal of Hazardous Materials，2017，322：163-171.

[113] Huang P P，Ye Z F，Xie W M，et al. Rapid magnetic removal of aqueous heavy metals and their relevant mechanisms using nanoscale zero valent iron（nZVI）particles[J]. Water

Research，2013，47（12）：4050-4058.
［114］刘俊渤，臧玉春，吴景贵，等. 纳米二氧化硅的开发与应用[J]. 长春工业大学学报（自然科学版），2003（4）：9-12.
［115］张密林，丁立国，景晓燕，等. 纳米二氧化硅的制备、改性与应用[J]. 化学工程师，2003（6）：11-14.
［116］Mahmoud M E，Al-Bishri H M. Supported hydrophobic ionic liquid on nano-silica for adsorption of lead[J]. Chemical Engineering Journal，2011，166（1）：157-167.
［117］Zhang L W，Shang Z B，Guo K X，et al. Speciation analysis and speciation transformation of heavy metal ions in passivation process with thiol-functionalized nano-silica[J]. Chemical Engineering Journal，2019，369：979-987.

第 2 章　环境吸附研究方法和理论

2.1　吸附剂的设计原则

2.1.1　吸附势能

当游离的吸附质分子在吸附剂表面结合，并由游离态变为吸附态时所做的功称为吸附势能ϕ，此时吸附质分子被稳定地吸附在固体表面。假设吸附态处于饱和蒸气压下，

$$-\phi = -\Delta G = \int_{p}^{p_0} V\mathrm{d}p = RT\ln\frac{p_0}{p} \tag{2-1}$$

式中，ΔG 为吉布斯自由能变；V 为处于自由状态的气体体积；p_0 为饱和蒸气压；p 为在一定ϕ值时发生吸附的压力；T 为平衡温度；R 为气体摩尔常数，为 8.314 J/(mol·K)。

吸附质分子与吸附剂之间的总吸附势能等于吸附质–吸附质与吸附质–吸附剂相互作用势能之和。

$$\phi_{总} = \phi_{吸附质-吸附质} + \phi_{吸附质-吸附剂} \tag{2-2}$$

式中，吸附质–吸附质相互作用对总吸附势能的影响很小，可以忽略，应重点关注第二项，吸附质–吸附剂相互作用的吸附势能，并把这一项看作总吸附势能$\phi_{总}$。

对吸附势能ϕ有贡献的作用力包括色散力、静电力和化学键力。对一个吸附体系，该体系的总吸附势能为吸附后的体系总势能与吸附前的体系总势能之差。

只有物理吸附时，各分项对吸附质–吸附剂之间的吸附势能ϕ的贡献为

$$\phi = \phi_{\mathrm{D}} + \phi_{\mathrm{R}} + \phi_{\mathrm{Ind}} + \phi_{F\mu} + \phi_{\dot{F}Q} \tag{2-3}$$

式中，ϕ_{D} 为色散能；ϕ_{R} 为短程排斥能；ϕ_{Ind} 为诱导能（电场和诱导偶极之间的相互作用）；$\phi_{F\mu}$为电场（F）与永久偶极（μ）间的相互作用；$\phi_{\dot{F}Q}$ 为场梯度（$\dot{F}$）

与四极子（带四极矩 Q）之间相互作用[1,2]。

化学吸附必须是吸附质附着于吸附剂表面才能发生，所以化学吸附过程也包括一系列物理传质的物理吸附过程。一般化学吸附势能都比物理吸附势能大得多，所以化学吸附时化学吸附势能贡献最大，但是吸附速率也受物理传质速度的影响。

$$\phi=\phi_{化学键}+\phi_{电荷重排}+\phi_{分子间相互作用}+\phi_{构象势能} \tag{2-4}$$

式中，$\phi_{化学键}$是由吸附剂和吸附质之间的化学键形成贡献的势能；$\phi_{电荷重排}$是由电荷的重新分布产生的势能；$\phi_{分子间相互作用}$是由吸附剂分子之间以及吸附剂分子与吸附质分子之间的分子间相互作用产生的势能；$\phi_{构象势能}$是由吸附剂分子的构象改变产生的势能[3]。

2.1.2 吸附热

单个吸附质分子（离子或原子）与一个固体表面原子之间相互作用的势能中，存在贡献不同的作用力。当计算吸附质分子与表面所有原子的相互作用势能时，一般假设其作用是两两相互对立的，因此可将与所有表面原子作用的每个分子（原子）-表面原子对的相互作用进行累加。

在低覆盖率时，与吸附质-吸附剂相互作用势能（ϕ）有关的等量吸附热（ΔH）可表示为[1,4]

$$\Delta H=\phi-RT+F(T) \tag{2-5}$$

式中，$F(T)$来源于吸附质的分子振动能与分子平动能，对于单原子经典振子而言，$F(T)=3RT/2$[2]。在环境温度下，$\Delta H\approx\phi$。

2.2 吸附剂设计考虑的因素

2.2.1 极化率、电荷、范德瓦耳斯半径

对于吸附过程，范德瓦耳斯（色散）相互作用与吸附质分子、吸附剂表面原子及极化率都有重要关联，见式（2-6）所示。

$$A=\frac{6mc^2\alpha_i\alpha_j}{(\alpha_i/\chi_i)+(\alpha_j/\chi_j)} \tag{2-6}$$

式中，A 为色散常数；m 为电子质量；c 为光速；χ 为磁化率；α 为极化率；i 和 j 分别代表两个相互作用的原子或分子。

对于一个特定的吸附质分子，其与吸附剂表面原子间的色散相互作用势能随着表面原子极化率（α）增加而增大。在同族元素中，α 随着相对原子质量的增加而增大。由于外壳轨道填充电子的增加，在同周期元素中，α 则随着相对分子质量的增加而减小。

在静电作用中，表面原子（或离子）的电荷（q）与范德瓦耳斯半径的影响很大。当距离较近时，表面分布的离子其点电荷的正负电场部分相互抵消。由于阴离子的半径一般大于阳离子，所以表面常存在负电场。所有相互作用势与 q 成正比，与 r 成反比，见式（2-7）。

$$\phi_{\dot{F}Q} = \frac{1}{2}Q\dot{F} = -\frac{Qq(3\cos^2\theta - 1)}{4r^3(4\pi\varepsilon_0)} \tag{2-7}$$

式中，$\dot{F}$ 为场梯度；q 为表面离子的电子电荷；ε_0 为真空介电常数；θ 为电场或电场梯度方向与偶极或线性四极子轴向之间的夹角；Q 为线性四极矩（正或负）；r 为两个相互作用的对象中心之间的距离，为两个相互作用原子范德瓦耳斯半径之和。

通常，表面电荷相同时，表面离子的范德瓦耳斯半径大者，相互作用势小；表面离子范德瓦耳斯半径相近时，表面电荷大者，相互作用势大。

2.2.2　孔隙大小和几何形状

处于孔隙中的吸附质分子会与邻近的所有吸附剂表面原子发生相互作用，假设这些作用可以两两相加，那么分子与平整固体表面间的相互作用将更为强烈。当吸附质分子位于两个表面之间（即狭缝形孔隙内）时，分子与两个平面同时发生作用，产生叠加的程度取决于孔径大小，孔径大小与吸附质分子匹配度越高，则叠加势能越大。对于圆柱形孔和球形孔而言，其与吸附质分子作用的表面原子数量更多，因此势能更大。

2.3　吸附剂的制备概述

制备高效吸附剂是吸附剂在污染控制技术领域研究的关键，亦是吸附研究的热点之一。由于吸附介质（气相或液相）和吸附质的不同，对相应的高效吸附剂的性质要求存在差异。在气相吸附中，要求吸附剂具有大的比表面积和较小的孔径。而在液相中因污染物较为复杂，既要考虑多孔吸附剂的孔径大小和吸附质尺寸的关系，也要考虑吸附剂表面官能团与吸附质之间的作用力。通常可通过提高吸附剂的比表面积、增加吸附官能团的密度以及控制孔径大小的研究来提高吸附剂的吸附性能。

2.3.1 大比表面积吸附剂的制备

比表面积是评价吸附材料，特别是多孔材料的重要指标。在污染物能进入孔隙的条件下，通常认为比表面积越大，越有利于吸附。原材料、助剂、制备工艺条件、活化方法等都对吸附剂的比表面积有很大影响。例如，在制备活性炭时，通过改进活化方法和提高工艺参数（如 KOH 活化法），可获得微孔分布均匀的大比表面积的活性炭，常见的化学活化剂主要有 KOH、H_3PO_4、$ZnCl_2$、NaOH 以及 $KMnO_4$ 等[5]。Le Van 和 Thi[6]使用 NaOH 对预炭化后的稻壳进行活化，得到了 2681 m^2/g 的大比表面积活性炭。Gao 等[7]使用蟹壳作为原料制备的活性炭的比表面积达到 2197 m^2/g，对水溶液中酸性红的饱和吸附量高达 1667 mg/g。MOFs 是一种由金属离子或金属团簇与有机物连接组成的新型复合材料[8]，具有较大的比表面积、均一的孔道结构及可调节的孔径，利用不同金属离子/金属团簇与不同有机配体可以得到化学性质和网络拓扑结构各异的 MOFs，这类材料也备受关注并得到了充分发展[9]。通常制备 MOFs 材料采用扩散合成法和溶剂热合成法，而 Bromberg 等[10]通过微波辅助合成制备了比表面积高达 4004 m^2/g 的 MOFs 材料。微波辅助技术可以得到孔径更小的 MOFs 材料，并且在合成过程中可通过辅助条件控制晶体尺寸[11]，这对于材料的特异性吸附起到至关重要的作用。

2.3.2 高密度官能团吸附剂的制备

通过化学反应将含特定官能团的目标分子接枝到吸附材料表面，提高吸附材料表面官能团的密度，从而提高对目标吸附质的吸附能力。从制备方式看，引入官能团有直接合成和后改性两种方法。针对多孔材料进行后改性，需要注意保持多孔材料的孔道畅通，防止孔道堵塞而影响吸附效果。常见的多孔材料（活性炭、树脂、硅胶等）都可进行表面改性，而具体的改性方法又因材料和引入官能团的不同而千差万别。

多孔材料表面改性可通过物理法与化学法进行。物理法是通过色散作用、静电作用或氢键作用等弱作用力将含有官能团的化合物（如十二烷基磺酸钠、十六烷基三甲基溴化铵、聚乙烯亚胺等）负载到多孔材料（如蒙脱石、树脂等）表面，制备出可高效吸附有机物和重金属离子的高效吸附剂[12]。此法虽然能提高首次吸附效果，但负载上去的官能团往往容易流失，使吸附剂的重复使用性能变差。化学法是利用材料表面的化学基团（如羟基等），通过简单的化学反应将吸附官能团（如氨基、羧基、磷酸基、酰胺基、巯基等）以化学键结合到材料表面，从而提高吸附性能[13]。此法得到的吸附材料，其官能团分子不容易流失，重复使用性能好，即使多次再生循环使用也能保持良好的吸附效果。用来改性的多孔材料通常使用介孔材料，以确保吸附质在材料内部扩散，实现污染物的扩散吸附。另外，实际应用中要尽量简化改性反应过程，减少占用内部孔体积和降低吸附材料成本。

无孔（少孔）材料也可以进行表面改性。通过接枝大分子有机物或在表面进行聚合反应，可增加表面富含官能团的大分子数量，大幅提高吸附量。

2.3.3　有序介孔吸附剂的制备

根据国际纯粹与应用化学联合会（IUPAC）的规定[14]，介孔（mesoporous）的孔径为 2.0～50.0 nm。有序介孔材料有利于吸附质在材料内部传质，不容易堵塞，达到较好吸附效果，特别适合吸附水中的大分子污染物[15]。常见的介孔材料包括介孔炭和介孔硅，下面介绍其制备方法。

（1）介孔炭

合成介孔炭的常用方法有催化活化法、有机凝胶炭化法和模板法[12]。模板法是最为经典的方法，例如利用 SBA-15、MCM-48 等硅基介孔分子筛为模板，选择适当的前体物（蔗糖等），在酸的催化下使前体物炭化，沉积在介孔材料的孔道内，然后用 NaOH 或 HF 等溶解介孔 SiO_2，从而得到介孔炭。例如，以 SBA-15 为模板剂，蔗糖为前体物，可以合成出 CMK-3 介孔活性炭[16]。

（2）介孔硅

分子筛 MCM-41 是典型的硅基介孔分子筛，1992 年美孚公司率先使用液晶模板机制从硅铝酸盐凝胶中合成介孔固体并将其命名为 MCM-41[17]。其制备原理是在表面活性剂形成的液晶模板边缘上使硅或硅酸盐晶体化，然后去除表面活性剂而得到。MCM-41 的一种合成方法如下：以十六烷基三甲基溴化铵为结构模板剂，将其与 $Al_2(SO_4)_3$、硅酸钠溶液按一定顺序和比例在水溶液中混合均匀，并在压力釜中加热晶化，然后过滤晶化产物，水洗后干燥，最后高温加热脱除模板剂。

2.4　吸附剂的理化性质表征及评价方法

吸附剂的吸附性能与其理化性质及吸附机理均有密切关系，因此需要对吸附剂进行相关表征。吸附剂的物理性质包括颗粒大小、表面形貌、比表面积、孔径与孔分布及晶型等，吸附剂的化学性质包括表面电性、表面官能团种类及密度、材料组成等。下面简要介绍表征吸附剂主要结构性质的手段。

2.4.1　吸附剂的理化性质表征

（1）吸附剂的形貌

吸附剂的形貌是影响吸附剂性能的一个因素[18]，可以通过扫描电子显微镜（SEM）、透射电子显微镜（TEM）和原子力显微镜（AFM）来直接观测。SEM 能够显示材料的二维表面形貌，TEM 可以观测材料内部或表面的结构，而 AFM 能够观测到材料的三维立体表面结构。

（2）表面官能团种类和密度

吸附剂表面的官能团种类及其密度是影响吸附剂性能的一个重要因素[19]，可以通过傅里叶变换红外光谱（FTIR）、拉曼（Raman）光谱、X 射线光电子能谱（XPS）等手段来判断吸附剂表面的官能团类型[20]。材料表面如含有多种官能团，每种官能团的定量分析较难，但可以通过酸碱滴定法测定酸性和碱性官能团的总密度[21]（Boehm 滴定法）。如果吸附剂含有单一官能团，可以通过滴定法测得密度；如果是离子官能团，可以通过离子交换法测定官能团密度。

（3）表面电荷及密度

吸附剂的电性是判断吸附过程中是否涉及静电作用的直接指标[22]。材料的表面电学性质可以根据特定官能团的 pK_a 进行理论计算[23]，但当材料含有多个官能团时，确定变得困难。常用方法如酸碱滴定法或ζ电位分析用于确定表面电学性质和电荷密度。零电荷点（point of zero charge，PZC）或等电点（isoelectronic point，IEP）与溶液 pH 密切相关。酸碱滴定法可确定吸附剂的零电荷点[24]，而ζ电位分析可测量吸附剂的等电点[25]。多孔材料通常使用滴定法进行测量，而非多孔粉末材料则使用ζ电位分析仪进行测量。非多孔材料的

IEP 接近于 PZC，而多孔材料的 IEP 低于 PZC[25]。

（4）比表面积及孔结构

比表面积是多孔吸附剂的一个重要参数，通常使用 BET[26]吸附方法进行测量，单位一般以 m^2/g 表示。一般来说，吸附剂的比表面积越大，吸附位点就越多，则吸附量越高。此外，多孔吸附剂的孔径和体积分布对吸附过程也有显著影响[27]。它们决定了吸附质是否能进入到吸附剂内部，并且还会影响到吸附速率。因此，在对大分子污染物进行吸附时，考虑多孔性材料的比表面积和孔径分布，对确保污染物在材料内顺利扩散非常重要。一般认为，在孔径与被吸附分子直径之间维持(2～6)∶1 的比例较为适宜[28]。

（5）晶型

吸附剂中晶体结构的存在往往会影响其吸附性能[29]。通过样品的 XRD 图与已知的晶态物质的 XRD 图的对比分析，可以确定材料中存在的晶体类型。

2.4.2　吸附剂的评价方法

（1）吸附量

平衡吸附量在环境控制领域，吸附材料的平衡吸附量 q_e（mg/g）是衡量材料吸附性能的主要参数，可根据式（2-8）计算。

$$q_e = \frac{(C_0 - C_e)V}{m} \tag{2-8}$$

式中，C_0 和 C_e 分别为溶液中吸附质的初始浓度和平衡浓度（mg/L）；V 是溶液体积（L）；m 是吸附材料投加量（g）。

最大吸附量是评估吸附材料潜力的参数，可根据式（2-9）计算。

$$q_{max} = \frac{C_e q_e}{K_L + C_e} \tag{2-9}$$

式中，q_{max} 是最大吸附量；C_e 是溶液中吸附质的平衡浓度；q_e 是平衡吸附量，即在给定的浓度下，吸附剂上的吸附质浓度；K_L 是朗缪尔（Langmuir）吸附常数，它反映了吸附过程的亲和力。

（2）去除率

去除率反映了残余液中吸附质的残留浓度，是衡量材料吸附效率的重要参数，去除率越大则残留浓度越低。去除率 R（%）是溶液中吸附质的初始浓度和平衡浓度之差与初始浓度的比值，可用式（2-10）计算。

$$R = \frac{(C_0 - C_e)}{C_0} \times 100\% \tag{2-10}$$

式中，C_0 和 C_e 分别为溶液中吸附质的初始浓度和平衡浓度（mmol/L）。

（3）吸附选择性

吸附选择性是评价吸附剂对特定吸附质的吸附性能参数，它描述了吸附剂在多组分混合物中对某些组分的优先吸附能力。当存在多种组分时，某些吸附剂可能会对其中某一或几种组分有更强的吸附能力，这种现象被称为吸附选择性[30]。吸附选择性可以通过吸附剂对各组分的吸附量、吸附等温线和吸附能力来描述。吸附剂具有高的吸附选择性对于工业分离、污染物去除和其他许多应用非常重要。

（4）再生性能

吸附剂的再生性能是指吸附某种物质饱和后的吸附剂在经过解吸-活化处理后恢复其原始吸附能力的特性。对于许多工业应用来说，这是一个重要的属性，因为这意味着吸附剂可以多次使用，不需要频繁更换，从而节省成本。

当吸附剂的孔隙或表面上积聚了足够多的吸附质时，它将达到饱和状态并失去进一步的吸附能力。这时，需要对吸附剂进行再生以恢复其吸附活性。在不破坏吸附剂原有结构的前提下，解吸是通过物理或化学方法使吸附于吸附剂表面的吸附质脱离或分解，是再生过程必不可少的一步。解吸后为了恢复吸附剂的吸附性能，有时候还必须对解吸后的吸附剂进行活化，使吸附剂可以重复使用。恰当的再生方法可以最大程度地恢复吸附剂的活性，延长其使用寿命。

（5）经济性

吸附剂的经济性是指在实际应用中，吸附剂的成本、使用寿命、再生成本和效率等因素结合起来产生的整体经济效益。在选择吸附剂时，经济性是一个综合考虑多种因素的结果。不仅要考虑吸附剂本身的性能和成本，还要考虑其在特定应用中的效果和整体经济效益[31-34]。一个具有良好经济性的吸附剂不仅要有高的吸附能力和选择性，还要考虑到包括原料成本、生产成本、再生成本等直接投入成本以及使用寿命、处理能力、处理效率和环境影响等因素[35]。

2.5　吸附的动力学和热力学研究

2.5.1　吸附动力学及模型拟合

为了探究吸附过程及其可能的控速步骤，尤其是潜在可能的限速步骤，通常需要使用动力学模型来模拟实验数据。常用于评价吸附动力学和限速步骤的吸附动力学模型，主要有拟一级动力学模型、拟二级动力学模型、颗粒内扩散模型。

①拟一级动力学模型由拉格尔格伦（Lagergren）提出[36]，对固体/液体系统的吸附进行描述的公式为

$$\lg(q_e - q_t) = \lg q_e - \frac{k_1}{2.303}t \tag{2-11}$$

式中，q_t 和 q_e 分别表示时间为 t 和平衡时的吸附量；k_1 为拟一级吸附的速率常数。k_1 可根据 $\log(q_e - q_t)$对 t 的曲线来计算。

②拟二级动力学模型[37]基于假定吸附速率受化学吸附机理的控制，其线性形式为

$$\frac{t}{q_t} = \frac{1}{k_2 q_e^2} + \frac{t}{q_e} \tag{2-12}$$

式中，k_2 为拟二级吸附的速率常数，由 t/q_t 对 t 的线性曲线获得。

③颗粒内扩散模型由韦伯-莫里斯（Weber-Morris）提出[38]，其表达式为

$$q_t = k_p t^{0.5} + I \tag{2-13}$$

式中，q_t 是时间为 t 时的吸附量；k_p 是内扩散速率常数；q_t 对 $t^{0.5}$ 的曲线截距 I，代表边界层厚度。假如 I 为 0，内扩散则是唯一限速步骤，I 越大则表面吸附就越大。

2.5.2　吸附等温线及模型拟合

（1）单一组分吸附模型

①Langmuir 等温模型[39]基于吸附剂单分子层活性位点吸附，目前仍然是

实际运用中最为广泛的等温模型，公式为

$$q_e = q_{max}\frac{K_L C_e}{1+K_L C_e} \tag{2-14}$$

其线性形式为

$$\frac{C_e}{q_e}=\frac{C_e}{q_{max}}+\frac{1}{q_{max}K_L} \tag{2-15}$$

式中，C_e 是达到吸附平衡时溶液中吸附质的浓度；q_e 是达到平衡时的平衡吸附量；q_{max} 是最大单分子层的吸附量；K_L 是等温吸附平衡常数，与温度及吸附热有关。

Langmuir 等温模型也用于计算无量纲常数分离因子（R_L），其定义式为

$$R_L=\frac{1}{1+K_L C_0} \tag{2-16}$$

式中，C_0 是吸附质的起始浓度。R_L 值决定吸附等温线的类型，优势吸附型（$R_L \geqslant 1$），有利型（$0 < R_L < 1$），不可逆型（$R_L=0$）。

②弗罗因德利希（Freundlich）等温模型[40]假设吸附发生在非均相表面，属于多分子层吸附，公式为

$$q_e = K_F C_e^{1/n} \tag{2-17}$$

其对数形式为

$$\ln q_e = \ln K_F + \frac{1}{n}\ln C_e \tag{2-18}$$

式中，q_e 是吸附平衡时间每单位吸附剂的吸附量；C_e 是溶液中吸附质的平衡浓度、K_F 和 n 分别代表 Freundlich 吸附平衡常数和吸附强度。n 的值一般在 0～10，$n \geqslant 2$ 时吸附易进行，$n > 1$ 时吸附为优惠型。

③杜比宁-拉杜什克维克（Dubinin-Radushkevich，D-R）等温模型[41]的线性形式为

$$\ln q_e = \ln q_{max} - K_{DR}\left[RT\ln\left(1+\frac{1}{C_e}\right)\right]^2 \tag{2-19}$$

式中，C_e 是吸附质的平衡浓度；q_e 是在达到吸附平衡时的吸附量；q_{max} 是最大吸附量；K_{DR} 是与吸附能相关的 D-R 等温吸附常数；T 是绝对温度。K_{DR} 和 q_{max} 可分别通过 D-R 吸附等温线的截距和斜率计算得到。

④Sips 等温模型[42]可由 Freundlich 等温模型引入到 Langmuir 等温模型得到，其公式为

$$q_e = \frac{q_{max} K_s C_e^m}{1 + K_s C_e^m} \tag{2-20}$$

式中，q_{max} 是吸附剂的最大单分子层吸附量；K_s 是代表吸附能的 Sips 等温吸附常数；m 是经验常数。可由非线性回归得到 K_s、q_{max} 和 m 值。

（2）多组分吸附模型

目前，对于吸附研究大部分侧重于单一组分体系，而实际上，水中常常存在着多种组分。因此，对含多组分吸附质体系的吸附模型研究是十分必要的，这一点恰恰是很容易被研究者忽视的问题。考虑到不同的吸附质之间、吸附对象和溶剂之间以及吸附对象和吸附位点之间的干扰和竞争，需要一个更为复杂的数学方程来描述吸附平衡。相比之下，目前只有少数几种等温模型能用来描述这种复杂体系的吸附平衡。常见的多组分多元 Langmuir 等温模型[43]可以表示为

$$q_{e,i} = q_{max,i} \frac{K_{L,i} C_{e,i}}{1 + \sum_{j=1}^{N} K_{L,j} C_{e,j}} \tag{2-21}$$

如果在方程中引入一个侧向相互作用参数 η_j（每种金属离子的特征参数，与其他组分的浓度有关），则方程（2-21）可改写为

$$q_{e,i} = q_{max,i} \frac{K_{L,i} (C_{e,i}/\eta_i)}{1 + \sum_{j=1}^{N} K_{L,j} (C_{e,j}/\eta_j)} \tag{2-22}$$

而多元 Freundlich 等温模型[40]（仅适用于二元组分）可以表示为

$$q_{e,1} = \frac{K_{F,1} C_{e,1}^{1/n_1 + x_1}}{C_{e,1}^{x_1} + y_1 C_{e,2}^{z_1}} \tag{2-23}$$

$$q_{e,2} = \frac{K_{F,2} C_{e,2}^{1/n_2 + x_2}}{C_{e,2}^{x_2} + y_2 C_{e,1}^{z_2}} \tag{2-24}$$

式中，C_e 为平衡浓度；K_F 为与吸附量相关的特征常数；n 为与吸附强度或有利吸附程度相关的特征常数；q_e 为平衡吸附量；q_{max} 为单分子层饱和吸附量；x_1、y_1、z_1 为组分一的多组分 Freundlich 常数；x_2、y_2、z_2 为组分二的多组分 Freundlich 常数。

2.5.3　吸附热力学研究

通过不同温度下的吸附实验可以计算吸附过程的标准吉布斯自由能变

(ΔG^{o})、焓变(ΔH^{o})和熵变(ΔS^{o})等吸附相关热力学参数，如公式(2-25)和式(2-26)所列。

$$\Delta G^{o} = -RT\ln K_{d} \tag{2-25}$$

$$\ln K_{d} = \frac{\Delta S^{o}}{R} - \frac{\Delta H^{o}}{RT} \tag{2-26}$$

式中，$K_{d}=q_{e}/C_{e}$为平衡吸附常数，即平衡时刻吸附剂上吸附质数量与溶液中吸附质数量的比值；T为温度；R为理想气体常数。以ΔG^{o}对T作图得到直线方程，由其斜率和截距计算相应温度下对应的热力学参数。

2.6　动态吸附和再生研究方法

2.6.1　动态吸附模型

动态吸附过程对吸附工艺的设计、操作和控制非常重要。进行动态吸附过程的实验研究，可以明晰透过曲线与各种影响因素的关系。在此基础上对动态吸附过程进行模型化研究，建立合适的动态模型，用于描述该特定体系的吸附特性，有利于减少实验研究的工作量，对工业放大设计也具有指导意义。

动态吸附研究包括固定床吸附过程的实验和数学模型研究[44]。通过实验研究，可以直接了解吸附剂及吸附过程的一些基本规律，开发出合适的动态模型。合适的动态模型可以直接作为工业放大的依据。常见的动态模型如下：

(1) Adams-Bohart 模型

亚当斯-勃哈特(Adams-Bohart)模型[45]用于描述穿透曲线吸附开始阶段的动态吸附行为，其传质速率可以表示为

$$\frac{\partial q}{\partial t} = -k_{AB}qC \tag{2-27}$$

$$\frac{\partial C_{b}}{\partial Z} = -\frac{k_{AB}}{U_{0}}qC \tag{2-28}$$

式中，k_{AB}为传质系数；t为时间；Z为吸附柱高；q为t时刻的吸附量；C为单位体积吸附柱吸附吸附质的量；U_{0}为溶液流速。

通过对上述微分方程式作以下两点假设：①浓度范围较低；②当$t\to\infty$，$q\to N_{0}$，N_{0}是饱和浓度，可以得到如下线性方程式

$$\ln \frac{C}{C_0} = k_{AB} C_0 t - k_{AB} N_0 \frac{Z}{U_0} \tag{2-29}$$

（2）Thomas 模型

托马斯（Thomas）模型通常用于描述吸附柱的动态吸附曲线，并计算吸附柱的饱和吸附量和吸附速率常数。Thomas 模型为[46]

$$\ln \frac{C}{C_0} = \frac{1}{1 + \exp \frac{k_{Th}\left(q_0 x - C_0 v_{eff}\right)}{Q}} \tag{2-30}$$

其中，C_0 为进水浓度，C 是 t 时刻出水浓度，k_{Th} 为吸附速率常数，Q 是流速，q_0 为吸附剂的动态饱和吸附量，x 是吸附剂用量，v_{eff} 是过柱的溶液体积。

在一定的流速下，$\ln(C/C_0)$与 v_{eff} 成线性。以 $\ln(C/C_0)$对 v_{eff} 作图，从斜率和截距可以分别得到不同条件下的饱和吸附量和吸附速率常数。

（3）Yoon-Nelson 模型

Yoon-Nelson 模型是一个半经验模型，该模型拟合时不需要考虑吸附流速和吸附剂用量，所需已知参数较少，形式简单，得到的τ值可用于比较吸附速率。Yoon-Nelson 模型表达式为[47]

$$\ln \frac{C}{C_0 - C} = k_{YN} t - \tau k_{YN} \tag{2-31}$$

式中，k_{YN} 是速率常数；t 是吸附 50%吸附质所需时间。若以 $\ln\left[C/(C_0-C)\right]$ 对 t 作图，可以得到一条直线，那么从直线的截距和斜率即可分别计算出 k_{YN} 和 τ 的数值。

（4）Bed Depth Service Time（BDST）模型

BDST 是描述柱高、时间、过程浓度和吸附参数的模型[45]。柱高和时间的线性关系为

$$t = \frac{N_0}{C_0 F} Z - \frac{1}{k C_0} \ln\left(\frac{C_0}{C} - 1\right) \tag{2-32}$$

式中，C 为流出液浓度；C_0 为溶液初始浓度；N_0 为吸附量；F 为溶液流速；k 为 BDST 模型速率常数；t 为溶液流过柱的时间；Z 为柱高。

2.6.2 吸附剂的再生

目前关于吸附特性的研究很多，但对吸附剂的再生方法研究却相对较少。吸附剂的再生方法取决于吸附系统的类型和应用，常见的再生方法包括热再生、蒸汽再生、化学再生等[48-51]。吸附剂的再生性不仅与再生方法有关，还与吸附剂本身的材料性质和结构、吸附对象的种类以及吸附条件等多个因素有关[52-57]。

（1）热再生法

热再生法是目前在工业上使用最广泛和应用最成熟的再生方法，主要用于活性炭吸附有机污染物的再生。主要为将吸附饱和的活性炭放入再生炉内加热，并通入水蒸气以活化再生。热再生过程包括干燥、炭化和活化三个阶段。干燥阶段去除活性炭上的可挥发成分；炭化阶段在惰性气氛下加热到 800～900℃，使吸附到活性炭表面的部分有机物沸腾、汽化脱附，部分有机物分解生成小分子烃并脱附，残余成分成为“固定炭”；活化阶段通过通入 CO_2、水蒸气等气体来清理活性炭微孔，恢复其吸附性能，这一阶段是整个再生工艺的关键。但是热再生法处理后，吸附剂表面积减少并且吸附剂损失大，再生过程中费用较高，从而影响其推广。

（2）无机溶剂再生

无机酸、碱和盐溶液能被用于再生吸附剂，通过调整吸附平衡达到将吸附质从吸附剂上解除的目的。常用方法是通过改变污染物和吸附剂的化学性质，或利用对吸附剂亲和力更强的物质来进行置换[58]。无机酸（硫酸、HCl 等）或碱（NaOH 等）溶液经常用作再生吸附剂，一方面酸碱改变了溶液 pH，可以增大吸附质的溶解度，从而使被吸附的物质洗脱出来；另一方面，溶液 pH 的变化也能改变吸附剂表面官能团的质子化状态，使其静电作用力发生改变或发生竞争吸附，从而破坏吸附平衡，达到脱附目的。例如，吸附剂表面的氨基络合吸附重金属离子，用酸性溶液脱附，过量的氢离子会导致氨基发生质子化，从而使重金属离子发生脱附，然后用碱性溶液处理再生重新得到氨基化学基团。对于通过离子交换发生的吸附，吸附剂可以在盐溶液中再生，如阳离子交换树脂可以在氯化钠溶液中再生[59]。

（3）有机溶剂再生

针对吸附有机污染物的吸附剂，可以利用甲醇、乙醇、丙酮等有机溶剂进行再生。这些有机溶剂对有机污染物有很强的溶解能力，可以萃取出被吸附的污染物。溶剂萃取再生中，脂肪族化合物的再生率高，而芳香族化合物的再生效果受极性官能团的影响较大。例如，硝基苯、苯甲酸等芳香族化合物具有吸电子基团（—NO_2、—COOH、—CHO 等），用乙醇萃取再生率高[60]。然而，带有给电子基团（—NH_2、—OH、—$CONH_2$ 等）的芳香族化合物，乙醇萃取再生率低。因此，根据有机物的表面基团的电子效应，可在大体上判断溶剂的再生性能。用有机溶剂再生的方法可回收有用吸附质，使用较为方便，但有机污染物进入作为再生液的有机溶剂后难以分离，容易造成二次污染，成本也较高，使其应用受到限制。近年来，超临界流体萃取技术[61]受到关注，其具有无毒、不可燃、不污染环境等优点。二氧化碳是超临界流体萃取技术应用中常用的萃取剂。

（4）降解法再生

针对吸附有机污染物的吸附剂，可以采用降解的方法彻底去除污染物，以恢复吸附剂的吸附活性[62, 63]。降解再生法适用于易生物降解的有机物，但存在条件苛刻、周期长等问题。电化学[64]是目前正在研究的一种方法，其工作原理是在外加电场的作用下，吸附质通过扩散、电迁移、对流及电化学氧化还原而被除去。该法具有条件温和、再生效率高、可在线操作等优点，但实际运行中存在金属电极腐蚀、钝化、絮凝物堵塞等问题，因而还有待进一步研究。如果吸附剂原有基团在降解法再生条件下容易发生反应，则不适用降解法。

2.7　吸附机理研究方法

吸附剂的吸附特性研究属于宏观范畴，吸附机理研究则涉及吸附位点、吸附作用力、吸附过程变化等微观问题。吸附机理取决于吸附剂和吸附质的相关作用基团，与吸附特性密切相关。不同吸附材料、吸附质的吸附机理都不尽相同。即使是同一材料吸附不同粒子（分子、离子）或同一粒子在不同材料上吸附，相应的吸附机理也会有差异。甚至是同一粒子在同一材料上吸附，在不同条件（如不同 pH 等）下的吸附机理也不一样。由于环境污染控制领域使用的吸附材料和针对的吸附质对象种类繁多，而且性质各异，所以吸附研究的最大难点就是对吸附机理的研究。

以共价键结合形成吸附的情况很少见，因为这种方式形成的吸附不易脱附再生，吸附剂的重复利用性差，往往都是突发环境污染事件采取的应急处理才会采用。所以，常见的吸附作用力一般为比共价键弱得多的疏水作用、范德瓦耳斯力、偶极-偶极的静电作用、离子交换、络合作用、氢键作用、π-π 作用等。除了疏水作用和范德瓦耳斯力的极弱作用力无法表征外，剩下的偶极-偶极的静电作用、离子交换、络合作用、氢键作用、π-π 作用等弱化学键作用都可以借助现代微观表征分析技术来确定，只是目前对这些作用力的研究大多停留在定性分析上，极少能达到定量分析层次。

2.7.1 FTIR 分析

FTIR 是使用红外线作为外加能量，使目标分子振动能级发生跃迁，检测特定官能团产生的信号[65]，是分析分子结构和化合物类型的有效方法[66]，特征吸收峰的变化反映了官能团周围化学环境的变化情况。通过分析吸附剂吸附污染物前后材料表面有效官能团的特征峰变化来确定参与吸附作用的基团。吸附污染物后，吸附剂表面官能团的特征峰的位置会发生偏移，从而证明污染物通过某个官能团吸附到吸附剂表面[67]。当吸附质分子是结构复杂的有机物时，吸附后吸附剂-吸附质复合物的 FTIR 图谱由于污染物特征峰的存在而变得复杂，有时甚至难以看出特征峰的变化[68]。由于吸附质可以通过物理作用或随溶液残留在吸附剂表面，因此吸附后吸附剂-吸附质复合物的 FTIR 图谱出现吸附质官能团的特征峰并不能说明发生了吸附。只有吸附后参与吸附作用官能团的特征峰都比吸附前对应的相应特征峰发生明显位移，才能初步确定相应官能团参与吸附，为揭示吸附机理提供依据[69]。分析测试时粉末吸附剂可以和 KBr 混合，压片后采用投射红外光谱进行分析。如果样品是颗粒较大的吸附剂，则需要采用全反射傅里叶变换红外光谱分析（ATR-FTIR），样品可直接分析[70, 71]，不须磨碎混合。

2.7.2 XPS 分析

XPS 是利用波长在 X 射线范围的高能光子照射样品使其中相关原子或分子的内层电子或价电子被激发形成不同光电子能量分布的一种方法。一般轻原子（如第二周期中 N、O 和 F 原子）的 1s 电子容易被打出来形成 XPS 谱线。

不同元素之间结合能值相差很大，容易识别，可以通过 1s 结合能确定样品所含的化学元素。此外，同一元素的化学结合态及所处化学环境不同，也导致该元素 1s 结合能发生变化，使相应元素的 1s 光电子能谱峰有位移。XPS 作为目前表面分析中应用最广的方法之一，其能定位到具体作用的元素，判定参与吸附元素的价态及其比例。当吸附质通过弱化学键和吸附剂发生作用时，会有电子在吸附剂和吸附质之间由一个原子转移到另一个原子，这样将改变吸附剂表面和吸附质分子中相应作用元素的电子束缚能，从而确定参与吸附的基团及具体原子[72，73]。如在研究盐酸叔胺树脂吸附高氯酸根离子的机理时，XPS 电子能谱发现吸附前后唯有中性氨基氮原子的结合能变化比较大，表面基团的其他碳、氧、季铵氮的结合能位移几乎可以忽略，从而明确了氨基氮就是吸附位点的作用原子[74]。

2.7.3　X 射线吸收精细结构（XAFS）分析

XAFS 包括 X 射线吸收近边结构（XANES）和扩展 X 射线吸收精细结构（EXAFS）。XAFS 信号只决定于短程有序作用，并且 X 射线吸收边具有元素特征，可以通过调节 X 射线的能量，对凝聚态和软态物质等简单或复杂体系中原子的周围环境进行研究，给出吸收原子近邻配位原子的种类、距离、配位数和无序度因子等结构信息，是研究物质结构最有力的工具之一[75]。XAFS 分析技术在分析无机物的吸附机理方面有广泛的应用。例如，在研究磁赤铁矿吸附 As(Ⅲ)和 As(Ⅴ)的机理时，XANES 证明了 As(Ⅲ)在吸附中没有被氧化，EXAFS 分析出 As(Ⅲ)和 As(Ⅴ)都和磁赤铁矿发生了内层配位，并测出 As-Fe 之间的距离。

2.7.4　核磁共振（NMR）分析

核磁共振分析已成为化合物结构鉴定和化学动力学研究的常用方法之一。在吸附研究中，如果参与吸附的基团其原子具有自旋特性，可以采用核磁共振表征技术确定吸附剂存在某个特定的基团。如研究含羧基官能团的树脂接枝氨基官能团时，可以通过 ^{13}C-NMR 谱确定吸附剂表面是否存在酰胺基团[76]，也可以对比相关基团中某个原子在吸附前和吸附后的化学位移变化，进而确定参与吸附作用的原子。例如利用 ^{13}C-NMR 分析高磁场化学位移，能为吸附中是否存在芳香族化合物的 π-π 作用提供依据，是研究吸附剂和吸附质之间相互作用的有效方法[77，78]。

2.7.5 电子顺磁共振（EPR）分析

利用电子顺磁共振（EPR）技术可以实现从顺磁性物质（自由基，顺磁性重金属离子）到自旋标记的非顺磁性物质的检测，能探测到重金属离子被吸附剂吸附后其配位环境的变化[79]，为研究涉及重金属原子或重金属离子的吸附机理提供理论依据。如在研究松香基氨化树脂吸附 Cu(Ⅱ)的机理时，采用 EPR 分析技术确定了 Cu(Ⅱ)的配位环境。鉴于电子自旋相干、自旋捕捉、自旋标记、饱和转移等电子顺磁共振和顺磁成像等实验新技术和新方法的建立，EPR 技术很快在物理[80]、化学[81]、自由基生物学[82]、医药学[83]、环境科学[84]和地质科学[85]等领域中获得广泛的应用。

2.7.6 拉曼光谱分析

拉曼光谱是分子在单色光源照射到样品产生的非弹性散射，拉曼光谱法就是对拉曼散射进行分析，是基于拉曼散射效应而建立的一种分析方法。通过分析散射光的强度随能量（或频率）的变化和散射光偏振相对于入射光偏振的改变等信息形成拉曼光谱，再通过拉曼光谱的图谱信息得到分子的振动能级和转动能级的跃迁信息，进而对化合物进行定性和定量分析。拉曼光谱分析可以实现无损检测，且过程无污染，是研究水溶液中的生物样品和化合物的理想工具[86]。

拉曼光谱分析技术已经广泛应用于重金属和农药残留的分析[87-89]。例如，Dowgiallo 和 Guenther[90]利用胶体金纳米颗粒和表面增强拉曼光谱在痕量水平上检测了 21 种农药，测得的检测限为 0.001～10 mg/L。

2.7.7 计算机模拟技术

计算化学研究方法能从微观层面研究吸附剂和吸附质之间的相互作用，只要建立好模型后全部工作都在计算机上完成，完全不使用化学药剂，非常符合目前对绿色化学的要求，因此计算机模拟技术也是研究吸附机理的重要辅助手段。比如在探究松香基氨化树脂表面官能团与吸附对象的相互作用时[91]，研究者以丙烯酰乙二胺为功能单体模拟了松香基树脂与对硝基苯酚的相互作用，经过结构优化和吸附相关能的计算，发现二者之间有单氢键，也有双氢键，明确了二者之间的本质作用力以氢键为主，具体起主要作用的是酚羟基氢为氢键给体、端位氨基氮为氢键受体的单氢键，结合能为 72.02 kJ/mol（如图 2-1）。

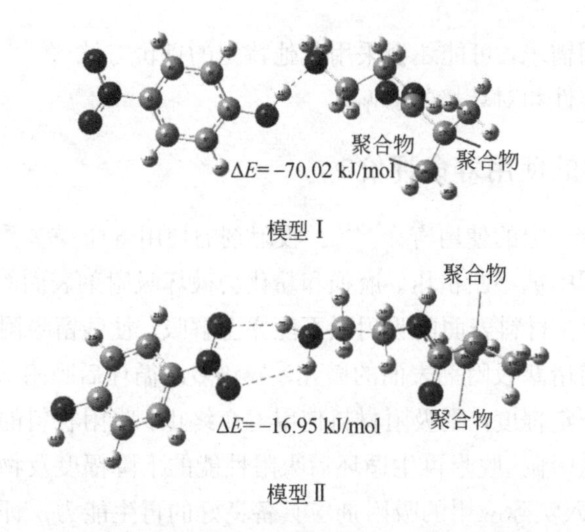

图 2-1　功能单体与对硝基苯酚之间形成的氢键作用

2.8　吸附剂的稳定性和使用寿命评价

研究开发的一种吸附剂，评价因素涵盖吸附、再生和循环使用整个过程。除了最基本的物化性质，还涉及吸附性能的吸附量和去除率、热动力学和动态吸附等。如果要投入实际应用，还必须考虑吸附剂的稳定性、使用寿命等因素。

2.8.1　吸附剂的稳定性评价

吸附剂的稳定性评价主要考察吸附过程中保持吸附剂的性能和结构不变能力的程度。在实际应用中，一要考虑吸附剂的化学稳定性，确保吸附剂在不同的化学环境下不会发生反应；二要考虑吸附剂的热稳定性，即在高温条件下吸附剂的活性和结构还能保持不变；三要考虑吸附剂的机械稳定性，指吸附剂在物理应力下能保持其形状和强度；四要考虑吸附剂在水（溶剂）中的稳定性，特别是在水处理应用中吸附剂的性能不受水的影响。吸附过程中吸附剂是否会与接触到的各类试剂发生化学反应，可以通过化学分析监测化学组成的稳定性来判断。可以采用热重-差热联用仪记录到的 TG 曲线和 DTA 曲线来进行热稳定性分析，评估吸附剂在温度变化下的稳定性。一般力学测试能评估吸附剂的机械强度和机械稳定性。吸附剂在溶剂中的浸出成分含量分析评价其在溶剂中的稳定性。这些测试通常在实验室环境中进行，以确保结果的精确性和可靠性。

根据不同的应用需求，可能还会采用其他特定的评价方法[92, 93]，有时还要评估吸附剂的毒理性和对环境的影响。

2.8.2 吸附剂的使用寿命评价

吸附剂都有一定的使用寿命[94]。吸附剂的使用寿命受多重因素影响，吸附剂在使用过程中被不断挤压、磨损和粉化会破坏吸附剂表面的微孔结构。解吸过程中，吸附在材料表面的吸附质不能完全解吸，使残留吸附质分子在吸附剂表面累积进而堵塞吸附剂表面的微孔，导致多次循环后吸附效率下降，当吸附效率降低到一定程度，则吸附材料使用寿命终止。吸附材料的使用寿命长短取决于经过多次吸附-脱附再生循环后吸附性能的下降幅度及物化结构被破坏的程度[95]。投入实际应用的吸附剂应具备良好的再生能力，评价吸附材料使用寿命的最重要参数是能保持高效吸附性能的吸附-脱附再生循环次数，在维持能接受的吸附效率前提下，吸附-脱附再生循环次数越多，则吸附材料的使用寿命越长。

参考文献

[1] Barrer R M. Zeolites and clay minerals[M]. New York: Academic Press, 1978.

[2] Yang R T. 吸附剂原理与应用[M]. 马丽萍，宁平，田森林 译. 北京：高等教育出版社，2009.

[3] Masel R I. Principlies of adsorption and reaction on solid surfaces [M]. NewYork: Wiley, 1996.

[4] Ross S, Olivier J R. On physical adsorption[M]. New York: Wiley, 1964.

[5] Spessato L，Bedin K C，Cazetta A L，et al. KOH-super activated carbon from biomass waste：Insights into the paracetamol adsorption mechanism and thermal regeneration cycles[J]. Journal of Hazardous Materials，2019，371：499-505.

[6] Le Van K，Thi T T L. Activated carbon derived from rice husk by NaOH activation and its application in supercapacitor[J]. Progress in Natural Science：Materials International，2014，24（3）：191-198.

[7] Gao Y，Xu S P，Yue Q Y，et al. Chemical preparation of crab shell-based activated carbon with superior adsorption performance for dye removal from wastewater[J]. Journal of the Taiwan Institute of Chemical Engineers，2016，61：327-335.

[8] Xu G R，An Z H，Xu K，et al. Metal organic framework(MOF)-based micro/nanoscaled

materials for heavy metal ions removal：The cutting-edge study on designs，synthesis，and applications[J]. Coordination Chemistry Reviews，2021，427：213554.

［9］Laybourn A，Katrib J，Ferrari-John R S，et al. Metal-organic frameworks in seconds via selective microwave heating[J]. Journal of Materials Chemistry A，2017，5（16）：7333-7338.

［10］Bromberg L，Diao Y，Wu H M，et al. Chromium(III)terephthalate metal organic framework（MIL-101）：HF-free synthesis，structure，polyoxometalate composites，and catalytic properties[J]. Chemistry of Materials，2012，24（9）：1664-1675.

［11］Haber J. Chapter 3.1：Surface area and porosity[J]. Catalysis Today，1994，20（1）：11-16.

［12］刘长义. 有序介孔炭的软模板合成[D]. 北京：北京化工大学，2007.

［13］Zhu L L，Shen D K，Luo K H. A critical review on VOCs adsorption by different porous materials：Species，mechanisms and modification methods[J]. Journal of Hazardous Materials，2020，389：122102.

［14］Uthaman A，Thomas S，Li T D，et al. Advanced functional porous materials[M]. Zug：Springer Nature，2022.

［15］Jahnert S，Muter D，Prass J，et al. Pore structure and fluid sorption in ordered mesoporous silica. I. Experimental study by in situ small-angle X-ray scattering[J]. The Journal of Physical Chemistry C，2009，113（34）：15201-15210.

［16］Ezzeddine Z，Batonneau-Gener I，Pouilloux Y，et al. Removal of methylene blue by mesoporous CMK-3：Kinetics，isotherms and thermodynamics[J]. Journal of Molecular Liquids，2016，223：763-770.

［17］Beck J S，Vartuli J C，Roth W J，et al. A new family of mesoporous molecular sieves prepared with liquid crystal templates[J]. Journal of the American Chemical Society，1992，114（27）：10834-10843.

［18］郭红霞，南雁，寇晓晨，等. 钙基 CO_2 吸附剂的惰性掺杂和形貌调控研究进展[J]. 化工进展，2019，38（1）：457-466.

［19］冒爱琴，王华，谈玲华，等. 活性炭表面官能团表征进展[J]. 应用化工，2011，40（7）：1266-1270.

［20］Boehm H P. Surface oxides on carbon and their analysis：A critical assessment[J]. Carbon，2002，40（2）：145-149.

［21］Nouri S，Haghseresht F，Lu M. Adsorption of aromatic compounds by activated carbon：Effects of functional groups and molecular size[J]. Adsorption Science & Technology，2002，20（1）：1-15.

[22] Schwertmann U，Fechter H. The point of zero charge of natural and synthetic ferrihydrites and its relation to adsorbed silicate[J]. Clay Minerals，1982，17（4）：471-476.
[23] Berkhout J H，Ram A. Recent advancements in spectrophotometric p*K*a determinations：A review[J]. Indian Journal Pharmaceutical Educationand Research，2019，53（4）：S475-S480.
[24] Bourikas K，Vakros J，Kordulis C，et al. Potentiometric mass titrations：Experimental and theoretical establishment of a new technique for determining the point of zero charge（PZC）of metal（hydr）oxides[J]. The Journal of Physical Chemistry B，2003，107（35）：9441-9451.
[25] Menéndez J A，Illán-Gómez M J，Y Leon C A L，et al. On the difference between the isoelectric point and the point of zero charge of carbons[J]. Carbon，1995，33（11）：1655-1657.
[26] Bardestani R，Patience G S，Kaliaguine S. Experimental methods in chemical engineering：Specific surface area and pore size distribution measurements—BET，BJH，and DFT[J]. The Canadian Journal of Chemical Engineering，2019，97（11）：2781-2791.
[27] Talu O，Guo C J，Hayhurst D T. Heterogeneous adsorption equilibria with comparable molecule and pore sizes[J]. The Journal of Physical Chemistry，1989，93（21）：7294-7298.
[28] Emmett P H. Adsorption and pore-size measurements on charcoals and whetlerites[J]. Chemical Reviews，1948，43（1）：69-148.
[29] Lusvardi V S，Barteau M A，Farneth W E. The effects of bulk titania crystal structure on the adsorption and reaction of aliphatic alcohols[J]. Journal of Catalysis，1995，153（1）：41-53.
[30] Li J R，Kuppler R J，Zhou H C. Selective gas adsorption and separation in metal-organic frameworks[J]. Chemical Society Reviews，2009，38（5）：1477-1504.
[31] De Gisi S，Lofrano G，Grassi M，et al. Characteristics and adsorption capacities of low-cost sorbents for wastewater treatment：A review[J]. Sustainable Materials and Technologies，2016，9：10-40.
[32] de Andrade J R，Oliveira M F，da Silva M G C，et al. Adsorption of pharmaceuticals from water and wastewater using nonconventional low-cost materials：A review[J]. Industrial & Engineering Chemistry Research，2018，57（9）：3103-3127.
[33] Chai W S，Cheun J Y，Kumar P S，et al. A review on conventional and novel materials towards heavy metal adsorption in wastewater treatment application[J]. Journal of Cleaner

Production，2021，296：126589.

[34] Rafatullah M，Sulaiman O，Hashim R，et al. Adsorption of methylene blue on low-cost adsorbents：A review[J]. Journal of Hazardous Materials，2010，177（1-3）：70-80.

[35] Babel S，Kurniawan T A. Low-cost adsorbents for heavy metals uptake from contaminated water：A review[J]. Journal of Hazardous Materials，2003，97（1-3）：219-243.

[36] Lagergren S. Zurtheorie der sogenannten adsorption gelöster stoffe[J]. Kungliga Svenska Vetenskapsakademiens Handlingar，1898，24：1-39.

[37] Ho Y S，McKay G. Pseudo-second order model for sorption processes[J]. Process Biochemistry，1999，34（5）：451-465.

[38] Weber Jr W J, Morris J C. Kintetics of adsorption on carbon from solution[J]. Journal of Sanitary Engineering Division, 1963, 89(2): 31-59.

[39] Langmuir I. The constitution and fundamental properties of solids and liquids. Part I. Solids[J]. Journal of the American Chemical Society，1916，38（11）：2221-2295.

[40] Freundlich H. Über die adsorption in lösungen[J]. Zeitschrift für Physikalische Chemie，1907，57（1）：385-470.

[41] Dubinin M M，Zaverina E D，Radushkevich L V. Sorption and structure of active carbons. I. Adsorption of organic vapors[J]. Zhurnal Fizicheskoi Khimii，1947，21（3）：151-162.

[42] Sips R. On the structure of a catalyst surface[J]. The Journal of Chemical Physics，1948，16（5）：490-495.

[43] Choy K K H，Porter J F，McKay G. Langmuir isotherm models applied to the multicomponent sorption of acid dyes from effluent onto activated carbon[J]. Journal of Chemical & Engineering Data，2000，45（4）：575-584.

[44] 杨骏，秦张峰，陈诵英，等. 活性炭吸附水中铅离子的动态研究[J]. 环境化学，1997（5）：423-428.

[45] Bohart G S，Adams E Q. Some aspects of the behavior of charcoal with respect to chlorine[J]. Journal of the American Chemical Society，1920，42（3）：523-544.

[46] Thomas H C. Heterogeneous ion exchange in a flowing system[J]. Journal of the American Chemical Society，1944，66（10）：1664-1666.

[47] Yoon Y H，Nelson J H. Application of gas adsorption kinetics I. A theoretical model for respirator cartridge service life[J]. American Industrial Hygiene Association Journal，1984，45（8）：509-516.

[48] Kulkarni S J，Kaware J, Mumbai N. Regeneration and recovery in adsorption：A review[J].

International Journal of Innovative Science Engineering and Technology，2014，1（8）：61-64.

［49］Shah I K，Pre P，Alappat B J. Steam regeneration of adsorbents：An experimental and technical review[J]. Chemical Science Transactions，2013，2（4）：1078-1088.

［50］Salvador F，Martin-Sanchez N，Sanchez-Hernandez R，et al. Regeneration of carbonaceous adsorbents. Part I：Thermal regeneration[J]. Microporous and Mesoporous Materials，2015，202：259-276.

［51］Salvador F，Martin-Sanchez N，Sanchez-Hernandez R，et al. Regeneration of carbonaceous adsorbents. Part II：Chemical，microbiological and vacuum regeneration[J]. Microporous and Mesoporous Materials，2015，202：277-296.

［52］Lata S，Singh P K，Samadder S R. Regeneration of adsorbents and recovery of heavy metals：A review[J]. International Journal of Environmental Science and Technology，2015，12：1461-1478.

［53］Baskar A V，Bolan N，Hoang S A，et al. Recovery，regeneration and sustainable management of spent adsorbents from wastewater treatment streams：A review[J]. Science of the Total Environment，2022，822：153555.

［54］Yan S P，Fang M X，Wang Z，et al. Regeneration performance of CO_2-rich solvents by using membrane vacuum regeneration technology：Relationships between absorbent structure and regeneration efficiency[J]. Applied Energy，2012，98：357-367.

［55］Li Z S，Cai N S，Huang Y Y，et al. Synthesis，experimental studies，and analysis of a new calcium-based carbon dioxide absorbent[J]. Energy & Fuels，2005，19（4）：1447-1452.

［56］Liu J T，Ge X，Ye X X，et al. 3D graphene/δ-MnO_2 aerogels for highly efficient and reversible removal of heavy metal ions[J]. Journal of Materials Chemistry A，2016，4（5）：1970-1979.

［57］Yu C H，Huang C H，Tan C S. A review of CO_2 capture by absorption and adsorption[J]. Aerosol and Air Quality Research，2012，12（5）：745-769.

［58］Dutta T，Kim T，Vellingiri K，et al. Recycling and regeneration of carbonaceous and porous materials through thermal or solvent treatment[J]. Chemical Engineering Journal，2019，364：514-529.

［59］Dixit F，Dutta R，Barbeau B，et al. PFAS removal by ion exchange resins：A review[J]. Chemosphere，2021，272：129777.

［60］Samokhvalov A，Tatarchuk B J. Review of experimental characterization of active sites and determination of molecular mechanisms of adsorption，desorption and regeneration of the deep and ultradeep desulfurization sorbents for liquid fuels[J]. Catalysis Reviews，2010，52（3）：381-410.

［61］Herrero M，Mendiola J A，Cifuentes A，et al. Supercritical fluid extraction：Recent advances and applications[J]. Journal of Chromatography A，2010，1217（16）：2495-2511.

［62］Kumar P，Anand B，Tsang Y F，et al. Regeneration，degradation，and toxicity effect of MOFs：Opportunities and challenges[J]. Environmental Research，2019，176：108488.

［63］Mendez E，Lai C Y. Regeneration of amino acids from thiazolinones formed in the Edman degradation[J]. Analytical Biochemistry，1975，68（1）：47-53.

［64］McQuillan R V，Stevens G W，Mumford K A. The electrochemical regeneration of granular activated carbons：A review[J]. Journal of Hazardous Materials，2018，355：34-49.

［65］高洪影，申河清. 环境样品中塑料颗粒检测技术研究进展[J]. 中国公共卫生，2022，38（1）：122-128.

［66］Li J，Yang D Q，Li L，et al. Microplastics in commercial bivalves from China[J]. Environmental Pollution，2015，207：190-195.

［67］杨继，杨柳，朱文辉，等. 热重分析-单滴微萃取-气相色谱-质谱结合傅里叶变换红外光谱考察咖啡酸的热解行为[J]. 色谱，2010，28（10）：929-934.

［68］Zhang Y P，Zhang G W，Fu P，et al. Study on the interaction of triadimenol with calf thymus DNA by multispectroscopic methods and molecular modeling[J]. Spectrochimica Acta Part A：Molecular and Biomolecular Spectroscopy，2012，96：1012-1019.

［69］汪晨. 水中典型药物与重金属的络合行为[D]. 南京：东南大学，2017.

［70］Pironon J，Thiery R，Ayt Ougougdal M，et al. FT-IR measurements of petroleum fluid inclusions：Methane，*n*-alkanes and carbon dioxide quantitative analysis[J]. Geofluids，2001，1（1）：2-10.

［71］Barres O，Burneau A，Dubessy J，et al. Application of micro-FT-IR spectroscopy to individual hydrocarbon fluid inclusion analysis[J]. Applied Spectroscopy，1987，41（6）：1000-1008.

［72］顾仁敖，陈惠，刘国坤，等. 过渡金属表面有机官能团硅烷膜的研究：镍电极表面γ-氨丙基三甲氧基硅烷膜的结构[J]. 化学学报，2003（10）：1550-1555.

［73］石光，章明秋，容敏智. X 射线光电子能谱技术在高分子材料摩擦化学研究中的应用[J]. 化学研究，2004（3）：76-80.

［74］Liu X H，Liu M，Dong H Y，et al. Synthesis of a tertiary amine hydrochloride macroporous resin adsorbent for removal of oxyhalide anions from water：Performance，adsorption mechanism，and toxicity[J]. Journal of Water Process Engineering，2022，47：102659.

［75］高愈希，陈春英，柴之芳. 先进核分析技术在金属蛋白质组学研究中的应用[J]. 核化学与放射化学，2008（1）：1-16.

［76］Huang W T，Diao K S，Tan X C，et al. Mechanisms of adsorption of heavy metal cations from waters by an amino bio-based resin derived from Rosin[J]. Polymers，2019，11（6）：969.

［77］Xu H，Van Deventer J S J. Microstructural characterisation of geopolymers synthesised from kaolinite/stilbite mixtures using XRD，MAS-NMR，SEM/EDX，TEM/EDX，and HREM[J]. Cement and Concrete Research，2002，32（11）：1705-1716.

［78］Qin H B，Yokoyama Y，Fan Q H，et al. Investigation of cesium adsorption on soil and sediment samples from Fukushima Prefecture by sequential extraction and EXAFS technique[J]. Geochemical Journal，2012，46（4）：297-302.

［79］Liu S G，Li Z Y，Diao K S，et al. Direct identification of Cu(II)species adsorbed on rosin-derived resins using electron paramagnetic resonance(EPR)spectroscopy[J]. Chemosphere，2018，210：789-794.

［80］Du J F，Rong X，Zhao N，et al. Preserving electron spin coherence in solids by optimal dynamical decoupling[J]. Nature，2009，461：1265-1268.

［81］Tan G W，Li S Y，Chen S，et al. Isolable diphosphorus-centered radical anion and diradical dianion[J]. Journal of the American Chemical Society，2016，138（21）：6735-6738.

［82］Georgieva E R. Nanoscale lipid membrane mimetics in spin-labeling and electron paramagnetic resonance spectroscopy studies of protein structure and function[J]. Nanotechnology Reviews，2017，6（1）：75-92.

［83］Maeda H. Toward a full understanding of the EPR effect in primary and metastatic tumors as well as issues related to its heterogeneity[J]. Advanced Drug Delivery Reviews，2015，91：3-6.

［84］Huang X F，Li X C，Pan B C，et al. Self-enhanced ozonation of benzoic acid at acidic pHs[J]. Water Research，2015，73：9-16.

［85］Blackwell B A B，Skinner A R，Blickstein J I B，et al. ESR in the 21st century：From buried valleys and deserts to the deep ocean and tectonic uplift[J]. Earth-Science Reviews，2016，158：125-159.

［86］Smith E，Dent G. Modern Raman spectroscopy：A practical approach[M]. New York：John

Wiley & Sons Inc.，2005.

[87] Kudelski A. Analytical applications of Raman spectroscopy[J]. Talanta，2008，76（1）：1-8.

[88] Ong T T X，Blanch E W，Jones O A H. Surface enhanced Raman spectroscopy in environmental analysis，monitoring and assessment[J]. Science of the Total Environment，2020，720：137601.

[89] Pang S，Yang T X，He L L. Review of surface enhanced Raman spectroscopic(SERS) detection of synthetic chemical pesticides[J]. TrAC Trends in Analytical Chemistry，2016，85（Part A）：73-82.

[90] Dowgiallo A M，Guenther D A. Determination of the limit of detection of multiple pesticides utilizing gold nanoparticles and surface-enhanced Raman spectroscopy[J]. Journal of Agricultural and Food Chemistry，2019，67（46）：12642-12651.

[91] Liu S G，Wang J，Huang W T，et al. Adsorption of phenolic compounds from water by a novel ethylenediamine rosin-based resin: Interaction models and adsorption mechanisms[J]. Chemosphere，2019，214：821-829.

[92] Hauer A. Evaluation of adsorbent materials for heat pump and thermal energy storage applications in open systems[J]. Adsorption，2007，13：399-405.

[93] Zhou Y B，Lu J，Zhou Y，et al. Recent advances for dyes removal using novel adsorbents: A review[J]. Environmental Pollution，2019，252（Part A）：352-365.

[94] Gkika D A，Mitropoulos A C，Kyzas G Z. Why reuse spent adsorbents? The latest challenges and limitations[J]. Science of the Total Environment，2022，822：153612.

[95] Li Q L，Yuan D X，Lin Q M. Evaluation of multi-walled carbon nanotubes as an adsorbent for trapping volatile organic compounds from environmental samples[J]. Journal of Chromatography A，2004，1026（1-2）：283-288.

第3章 松香改性及松香基吸附剂

从针叶树中提取出的松香无毒副作用、对环境友好且成本低廉，是一种可再生的天然林化资源，也是不可再生的石化原料的重要替代品。我国松脂资源丰富，价格便宜，其产量居世界首位，占世界产量的40%以上，其中以广西、广东、福建等地为主要产区[1]。松香是非石化产品类的重要化工原料，其深加工产品被广泛地应用在肥皂、涂料、油墨、胶黏剂、橡胶、合成树脂、造纸、食品医药和化妆品等领域，在国民经济中具有不可缺少的作用。目前，我国对松香的深加工程度较低，多限于初级产品和次级产品，且种类较少。因此加强对松香及其衍生物的研究并开发出更多、更精细的深加工产品，进一步提高松香的附加值，一直是相关领域的热点课题。

3.1 松香的结构及性质

松香是刨开松树皮后树干分泌出的黏稠液体经加热或蒸馏而干结的半透明的微黄色或者红棕色固体，这是一种由多种物质组成的混合物。松香化学主要成分为各种树脂酸（约占90%以上），其余为少量的脂肪酸及中性物质等。其中，最有代表性的松香有含环外共轭双键的枞酸、新枞酸，以及含环内共轭双键的左旋海松酸、长叶松酸。由于共轭双键的存在使松香具有很强的吸收紫外光的能力，在空气中能自动氧化或诱导后氧化[2]。松香树脂酸的分子式为$C_{19}H_{29}COOH$（图3-1），分子量302.46，含有两个双键和一个羧基，有多个手性中心及一个氢化菲环结构，具有较好的生物活性[3]。

松香的外观为淡黄色至淡棕色，有玻璃状光泽，质地脆，带松节油气味，密度1.060～1.085 g/cm^3，熔点110～135 ℃，软化点（环球法）72～76 ℃，沸点约300 ℃（0.67 kPa），玻璃化温度30～38 ℃，折射率1.5453，燃点约480～500 ℃，在常温下可溶于甲醇、乙醇、乙醚、氯仿、丙酮、醋酸、苯、甲苯、挥发性油（特别是汽油和煤油）中，在热水中部分可溶、但不溶于冷水，在空气中被氧化后色泽变深。松香对人和生物无毒，是典型的环境友好材料。因此，松香及其衍生物在水处理中具有非常好的潜力和应用前景。

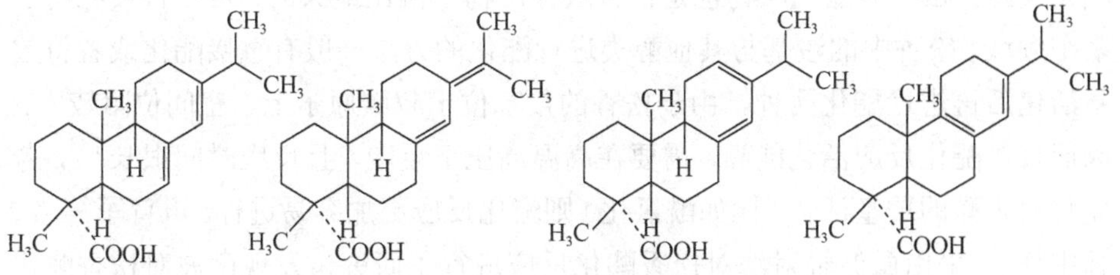

枞酸　　新枞酸　　左旋海松酸　　长叶松酸

图 3-1　常见的树脂酸的分子结构式

3.2　松香的改性及其应用

随着全球石化资源危机的加剧和环境保护意识的增强，寻找无污染、可再生的石化资源替代品成为可持续发展的必然趋势。因此，利用天然松香代替石化原料进行结构修饰改性合成功能性高分子材料受到广泛关注和研究[4–8]。

松香中菲环的刚性结构可增强松香深加工产品的稳定性。具有活泼化学性质的双键和羧基可通过氧化、还原、加成、取代等化学修饰引入新的官能团或取代基，从而得到性能各异的有机小分子或高分子聚合物材料[9]。松香的结构特点赋予其许多优良性能，如防腐、防潮、绝缘、黏合、乳化等[10, 11]，使松香在油漆涂料、香精香料、胶黏剂、肥皂、火柴、金属加工助剂、医药等领域应用广泛[12–17]。松香本身也存在一些不足，如质地脆、易氧化、酸值较高、热稳定性差等，为了消除松香这些性能上的缺陷，扩大其应用范围，人们利用松香的两个反应活性中心（羧基和双键）引入各种官能团以达到改性的目的。

3.2.1　松香羧基的改性与应用

松香树脂酸分子中的羧基具有其他脂肪酸相似的性质，同样能进行一系列的酯化、分子间脱水、氨解、脱羧、还原等反应，使松香转化成含其他官能团的松香衍生物，得到的衍生物继续反应还能衍生更多的下游产品。

（1）酯化反应

酯化反应是含羧基化合物的经典反应，松香经过酯化反应后酸值降低，而热稳定性、软化点和抗酸碱性能力都得到提高[2]。因而在松香改性中经常使用酯化反应，相应的酯化产物也是松香改性产物中占比最大的，可以直接应用于多个领域。松香中的羧基与其他醇类进行酯化的方法一般有直接酯化或者将羧基活化后再进行酯化两种。由于松香的羧基位于叔碳原子上，空间位阻较大，因而直接酯化反应活化能高，需要在高温高压下反应，且反应时间很长[5]，若先将松香酸的羧基活化（比如酰氯化）则酯化反应更加容易进行。巩育军等[6]、林中祥[7]采用微波辐射法对松香酯化反应进行了研究，发现微波对松香酯化反应有显著的促进作用。雷福厚等[18]采用天然产物松香合成得到马来松香，再经二次酯化得到马来松香乙二醇丙烯酸酯，进而以脱氢枞胺为模板分子，丙烯酸为功能单体，马来松香乙二醇丙烯酸酯为交联剂，合成了脱氢枞胺的分子印迹聚合物。Nyanikova 等[19]利用多氟烷基醇与松香树脂酸进行酯化反应合成系列含氟树脂酸酯化物，并测定其对 7 种霉菌的抑菌活性，其中化合物Ⅶ对粘液孢子菌的抑菌效果最佳，其抑菌圈直径达到 20.8 mm。

（2）皂化反应

松香可与碱金属、碱土金属或重金属及其氧化物等反应生成树脂酸盐。碱金属盐主要是钠盐和钾盐，松香与 NaOH 反应得到的树脂酸钠盐表面活性剂（RCOONa）[12]被广泛应用于生产洗衣皂、水泥加气剂以及合成橡胶工业的乳化剂。松香与氢氧化钾经皂化反应得到的钾皂是一种强化施胶剂。由松香和 CaO 或 $Ca(OH)_2$ 反应制得的钙盐，被广泛应用于制漆工业。重金属盐主要是锌盐和锰盐，高质量的印刷油墨常加入树脂酸锌盐，树脂酸锰盐可以用作干燥剂、润滑油添加剂、防腐剂等。

（3）还原反应

在强还原条件如 $LiAlH_4$ 作用下，树脂酸中的羧基被还原成醇[13]，再进一步反应生成醛或酯类化合物[19]。González 等[15]曾报道以去氢枞酸为原料，首先将其还原成醇，再与乙酸酯化生成乙酸去氢枞酯，但这方面的应用不多。

（4）氨解反应

松香的氨解反应是制备松香基含氮化合物的方法之一。羧基与 NH_3 发生氨解反应生成松香的铵盐，然后脱水得到中间产物松香酰胺，再继续脱水得到松香腈。松香腈除可作为生产松香胺的工业原料外，还可应用于纤维制品、涂料的稳定剂或增塑剂以及润滑油添加剂。松香酰胺和松香腈进一步氢化都得到松香胺。松香胺是润滑油添加剂以及原油破乳剂的合成原材料，松香胺分子的天然手性特点使其可以用于手性拆分和手性合成，此外松香胺还能作为塑料的增塑剂和增韧剂。柏一慧等[16]利用脱氢枞胺 6-氟-3,4-二氢-2H-1-苯并吡喃-2-甲酸进行拆分，得到了两种非对映异构体。叶存清[20]以松香、液氨为原料，在仲钨酸铵催化作用下进行一锅法的胺化和脱水反应，一个反应器内一步生产出的松香腈[8, 21]。李双月[22]以松香为原料与一级胺或二级胺反应得到的松香基酰胺，对几种木材腐朽菌均有抑制作用，其中对宛氏拟青霉抑菌效果最佳。

王延等[23]以天然松香衍生物–脱氢松香胺为原料，经脱氢、胺化而合成了 *N*-脱氢松香基-*N*,*N*,*N*-三甲基硫酸甲酯铵、*N*-脱氢松香基-*N*,*N*-二甲基-*N*-羟乙基氯化铵等 6 种脱氢松香基季铵盐，合成的产品对黄色葡萄球菌和大肠杆菌具有一定抗菌活性，其最低抑菌浓度分别为 7.18～31.25 μg/mL 和 250～500 μg/mL。

（5）烃化反应

树脂酸中的羧基能进行脱羧反应或彻底还原生成烃类化合物。Lee 等[10]研究树脂酸在特定的还原条件下能得到海松二烯（pimaradiene）、枞二烯（abietadiene）、新枞二烯（neoabiediene）等二萜类化合物，这些二萜类化合物可以进一步衍生出多环化合物。然而，目前关于开展松香中树脂酸转化为烃类进行开发的研究不多。

3.2.2　松香双键的改性与应用

枞酸型树脂酸中的双键是共轭的，反应活性很高，可以发生许多反应，因此基于双键的反应在松香的改性中占重要的地位。

（1）第尔斯–阿尔德（Diels-Alder）反应

在松香的树脂酸中只有具有环内共轭双键的左旋海松酸能发生 Diels-Alder（D-A）环加成反应，但枞酸、新枞酸和长叶松酸在加热条件下可异构为左旋海松酸，然后再发生 D-A 反应。在高温和催化剂的存在下，左旋海松酸可与丙烯酸、顺丁烯二酸酐和反丁烯二酸酐等亲双烯体发生 D-A 反应，分别生成丙烯酸松香、马来松香和富马松香等[24, 25]。在所有这些生成物中，研究最多的是松香与马来酸酐（即顺丁烯二酸酐或顺酐）加成反应得到的产物为马来海松酸酐（简称马来松香）。将顺酐加到含有左旋海松酸的混合物中，即可发生双烯加成反应，并使平衡不断向环加成产物的方向移动[26]。马来松香比普通松香具有更多的官能团，并且具有更高的软化点和酸价、皂价，所以其使用范围也比普通松香更广泛。

（2）歧化反应

松香的歧化反应是指松香分子中部分被氧化（失去氢）而部分被还原（得到氢）的过程[20]。在这个过程中树脂酸分子间的氢原子重排，一部分枞酸失去 2 个氢原子，形成稳定的苯环结构即脱氢枞酸，另一部分枞酸分子则吸收 2 个或 4 个氢原子而生成二氢或四氢枞酸。歧化后的松香在作为丁苯橡胶的乳化剂时，能加快丁苯的聚合速度。刘雁[27]曾报道以松香为原料，在 220 ℃下，以 Pd/C 为催化剂、200＃油为溶剂制备了歧化松香。

（3）氢化反应

在加热、加压和催化剂的作用下，松香树脂酸中的双键发生加氢反应得到氢化松香，其中部分加氢得到的是二氢枞酸，完全加成得到四氢枞酸，又称为全氢化松香。加氢反应能使不饱和的环烯变成脂环结构，所形成的结构更加稳定，因而氢化松香具有更高的热稳定性和良好的抗氧化能力，常用于生产橡胶改良剂、口香糖以及油墨改质剂等。陈小鹏等[28]研究了在使用骨架镍作为催化剂时，采用间歇性生产的方法催化松香氢化，能降低成本。肖鹏峰等[29]研究了常压下松香的催化加氢，首次在非钯催化剂的小试中制得氢化松香。氢化松香与甘油进行酯化反应得到松香酸三甘油酯（其中有少量的二甘油酯和单甘油酯），与季戊四醇进行酯化反应得到的松香季戊四醇酯，都可作为糖果中的胶基物质、食品用香料、增稠助剂等。如果松香季戊四醇酯作为增黏剂应用在黏合剂行业，可使产品具有优秀的耐热、抗老化和良好的稳定性，以及良好的表面抗力和颜色保持性。

（4）聚合反应

树脂酸中的共轭双键在特定条件下能发生自聚合反应生成一系列二聚体。聚合的方式有两类：一类是在有机溶剂中进行的酸催化聚合反应，常采用硫酸作为聚合反应的催化剂；另一类聚合是热聚合，热聚合是将树脂酸置于惰性气体保护环境中，对其进行高温减压蒸馏。树脂酸的聚合物色泽浅，具有高熔点、高硬度、高软化点以及良好的抗氧化性等优点，可以与成膜剂很好地混溶，其在有机溶剂中黏度高、不结晶，广泛应用于涂料、油墨、造纸等行业，还可以应用于化妆品行业[30]。由聚合松香为原料生产的清漆性能优良，具有耐高温、使用寿命长、光亮等特点。罗金岳和伍忠萌[31]以固体超强酸作为催化剂合成了聚合松香，该工艺没有废渣产生，减轻了后处理的麻烦，避免了环境污染。钟志君等[32]以硫酸-氯化锌为催化剂制备了聚合松香。李艳琳等[33]对已有聚合松香的生产工艺进行了研究，以硫酸-甲苯为催化剂，在较低温度下合成了聚合松香。

（5）卤化反应

氯化和溴化松香及其衍生物具有抗氧化性和阻燃性，可用于阻燃涂料。氯化反应是一个自由基过程，可能同时发生异丙基上甲基的自由基取代反应和双键上的自由基加成反应。松香与液溴在 0～5 ℃时可发生溴化反应，这是一个放热反应，加成和取代同时发生，孔惠久和赵世民[34]对其进行了研究。松香进行卤化反应得到的卤化产物比较复杂，可能有单卤代和多卤代并存的情况，一般只能应用于对产品纯度要求不高的涂料、油墨、造纸等行业。

（6）氧化反应

松香的氧化反应一般都发生在双键，有一般氧化反应和环氧化反应。用过氧化物处理得到的松香衍生物具有更高的抗氧化性、更高的软化点以及良好的色泽稳定性，此外通过过氧化物处理还能使松香具备更多官能团[35]。衍生品之一环氧化物中的环氧基具有较高的反应活性，能与多种化学物质发生加成反应生成适用于塑料、涂料以及黏合剂的衍生物。

3.2.3　脱氢松香芳环的改性与应用

松香脱氢反应形成有一个芳环的稳定结构，如图 3-2 所示。脱氢松香芳环改性主要发生在 C-12、C-13 和 C-14 位的氢原子。由于磺酸基体积比较大，受空间位阻影响，只有 C-12 容易发生磺化反应。

韩春蕊等[36]向磺化去氢枞酸溶液中加入无机盐和 NaOH 调节 pH 得到磺化脱氢枞酸铁盐，其药效优于西咪替丁。Alvarez-Manzaneda 等[37]合成了 12-羟基枞酸、12-羟基枞酸甲酯等化合物。C-13 位发生的是脱异丙基反应[38]，在无水 $AlCl_3$ 催化作用下反应易得到顺式产物，而在 70 ℃和过量苯及甲苯存在的条件下反应得到的是反式产物。C-15 位易发生羟基化反应，Alvarez-Manzaneda 等[39]

以枞酸为原料制备了一系列可抑制 Epstein-Barr 早期抗原病毒活性的 15-羟基脱氢枞酸衍生物。

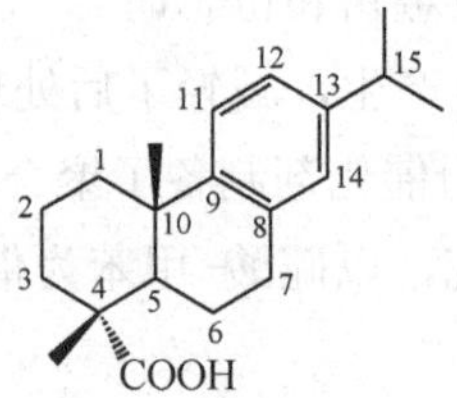

图 3-2 脱氢松香芳环改性位点示意图

3.2.4 松香初级衍生物的改性与应用

通过以上改性或转化可得到脱氢枞胺、氢化松香、马来松香、马来海松酸、松香腈、松香胺和松香醇等松香初级衍生物[25–27, 29]。为了拓宽松香衍生物的种类和应用范围，通常对这些松香初级衍生物进行再改性进而得到进一步深加工的产品。

基于双键的 D-A 反应得到的马来海松酸酐一般会再与醇进行酯化反应生成马来海松酸酯。马来松香的酯化过程与松香酯化类似，通常适用于松香酯化的催化剂对马来松香同样有效。曾韬等[40]研究了碱金属 MgO、ZnO，过渡金属盐 $Zr(SO_4)_2·4H_2O$、$Ce(SO_4)_2·4H_2O$ 以及其不同的组合催化剂催化马来松香与甘油的酯化反应，认为 MgO 的催化效果更佳。黄月光[41]研究了富马酸松香季戊四醇酯的制备工艺，认为各原料和催化剂的最佳摩尔配比为松香∶富马酸∶季戊四醇∶催化剂=1000∶25∶120∶0.3，酯化时间为 2 h，反应温度为 260 ℃。松香与丙烯酸发生 D-A 加成后生成的二元酸可以进一步与环氧乙烷聚合，余蜀宜[42]合成了丙烯酸松香聚乙烯醚磺酸钠阴离子表面活性剂。郑建强等[43]以脱氢枞酸、脱氢枞胺、丙烯海松酸、马来海松酸为原料分别与胆碱反应生成 4 种含羟基松香基胆碱季铵盐表面活性剂（$Ⅰ_1$～$Ⅳ_1$），然后再分别与四甲基氢氧化铵反应合成了 4 种不含羟基松香基四甲基氢氧化铵季铵盐表面活性剂（$Ⅰ_2$～$Ⅳ_2$），并应用于对人体表皮葡萄球菌抑菌研究，测试结果表明优于新洁尔灭和氨苄青霉素钠。岑波等[44]合成系列马来松香基二硫脲化合物，测定其对 5 种植物病原菌的抑菌活性，其中对苹果轮纹病菌的抑制效果最佳，最高抑制率为 66.9%。廖圣良等[45]以脱氢枞酸为原料经酯化、乙酰化制备出系列新型脱氢枞酸衍生物，对人体单纯疱疹病毒Ⅰ型有抗病毒活性。脱氢枞胺也是松香的重要改性产品之一，是歧化松香胺的主要成分，脱氢枞胺及其衍生物广泛应用于手性拆分、金属离子浮选、表面活性、杀菌、医药、染料等领域。罗家镏等[46]基于天然松香衍生物脱氢枞胺制备出的新型对映异构体可以作为光学配体且具有作为抗癌药物的潜力。

3.2.5　松香的聚合改性与应用

目前松香已经被证明可以改善高分子材料的耐热性和机械强度，并且具有重要的现实意义及潜在的经济效益。近年来有关松香及其衍生物在材料改性中的应用[26, 28, 29]研究引起了广泛的关注，比如利用其改性的聚酯或聚醚类产品、聚氨酯树脂、醇酸树脂、酚醛树脂等[32, 33, 36]。

松香或其初级衍生物简单接枝到聚合物的改性与应用。Wu 等[47]用松香基改性的纳米二氧化硅在一定程度上提高了产品的硬度和化学稳定性。Choi 等[48]将松香嵌入聚丙烯酸制备出的黏合剂提高了锂离子电池中硅/石墨复合材料的循环性能。

松香或其初级衍生物转化为聚合单体的改性与应用。Yang 等[49]合成了松香基聚合单体 *N*-脱氢松香丙烯酰胺并将其引入至丙烯酸酯化的环氧化大豆油体系中，通过热固化得到具有耐热性和疏水性的热固型树脂。王丰昶等[50]将松香酸与甲基丙烯酸-2-羟乙酯通过酯化反应生成具有甲基丙烯酸酯型聚合单体，再与丙烯酸共聚得到松香羧基接枝的聚合物微球，用于对 Pb(Ⅱ)的吸附性能研究，其最大吸附量为 15.28 mg/g，并且可多次循环利用。Yao 等[51]以松香为原料，经叠氮-炔基反应将松香嫁接到己内酯聚合链上制备可生物降解松香改性聚酯材料，合成工艺简单，且原料可直接用来聚合，无须经过繁冗复杂的净化工艺，制得材料具有良好的疏水性、生物相容性和低吸水率等性能。Ganewatta 等[52]利用松香阳离子衍生物和聚合物为原料通过铜催化叠氮-炔的1,3-偶极环加成反应和原子转移自由基聚合制备了具有抗菌性的涂料，研究表明聚合物表面接枝松香酸季铵盐化合物对细菌具有显著的抑制作用。边峰等[53]通过 KH-792 改性得到松香基聚合物，并用来吸附乙基紫，其吸附量为 57.1 mg/g。

松香或其初级衍生物转化为交联剂的改性与应用。谭学才等[54]制备了以马来松香丙烯酸乙二醇酯为交联剂的咖啡因分子印迹电化学传感器，检出限为 1.12×10^{-4} mmol/L，传感器具有良好的选择性和重现性，该传感器用于可口可乐饮料中咖啡因含量测定，平均回收率为 98.7%。张丹丹等[55]以马来松香与氯丙烯制得马来松香三烯丙酯交联剂，进而与丙烯酸单体进行交联共聚得聚合物微球，其对污染水源中Pb(Ⅱ)、Cd(Ⅱ)和Cu(Ⅱ)等重金属离子具有良好的吸附去除效果。

现阶段，松香及其衍生物在化学药品、食品加工、催化剂、包膜材料、大孔吸附树脂等领域得到广泛的应用[46, 47]。已由直接利用松香混合物初级产品向深度利用松香衍生物纯品、开发专用的系列化产品发展[48–51]。但是松香基树脂在环境污染控制领域的应用研究才起步，将松香基树脂用于去除水中微污染物如酚类化合物、抗生素、重金属离子的报道比较少见。

3.3 松香基吸附材料的分类及展望

按照形成的方式可以将松香基吸附材料分为3类，具体如下：

（1）单分子松香基吸附材料。这类吸附材料一般为松香酸或松香胺及其初级单分子衍生物，如松香酸钠与重金属离子盐进行交换吸附形成沉淀，松香胺与多硝基取代苯酚形成盐类沉淀，或将松香胺做成的季铵盐与阴离子进行交换吸附。以这种简单方式形成的吸附材料虽然或多或少能降低溶液中污染离子的浓度，但是由于所有沉淀都存在一定的离子积，溶液中不可避免有污染离子的残留，此外，形成的沉淀黏稠度高的话也不容易分离，因而关于这类吸附材料的研究少且不深入。

（2）负载型松香基吸附材料。一般是将松香酸或松香胺衍生的阴离子、阳离子、两性离子或非离子型表面活性剂负载在固载体上而成，采用的固载体有活性炭、沸石、硅胶等，这类吸附材料具有操作简单、吸附后回收容易等优点，但由于松香基仅以简单物理吸附作用负载到固载体上，使得该类型吸附材料存在有效成分易流失和重复使用性能不理想等缺点，相应的研究报道也不多。

（3）聚合物树脂型松香基吸附材料。这类松香基吸附材料有两类，一是将松香基转化为聚合单体，再与其他单体或交联剂聚合形成高分子聚合物树脂；二是将松香基转化成含两个或两个以上聚合官能团的交联剂，再与其他单体聚合得到高分子聚合物树脂。聚合型松香基吸附树脂具有结构可调、操作简单、回收容易、重复使用性能好等优点，是松香基吸附材料的发展方向。例如，许建本等[56]用苯乙烯做单体，利用丙烯酸松香和甲基丙烯酸缩水甘油酯发生酯化反应，生成的产物作为交联剂，并选用悬浮聚合法制备了含羟基的松香基树脂，并应用于对苯甲酸的吸附。Wang等[57]研究了松香基羧化聚合物微球在水中对亚甲基蓝（MB）的静态吸附行为。曹宇[58]采用松香酸分别经马来酸和二氯亚砜化学改性制备了马来松香酰氯单体。在无水条件下，马来松香酰氯单体通过乙二胺氨解聚合制备功能性聚马来松香酰乙二胺，并应用于对 Cu(Ⅱ)、Fe(Ⅲ)、Cd(Ⅱ)、Hg(Ⅱ)、Zn(Ⅱ)、Pb(Ⅱ)和 Ag(Ⅰ)等重金属离子的吸附。

参 考 文 献

[1] 董静曦，林丽华，刘平，等. 中国松香产区松脂资源比较分析[J]. 西南林学院学报，2010，30（1）：73-79.

[2] 邹志琛，鲁绍芬，余立新，等. 光学纯去氢枞酸的制备与表征[J]. 化学试剂，1996（4）：241-242.

[3] 梁梦兰，叶建峰. 松香衍生物的季铵盐阳离子表面活性剂的合成与性能测定[J]. 化学世界，2000（3）：138-141.

[4] 赵书林，林向成，沈江珊，等. 非衍生芳香族蛋白氨基酸对映体的毛细管电泳手性拆分[J]. 分析测试学报，2003（6）：8-11.

[5] Sano Y，Toma I. Process for preparation of ester of phenol-modified rosin，modified rosin ester phenol and corresponding uses：ES20000922971T[P]. 2000-05-02.

[6] 巩育军，薛元英，张庆，等. 松香乙酯的微波合成工艺研究[J]. 茂名学院学报，2008，18（6）：16-19.

[7] 林中祥. 微波辐射下松香与乙醇的快速酯化反应[J]. 林产化学与工业，2002（2）：89-91.

[8] 南京林产工业学院. 天然树脂生产工艺学（林产化学加工专业用）[M]. 北京：中国林业出版社，1983.

[9] 王延，宋湛谦. *N*-脱氢枞基氨基酸类两性表面活性剂合成及其结构与性质关系研究[J]. 林产化学与工业，1996（3）：1-6.

[10] Lee H J，Ravn M M，Coates R M. Synthesis and characterization of abietadiene，levopimaradiene，palustradiene，and neoabietadiene：Hydrocarbon precursors of the abietane diterpene resin acids[J]. Tetrahedron，2001，57（29）：6155-6167.

[11] Nie Y M，Yao X D，Lei F H. Sonochemical synthesis of maleated rosin[J]. Chinese Journal of Chemical Engineering，2008，16（3）：365-368.

[12] 王延，宋湛谦. 松香类表面活性剂的开发及应用[J]. 表面活性剂工业，1994（2）：7-17.

[13] Tkachev A V，Denisov A Y. Oxidative decarboxylation by hydrogen peroxide and a mercury（II）salt：A simple route to nor-derivatives of acetyloleanolic，acetylursolic and dehydroabietic acids[J]. Tetrahedron，1994，50（8）：2591-2598.

[14] Sepúlveda B，Astudillo L，Rodríguez J A，et al. Gastroprotective and cytotoxic effect of

dehydroabietic acid derivatives[J]. Pharmacological Research，2005，52（5）：429-437.

[15] González M A，Pérez-Guaita D，Correa-Royero J，et al. Synthesis and biological evaluation of dehydroabietic acid derivatives[J]. European Journal of Medicinal Chemistry，2010，45（2）：811-816.

[16] 柏一慧，刘金强，陈新志. 6-氟-3，4-二氢-2 H-1-苯并吡喃-2-甲酸的拆分研究[J]. 浙江大学学报（工学版），2008（4）：702-706.

[17] 段文贵，岑波，赵树凯，等. 去氢枞酸基新型甜菜碱类两性表面活性剂的合成[J]. 现代化工，2004（4）：39-42.

[18] 雷福厚，赵慷，李小燕，等. 脱氢枞胺分子印迹聚合物的吸附性能研究[J]. 精细化工，2010，27（1）：11-15，100.

[19] Nyanikova G G，Popova L M，Gaidukov I N，et al. Biocidal activity of the esterification products of polyfluoroalkyl alcohols and pentafluorophenol with resin acids[J]. Russian Journal of General Chemistry，2013，83：2738-2744.

[20] 叶存清. 松香腈生产工艺的研究[J]. 福建林学院学报，1999（4）：331-333.

[21] 蔡桂英. 福建省松香工业现状与发展对策[J]. 福建林学院学报，1998（3）：91-94.

[22] 李双月. 几种抑木腐菌活性松香衍生物的合成与表征[D].哈尔滨：东北林业大学，2011.

[23] 王延，杨成根，周永红，等. 新型脱氢松香基季铵盐类抗菌剂的合成、结构表征及抗菌活性研究[J]. 天然产物研究与开发，1998（4）：59-63.

[24] Nie Y M，Yao X D，Lei F H. Sonochemical synthesis of maleated rosin[J]. Chinese Journal of Chemical Engineering，2008，16（3）：365-368.

[25] 乐治平，代丽丽，黄艳秋. 用磷钼酸催化合成马来海松酸反应的研究[J]. 林产化学与工业，2004（S1）：126-128.

[26] 南京林产工业学院. 天然树脂生产工艺学[M]. 北京：林业出版社，1983.

[27] 刘雁. 歧化松香的制备与脱氢枞酸的提纯研究[D]. 南宁：广西大学，2004.

[28] 陈小鹏，王琳琳，马建，等. 以骨架镍为催化剂制备氢化松香的研究[J]. 林产化工通讯，2001（6）：7-10.

[29] 肖鹏峰，林立，马如梅. 松香常压催化加氢的研究[J]. 湘潭大学自然科学学报，1995（3）：53-57.

[30] Dhanorkar V T，Gawande R S，Gogte B B，et al. Development and characterization of rosin-based polymer and its application as a cream base[J]. Journal of Cosmetic Science，2002，53（4）：199-208.

[31] 罗金岳，伍忠萌. 固体超强酸催化合成聚合松香的研究[J]. 林产化学与工业，1999（4）：

57-62.
[32] 钟志君，黎彦才，朱红斌，等. 硫酸-氯化锌法聚合松香的研制[J]. 林产化工通讯，1997（4）：3-6.
[33] 李艳琳，韦藤幼，刘雄民. 聚合松香生产工艺改进研究[J]. 化工科技，1999（4）：54-57.
[34] 孙惠久，赵世民. 松香的溴化及其生成物阻燃性的研究[J]. 陕西科技大学学报，2000（3）：93-97.
[35] 李仁焕，陈远霞，莫羡忠，等. 松香双键的改性研究概述[J]. 化工技术与开发，2011，40（12）：23-27.
[36] 韩春蕊，宋湛谦，李海涛，等. 磺化去氢枞酸盐的合成与生物活性测试[J]. 林产化学与工业，2007（6）：81-84.
[37] Alvarez-Manzaneda E，Chahboun R，Cabrera E，et al. First synthesis of picealactone C. A new route toward taxodione-related terpenoids from abietic acid[J]. Tetrahedron Letters，2007，48（6）：989-992.
[38] Tahara A，Akita H. Diterpenoids. XXX. Reaction of methyl dehydroabietate derivatives with aluminum chloride under effect of electron-donating group[J]. Chemical and Pharmaceutical Bulletin，1975，23（9）：1976-1983.
[39] Alvarez-Manzaneda E J，Chahboun R，Guardia J J，et al. New route to 15-hydroxydehydroabietic acid derivatives：Application to the first synthesis of some bioactive abietane and nor-abietane type terpenoids[J]. Tetrahedron Letters，2006，47（15）：2577-2580.
[40] 曾韬，刘玉鹏，梁静谊. 固体酸碱催化马来松香酯化反应[J]. 林产化工通讯，2001（6）：18-21.
[41] 黄月光. 富马酸松香季戊四醇酯的制备及工艺研究[J]. 林产化工通讯，1996（1）：16-17.
[42] 余蜀宜. 丙烯酸改性松香聚氧乙烯醚磺酸钠的合成[J]. 日用化学工业，1999（4）：4-7.
[43] 郑建强，刘莉，饶小平，等. 松香基胆碱季铵盐表面活性剂的合成及抑菌活性研究[J]. 林产化学与工业，2015，35（5）：98-104.
[44] 岑波，石贤春，段文贵，等. 马来松香基双硫脲-酰胺化合物的合成及抑菌活性[J]. 天然产物研究与开发，2018，30（9）：1526-1533.
[45] 廖圣良，沈明贵，宋杰，等. 新型含取代吡啶环的脱氢枞酸衍生物的合成和抗病毒活性研究[J]. 现代化工，2016，36（8）：120-124.
[46] 罗家镏，宋习习，李梅珊，等. 松香烷型二萜在农药及药学中的研究进展[J]. 广西师范大学学报（自然科学版），2022，40（5）：253-270.
[47] Wu H，Xiao Z H，Li C Z，et al. Rosin-nanosilica hybrid materials：Preparation and

properties[J]. Journal of Nanoscience and Nanotechnology，2016，16（7）：7064-7068.

［48］Choi S J，Yim T，Cho W，et al. Rosin-embedded poly(acrylic acid)binder for silicon/graphite negative electrode[J]. ACS Sustainable Chemistry & Engineering，2016，4（12）：6362-6370.

［49］Yang Y P，Shen M G，Huang X，et al. Synthesis and performance of a thermosetting resin：Acrylated epoxidized soybean oil curing with a rosin-based acrylamide[J]. Journal of Applied Polymer Science，2017，134（9）.

［50］王丰昶，余彩莉，许建本，等. 松香基羧基化聚合物微球对 Pb^{2+}的吸附研究[J]. 离子交换与吸附，2016，32（6）：526-535.

［51］Yao K J，Wang J F，Zhang W J，et al. Degradable rosin-ester-caprolactone graft copolymers[J]. Biomacromolecules，2011，12（6）：2171-2177.

［52］Ganewatta M S，Miller K P，Singleton S P，et al. Antibacterial and biofilm-disrupting coatings from resin acid-derived materials[J]. Biomacromolecules，2015，16（10）：3336-3344.

［53］边峰，余彩莉，陈勇，等. 丙烯酸改性松香基 TDI 型聚氨酯的制备及表征[J]. 高分子材料科学与工程，2019，35（1）：25-30.

［54］谭学才，王琳，李鹏飞，等. 以马来松香丙烯酸乙二醇酯为交联剂的茶碱分子印迹膜电化学传感器的研究[J]. 化学学报，2012，70（9）：1088-1094.

［55］张丹丹，刘绍刚，董慧峪，等. 松香基三烯丙酯交联聚合树脂的合成及其对水中Pb(Ⅱ)、Cd(Ⅱ)和Cu(Ⅱ)的吸附性能与机制[J]. 环境科学学报，2022，42（3）：162-175.

［56］许建本，余彩莉，边峰，等. 含羟基的松香基聚合物微球的制备，表征及吸附性能[J]. 化工进展，2017，36（6）：2249-2254.

［57］Wang F C，Yu C L，Xu J B，et al. Study on adsorption of Pb^{2+} by rosin-based carboxylated polymer microspheres[J]. Ion Exchange and Adsorption，2016，32（6）：526-535.

［58］曹宇. 聚马来松香酰乙二胺金属离子配合物的合成及特性研究[J]. 湖北民族学院学报：自然科学版，2009，27（2）：158-160.

第4章 松香基表面活性剂改性矿物材料吸附水中染料及其机理

染料是指能使其他物质获得鲜明而牢固色泽的一类有机化合物，主要应用于纺织、橡胶、造纸、皮革、塑料、化妆品、印刷工业等领域[1,2]。目前全球大约有10 000种商业染料的年产量超过7×10^7t，然而大约5%～10%的染料以废液形式排泄至水中[3,4]。随着印染行业的发展，染料废水的去除已越来越受到研究者的关注。染料废水一直是难处理的工业废水之一，其具有成分复杂、浓度高、盐分含量高、高毒、难降解等特点[5,6]，进入生态系统后将会对环境和人类健康造成不可逆的影响[7]。因此，染料废水在排放至环境前需要进行有效处理。吸附法常用于水处理[8,9]，目前常用的吸附材料有活性炭[10]、分子筛[11]、无机矿物材料[12,13]等，这些吸附剂在吸附量和吸附选择性等方面存在差异。因此，研制高效廉价的吸附剂是染料废水处理方面研究的热点之一。

4.1 松香基表面活性剂概述

表面活性剂是一种由亲水和亲油基团组成的二元醇盐类化合物，由亲水头基（极性或离子）和柔性疏水尾基（烃链）组成，其具有降低表面（界面）张力、润湿、乳化、发泡、消泡、洗涤、润滑、抑菌、防腐、防锈、抗静电等一系列性能[14–18]。作为一种重要的工业原料，表面活性剂在化妆品、洗涤剂、农业和环保等方面广泛应用。随着市场需求的日益增加，表面活性剂产品研发技术不断更新。

随着科技的发展和人们环保意识的增强，重点开发高效、绿色、环保、安全和生物降解型的表面活性剂已成为一种必然趋势。松香作为一种来源丰富、价格便宜的天然资源，既方便又环保。松香的主要成分是树脂酸（含量约85.6%～88.7%），树脂酸即多种具有一个三元环菲骨架并含有两个双键的一元羧酸同分异构体的混合物总称[19]。因为三元环菲骨架具有很强的疏水性，又可以通过双键和羧酸作为反应中心引入亲水基团，所以松香被广泛应用于表面活性剂的制备[20–24]。

表面活性剂在体相中的自组装与其在界面的吸附行为都是表面活性剂作为吸附材料的基本性质。松香主要成分是树脂酸（枞酸、长叶枞酸和新枞酸等），利用树脂酸的两种活性官能团——羧基和双键发生反应，改性后得到松香胺（主要成分：脱氢枞胺）和松香醇（主要成分：四氢枞醇）。利用它们的活性，可以合成一系列与脂肪酸、脂肪胺、脂肪醇类表面活性剂结构相似而又独具特色的产品。

松香基表面活性剂的合成及应用研究不仅符合当今表面活性剂绿色化的要求，也提高了松香的利用价值。早在20世纪20年代，外国科学家开始研究利用松香合成表面活性剂，例如松香酸酯磺酸盐、松香胺聚乙烯醚等。进入90年代后，由于国外松香资源的缺乏，以松香为原料合成新型表面活性剂的研究发展缓慢。我国在这方面做了大量的研究工作，合成了多种新型松香基表面活性剂。例如，松香基阴离子表面活性剂、松香基阳离子表面活性剂、松香基两性表面活性剂、松香基非离子表面活性剂、松香基双子表面活性剂和松香基表面活性剂的等[25]。

4.2 松香基表面活性剂的制备

4.2.1 *N,N*-二甲基脱氢枞胺的制备

在装有回流冷凝管、恒压滴液漏斗和温度计的三口烧瓶中加入含一定量脱氢枞胺的无水乙醇溶液，搅拌使其充分溶解。待溶解完全，持续搅拌下用恒压滴液漏斗依次慢慢滴入一定比例的甲酸和甲醛混合溶液，滴加时间约为30 min，滴加过程中温度控制在40 ℃以下。滴加完毕后升温至60～70 ℃回流反应3 h，再将温度调高，反应液在（78±2）℃下回流1 h，冷却出料。减压蒸馏蒸出溶剂无水乙醇，用20%的NaOH溶液调节反应液pH为12左右，产物分层，下层为水层，上层为油层。用质量分数约为20%的NaCl溶液洗涤水相至中性（60 mL），下层的水层用甲苯萃取（60 mL），将油层与甲苯萃取液合并后减压蒸馏，蒸出乙醇、甲苯和水，110 ℃真空干燥得中间体叔胺*N,N*-二甲基脱氢枞胺，呈黄色油状液，得率为85%。

4.2.2　*N,N*-二甲基脱氢枞胺基氧化叔胺的制备

向氩气保护下的三口烧瓶中加入 *N,N*-二甲基脱氢枞胺，再加入溶有催化剂乙二胺四乙酸（EDTA）的异丙醇溶液，持续搅拌并升温至 50～55 ℃，用注射器缓慢注入一定比例的 H_2O_2 溶液，约 30 min 注入完毕，将温度升至 80 ℃，此温度下反应若干小时。冷却后用适量的 $NaHSO_4$ 溶液除去过量的 H_2O_2，充分搅拌 1 h。停止反应后通过蒸馏除去溶剂和水，旋转蒸发约 3 h（50 ℃），最后在温度为 70 ℃的真空干燥箱内干燥 3 h，得到产物 *N,N*-二甲基脱氢枞胺基氧化叔胺（DAAO），并置于干燥器中备用。

（1）正交试验优化工艺条件

影响得率的主要因素有配料比 B、催化剂用量 D、反应温度 C 和反应时间 A。本部分采用正交试验对其进行分析，设计了四因素四水平的正交试验，选用 L16（4^4）正交设计表，以 DAAO 得率为指标，探索以上 4 个因素的影响。表 4-1 为正交试验的因素水平表。试验结果见表 4-2，并对正交结果采用极差分析法进行分析。采用四因素四水平的正交试验方案，由于正交试验最大限度地排除了其他因素的干扰和非均衡分散性所造成的误差，因此只要比较诸因素各水平试验，考察指标的平均值，即可估计各因素对试验指标影响程度的大小，并确定出最佳合成条件。

表 4-1　因素水平表

试验水平	反应时间 A/h	配料比 B	反应温度 C/℃	催化剂用量 D/%
1	5（A_1）	1∶1（B_1）	70（C_1）	0.5（D_1）
2	10（A_2）	1.5∶1（B_2）	75（C_2）	1（D_2）
3	12（A_3）	2∶1（B_3）	80（C_3）	1.5（D_3）
4	15（A_4）	2.5∶1（B_4）	85（C_4）	2（D_4）

如上表所示，以 H_2O_2 和叔胺配料比、反应时间、反应温度以及催化剂用量为考察因素，以最终 DAAO 得率作为考察指标，排列出 16 次合成试验，试验结果见表 4-2。

表 4-2　正交试验结果及分析

因素	反应时间 A/h	配料比 B	反应温度 C/℃	催化剂用量 D/%	DAAO 得率/%
实验 1	A_1	B_1	C_1	D_1	45.5

续表

因素	反应时间 A/h	配料比 B	反应温度 C/℃	催化剂用量 D/%	DAAO 得率/%
实验 2	A_1	B_2	C_2	D_2	67.9
实验 3	A_1	B_3	C_3	D_3	67.3
实验 4	A_1	B_4	C_4	D_4	67.1
实验 5	A_2	B_1	C_2	D_3	66.2
实验 6	A_2	B_2	C_1	D_4	66.4
实验 7	A_2	B_3	C_4	D_1	66.4
实验 8	A_2	B_4	C_3	D_2	52.0
实验 9	A_3	B_1	C_3	D_4	71.8
实验 10	A_3	B_2	C_4	D_3	69.6
实验 11	A_3	B_3	C_1	D_2	66.6
实验 12	A_3	B_4	C_2	D_1	71.6
实验 13	A_4	B_1	C_4	D_2	56.4
实验 14	A_4	B_2	C_3	D_1	69.8
实验 15	A_4	B_3	C_2	D_4	57.3
实验 16	A_4	B_4	C_1	D_3	63.9
均值 1	61.942	64.523	60.59	63.3	
均值 2	62.752	68.405	65.76	65.3	
均值 3	69.903	64.412	65.23	66.8	
均值 4	66.405	63.663	69.42	65.7	
极差	7.961	4.742	8.83	3.43	

（2）反应的影响因素

通过分析正交试验结果（表 4-2）可以看出，四因素中 C 因素即反应温度对试验结果的影响较大，为氧化叔胺转化率的主要影响因素，反应时间 A 为次要因素。其影响次序依次为 C＞A＞B＞D。在 DAAO 的合成工艺中，最佳的因素组合为 $C_3A_3B_1D_4$，即反应温度 80 ℃，反应时间 12 h，配料比 1∶1，催化剂用量为 2%。为了确认该工艺的优劣与稳定性，考虑到实验误差和实际生产，在上述正交试验的基础上，称取一定量的 *N*,*N*-二甲基脱氢枞胺，按正交试验筛选的最优工艺条件重复进行 3 次合成实验。采用气相色谱分析所得产物 DAAO 的得率分别为 70.13%、70.21%和 70.52%。可见，在最佳工艺条件下进行氧化合成该氧化叔胺，得率较高，而且重复性较好。

本研究利用枞酸型树脂酸进一步纯化得到脱氢枞胺原料，经烷基化和氧化两步反应合成了一种含松香基三元菲环结构的新型氧化叔胺——DAAO。通过制备条件的优选实验（正交试验），得出最佳的制备工艺条件。测试了反应温度、反应时间、催化剂用量和配料比对产物得率的影响。获得了优化制备条件，从而为该表面活性剂的生产提供了可靠的工艺参数。上述产品本身具有较好的消泡和稳泡能力，图 4-1 为 DAAO 表面活性剂的合成路线。

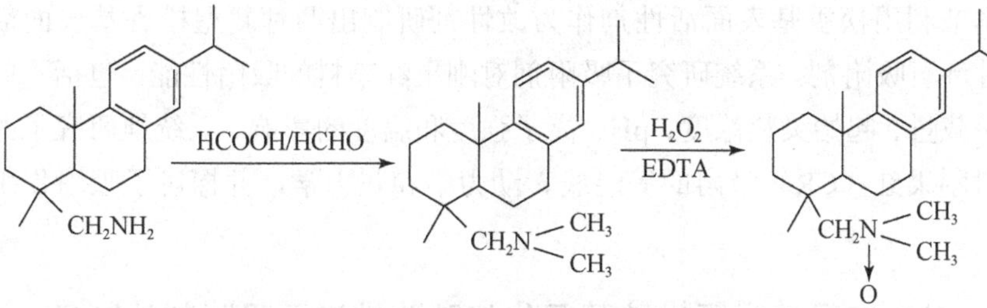

图 4-1　DAAO 表面活性剂的合成路线

4.2.3　*N,N*-二甲基脱氢枞胺基氧化叔胺的结构表征

图 4-2 为 *N,N*-二甲基脱氢枞胺和 DAAO 的 FTIR 图谱。*N,N*-二甲基脱氢枞胺在 3550～3320 cm^{-1} 处的两个 N—H 伸缩带消失，在 1175 cm^{-1} 处出现很明显的吸收峰，这是 N—O 的伸缩振动吸收峰的标志，说明 *N,N*-二甲基脱氢枞胺被氧化成 DAAO。

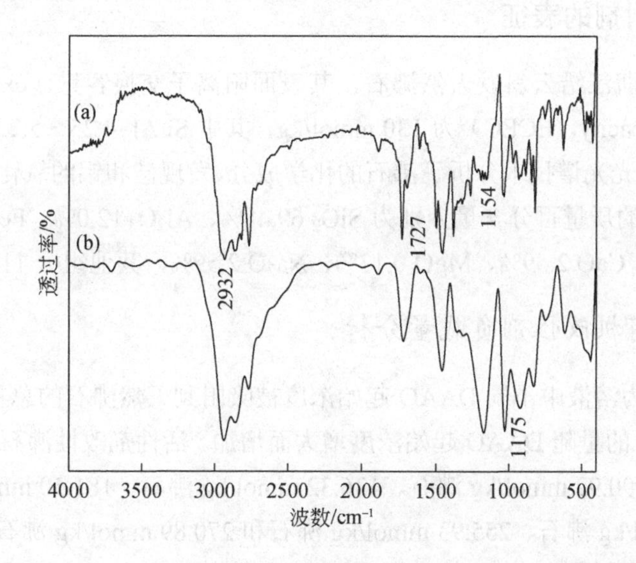

图 4-2　（a）*N,N*-二甲基脱氢枞胺和（b）DAAO 的 FTIR 图谱

4.3 *N,N*-二甲基脱氢枞胺基氧化叔胺改性沸石吸附剂

本节利用松香基表面活性剂作为改性剂研制出两种新型松香基表面活性剂改性沸石吸附剂。系统研究了吸附剂对刚果红染料的吸附性能，包括不同改性剂负载量、起始染料浓度、pH、离子强度和温度的影响。系统地研究了改性沸石对刚果红（CR）吸附的等温线、动力学和热力学，并探讨了吸附作用的机理。

4.3.1 *N,N*-二甲基脱氢枞胺基氧化叔胺改性沸石吸附剂的制备

向 250 mL 水和乙醇混合液（体积比为 50∶10）中加入一定量 DAAO，60 ℃下充分溶解。用 HCl 调节 pH 为 3.0，投加过 40 目筛的天然沸石（10 g）并于 40 ℃振荡吸附 48 h。改性后沸石经离心分离并用蒸馏水洗涤数次，60 ℃下真空干燥 12 h，粉碎后过 160 目筛，密封备用。通过比较不同 pH（5.0、7.0 和 9.0）下吸附剂表面溶出表面活性剂的量来研究表面活性剂的负载和溶出稳定性，我们发现负载表面活性剂溶出占比只有不足 5%。

4.3.2 吸附剂的表征

实验用浙江缙云斜发天然沸石，其表面阳离子交换容量（external cation exchange capacity，ECEC）为 130 mmol/kg，其中 Si/Al=4.25～5.25。我们也利用 X 射线荧光光谱技术分析了沸石的化学成分，发现硅和铝的氧化物是主要成分，各组分的质量百分含量分别为 SiO_2 69.48%、Al_2O_3 12.0%、Fe_2O_3 0.87%、K_2O 1.13%、CaO 2.59%、MgO 0.13%、Na_2O 2.59%，其他组分 11.21%。

（1）有机改性剂负载量分析

图 4-3 为溶液中不同 DAAO 起始浓度被吸附到天然沸石的总量，天然沸石负载 DAAO 的量随 DAAO 起始浓度增大而增加。活性剂改性沸石负载 DAAO 总量分别为 90.92 mmol/kg 沸石、136.32 mmol/kg 沸石、181.50 mmol/kg 沸石、222.42 mmol/kg 沸石、255.93 mmol/kg 沸石和 270.89 mmol/kg 沸石，在图中分别对应为 SMZ1、SMZ2、SMZ3、SMZ4、SMZ5 和 SMZ6。为了进一步探究

DAAO 改性沸石样品的构造，将天然沸石上 DAAO 负载量与天然沸石表面总阳离子交换量相比较，发现 Na^+和 Ca^{2+}是与 DAAO 交换的主要阳离子。沸石交换的总阳离子量随着负载 DAAO 量的增加而增大，当负载 DAAO 的量少于 1.0 倍 ECEC 时，表面活性剂负载量与阳离子交换量相当，表明形成了单层分子表面构造。当负载 DAAO 的量在 1.0～2.0 倍 ECEC 之间时，即 SMZ2、SMZ3、SMZ4 和 SMZ5，沸石负载 DAAO 量与总阳离子交换量的比值也是 1.0～2.0，表明表面活性剂是不规则的双层表面形态。SMZ6（沸石负载 DAAO 量接近 2.0 倍 ECEC）表面形成了双层表面结构[26]。

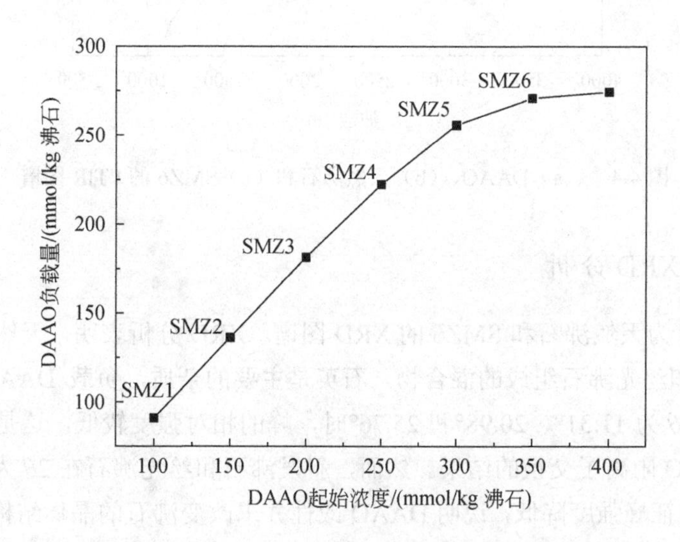

图 4-3　溶液中不同 DAAO 起始浓度被吸附到天然沸石的总量

（2）FTIR 分析

图 4-4 为 DAAO、天然沸石和 SMZ6 的 FTIR 图谱。天然沸石的 FTIR 图谱中 3632 cm^{-1}、3437 cm^{-1} 附近出现的明显吸收峰分别属于晶格内和晶格外的羟基群，与其他报道相一致[27]。DAAO 的 FTIR 图谱在 1175 cm^{-1} 处出现特征峰，图中 1175 cm^{-1} 处的峰是 N—O 伸缩振动所致。与天然沸石的 FTIR 图谱相比，SMZ6 在 2958 cm^{-1} 和 2860 cm^{-1} 处有相应的新吸收峰。在 2800～3000 cm^{-1} 处吸收峰的位置和强度同 DAAO 相比仅有轻微的变化，表明一定量的 DAAO 已负载在天然沸石上，改性取得较好的效果。

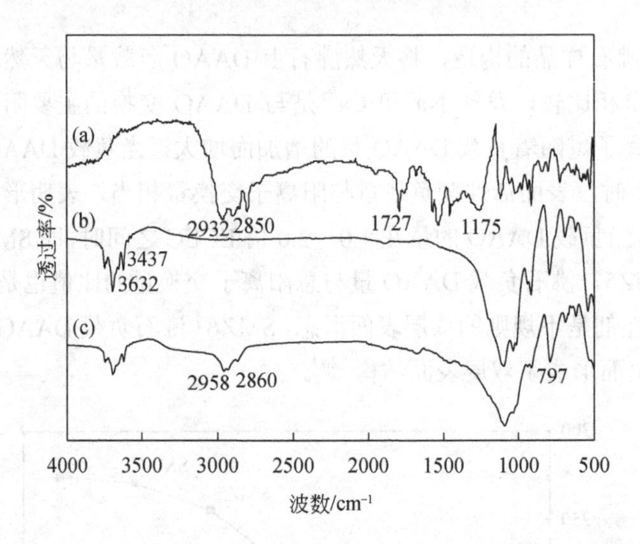

图 4-4　（a）DAAO、（b）天然沸石和（c）SMZ6 的 FTIR 图谱

（3）XRD 分析

图 4-5 为天然沸石和 SMZ6 的 XRD 图谱。XRD 分析表明，天然沸石是由斜发沸石和丝光沸石组成的混合物，石英是主要的杂质，负载 DAAO 后其结构不变。2θ 为 11.31°、20.98°和 25.76°时，峰的相对强度较低，这是天然沸石负载 DAAO 阳离子交换的结果。然而，斜发沸石和丝光沸石在 2θ 为 22.46°和 25.76°的特征峰强度降低，说明 DAAO 改性并未改变沸石的晶体结构，即绝大部分 DAAO 分子未进入天然沸石的内部晶格，而是包覆在天然沸石颗粒的斜发沸石和丝光沸石的表面。

（4）SEM 分析

图 4-6 为天然沸石和 SMZ6 的扫描电镜图。未改性天然沸石为具有高微孔率的晶簇状结构，形成了紧凑聚集的晶格。当天然沸石用 DAAO 溶液负载后，天然沸石晶体不再清晰可见且边缘消失，更加证明 DAAO 分子负载在天然沸石表面。此外，因为沸石表面被具有外部疏水组分的有机层覆盖，天然沸石的表面性能由亲水性变为疏水性。

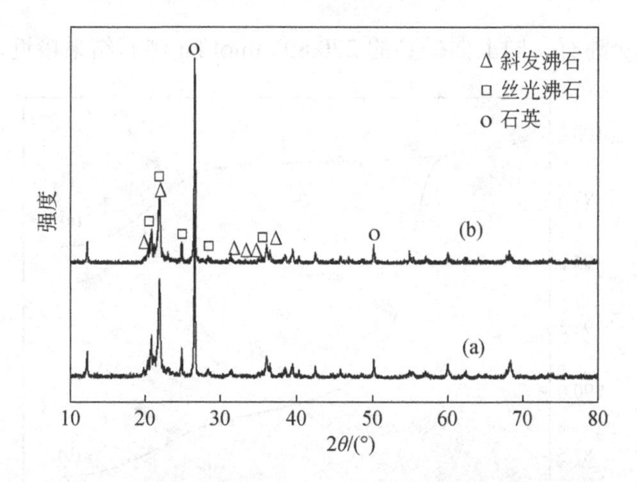

图 4-5　（a）天然沸石和（b）SMZ6 吸附剂的 XRD 图谱

(a)天然沸石　　(b)SMZ6

图 4-6　（a）天然沸石和（b）SMZ6 的 SEM 图像

（5）TG 分析

图 4-7 为天然沸石和 SMZ6 的热重结果。由 TG 曲线可知，在 30～200 ℃范围内天然沸石和 SMZ6 均有较大的失重，这主要是由于游离水和吸附水减少，硅结构发生脱羟基作用。在 200～600 ℃范围内，天然沸石的失重率为 3.46%，而 SMZ6 失重率为 9.47%，这说明天然沸石经 DAAO 改性后，其棒晶表面和层间确实有大量的有机物存在。因为结晶水和结构水的消失负载的 DAAO 发生分解[28]。结合 TG 曲线上吸热谷和放热峰进一步证实了 DAAO 分子在改性过程中负载到天然沸石表面。热重分析中，DAAO 负载量是

267.1 mmol/kg 沸石，同上面提到的 270.89 mmol/kg 沸石结果接近。

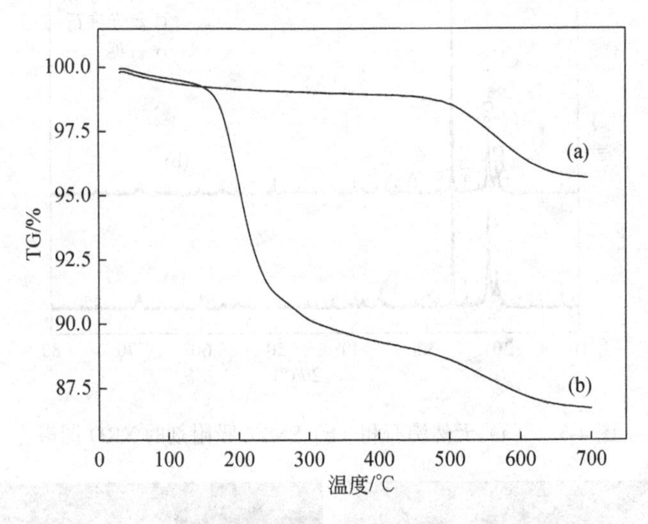

图 4-7 （a）天然沸石和（b）SMZ6 吸附剂的 TG 曲线图

（6）BET 分析

根据国际纯粹与应用化学联合会（International Union of Pure and Applied Chemistry，IUPAC）的定义[29]，介孔材料的 N_2 吸附-脱附曲线为Ⅳ型曲线。图 4-8 为天然沸石和 SMZ6 的 N_2 吸附-脱附等温线，从图中可以看出 N_2 吸附-脱附等温线有明显的滞后环，插图为天然沸石和 SMZ6 的孔径分布。天然沸石和

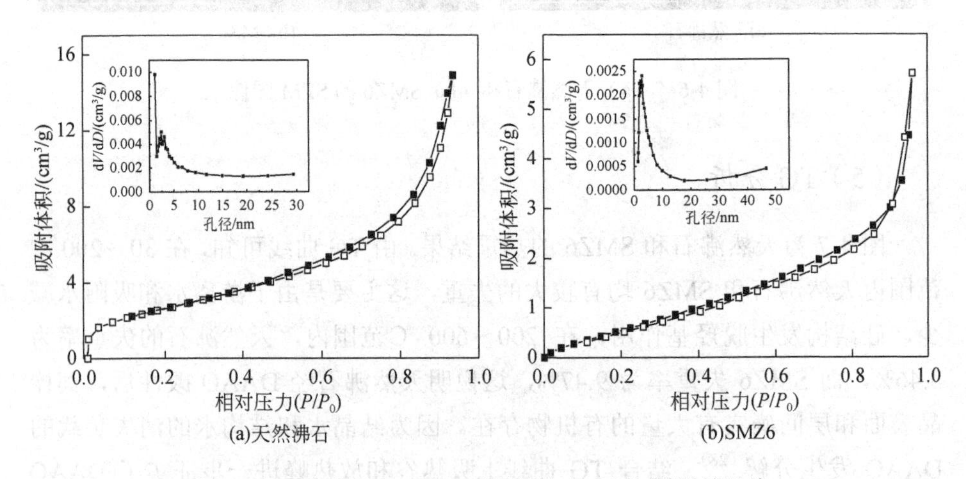

图 4-8 天然沸石和 SMZ6 吸附剂的 N_2 吸附-脱附等温线

SMZ6 的比表面积分别为 30.28 m^2/g 和 1.35 m^2/g，其孔隙体积分别为 0.023 cm^3/g 和 0.009 cm^3/g。DAAO 改性后沸石的比表面积和孔隙体积明显减小，表明表面活性剂分子成功负载在沸石表面或孔隙/通道，减少 N_2 的接触。此外，以 BJH 法为基础的孔径分布分析结果显示 SMZ6 的平均孔径为 24.99 nm，表明 SMZ6 为介孔材料。

4.3.3　吸附特性

（1）改性剂负载量的影响

图 4-9 为不同 DAAO 负载量改性天然沸石对刚果红的吸附能力的影响（吸附条件：40 mg 吸附剂加入到 50 mL 浓度为 30 mg/L 刚果红染料溶液中，调节 pH 为 6.0，放置于 20 ℃的恒温摇床中以 150 r/min 的转速振荡吸附 24 h）。天然沸石对刚果红具有很低的吸附能力，改性天然沸石的吸附能力随 DAAO 负载量的增加而增大。这是因为未改性的天然沸石表面带负电，与阴离子染料刚果红产生静电排斥。改性之后的天然沸石表面带正电吸引刚果红。然而，当 DAAO 负载量超过天然沸石的 2 倍 ECEC 后，改性天然沸石的吸附量改变不大，这表明天然沸石负载双层 DAAO 已达到饱和。

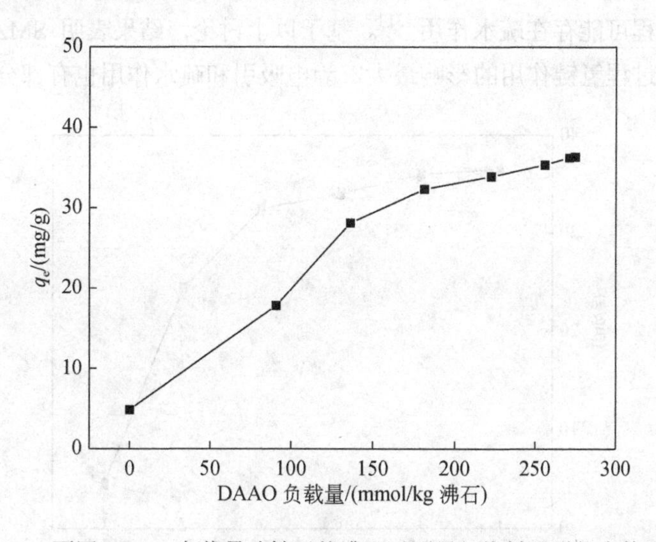

图 4-9　不同 DAAO 负载量改性天然沸石对刚果红染料吸附能力的影响

（2）pH 的影响

图 4-10 为不同 pH 下 SMZ6 吸附剂对刚果红染料吸附量的影响（吸附条件：初始浓度为 30 mg/L 刚果红溶液，pH 为 3.0～10.5，其他条件同前）。当 pH 由 10.5 调节为 3.0，吸附量由 4.52 mg/g（去除率 12.1%）增加到 36.51 mg/g（去除率 97.4%），pH 为 3.0 时有最大吸附量。pH 对吸附量的影响可能是刚果红染料和 DAAO 之间的表面电荷、电离程度和种类分布的相互作用，刚果红染料是酸性染料（零电荷点 pH_{PZC} 为 3 左右），其磺酸部分包含带负电的—SO_3^-[30]。在酸性介质中，低 pH 增加了 H^+浓度，DAAO 分子在 SMZ 表面氧化质子化，致使 SMZ6 表面带有更多正电荷［例如 R—$N^+(CH_3)_2$—OH^+⟶R—$N^+(CH_3)_2$—OH，R=脱氢枞胺基］吸附点，正电荷和阴离子刚果红分子之间发生强静电吸引，从而对刚果红染料有较高的吸附量。此外，在酸性条件下 DAAO 能充当氢键给体和受体，低 pH 时更多氢键的结合也可增加吸附量。然而，当 pH 由 7.5 增加到 10.5，对刚果红染料的吸附能力急剧下降，因为 DAAO 和刚果红都没有质子化［R—$N^+(CH_3)_2$—O 和—SO_3^-］，两负电组之间没有强氢键作用，仅具有很低的静电吸引（SMZ6 零电荷点 pH_{PZC} 为 7.4 左右）。值得注意的是，在 pH 为 9.0～10.5 范围内的 SMZ6 对刚果红染料保持较大的吸附量，这意味着存在其他机理，比如在吸附过程可能存在疏水作用[31]。基于以上讨论，结果表明 SMZ 对刚果红染料的吸附过程氢键作用的影响最大，静电吸引和疏水作用也有部分的影响。

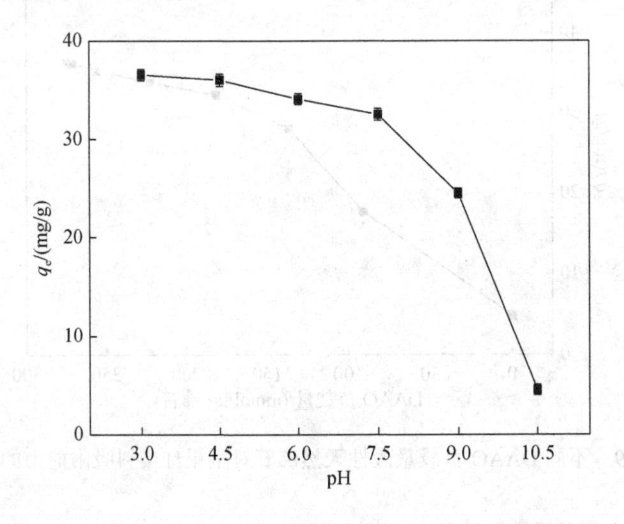

图 4-10　不同 pH 下 SMZ6 吸附剂对刚果红染料吸附量的影响

（3）离子强度的影响

NaCl 作为背景电解质用来研究离子强度对 SMZ6 吸附刚果红的影响。如图 4-11 所示，离子强度对刚果红吸附量的影响很弱，因为随着 NaCl 浓度由 0 mol/L 增加到 1.0 mol/L，吸附量轻微下降（由 34.9 mg/g 到 33.0 mg/g），这符合刚果红染料与 Cl^-竞争吸附剂表面活性位点的理论。之前的研究表明若静电吸引是主要的吸附机理，离子强度对吸附过程有很强的负影响[32, 33]。意味着 SMZ6 对刚果红染料的吸附过程中，SMZ6 表面与刚果红的静电吸引不是主要的作用力，即 SMZ6 对刚果红染料吸附过程以氢键作用为主要作用。

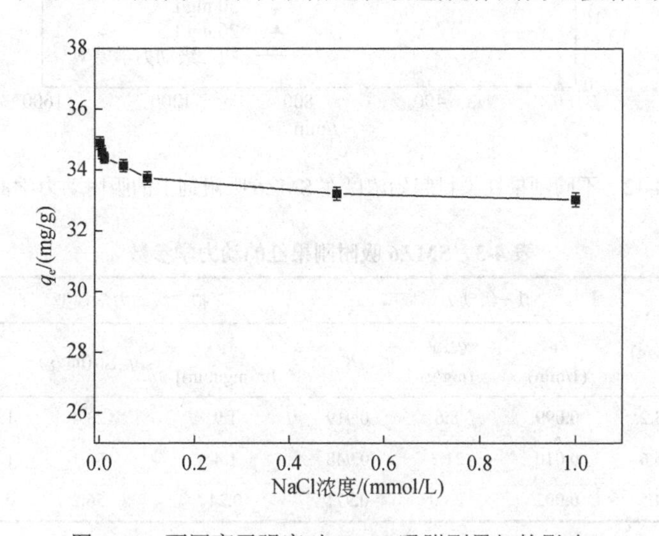

图 4-11 不同离子强度对 SMZ6 吸附刚果红的影响

（4）吸附动力学

为了确定吸附平衡所需要的时间，研究了 SMZ6 吸附剂对刚果红染料吸附动力学。分别配制初始浓度为 20 mg/L、30 mg/L 和 50 mg/L 的刚果红染料溶液 100 mL，调节 pH 为 6.0，然后在三角瓶中加入 40 mg 吸附剂，在温度为 20 ℃和转速为 150 r/min 的条件下振荡吸附，并在不同时间过滤取上清液测定刚果红染料浓度。吸附动力学曲线如图 4-12 所示，可见吸附过程分两步，即开始的快速吸附阶段和随后的缓慢吸附阶段。在开始阶段，吸附速率非常快，吸附量迅速增加。分别采用拟一级动力学模型和拟二级动力学模型对刚果红染料的吸附数据进行拟合，得到的相关参数见表 4-3。由相关系数（$R^2>0.99$）

可知，SMZ6 吸附剂对刚果红的吸附更符合拟二级动力学模型。

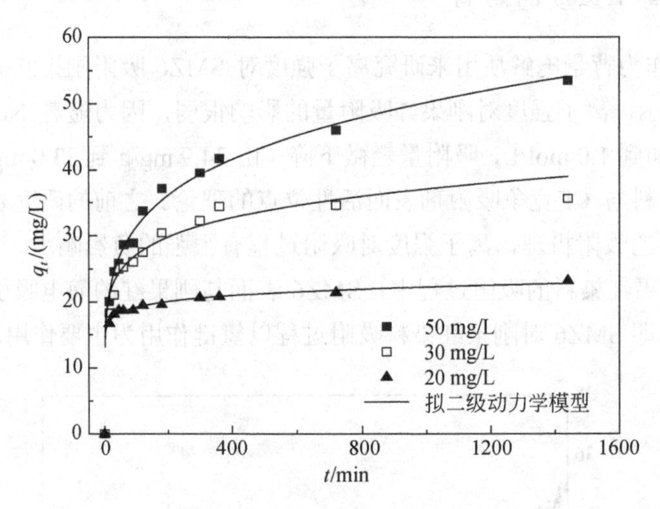

图 4-12　不同刚果红染料起始浓度在 SMZ6 吸附剂上的吸附动力学曲线

表 4-3　SMZ6 吸附刚果红的动力学参数

起始浓度/(mg/L)	q_e/(mg/g)	拟一级动力学模型			拟二级动力学模型			
		k_1/(1/min)	$q_{e,cal}$/(mg/g)	R^2	k_2/[g/(mg·min)]	$q_{e,cal}$/(mg/g)	h	R^2
20	23.2	0.099	8.6	0.919	1.9	23.4	1.069	0.999
30	35.6	0.010	21.3	0.948	1.4	36.1	1.833	0.999
50	54.5	0.002	28.0	0.971	0.24	56.2	0.754	0.999

（5）吸附等温线

本研究用 Langmuir、Freundlich、Dubinin-Redushkevich（D-R）和 Sips 四种等温模型拟合不同温度（20 ℃、30 ℃和 40 ℃）时的吸附等温线。图 4-13 为 SMZ6 吸附刚果红染料吸附等温线，从图中可以看出低温更有利于对刚果红染料的吸附（吸附条件：在 50 mL 的锥形瓶中加入 50 mL 浓度为 10～100 mg/L 的刚果红染料溶液，调节 pH 为 6.0，然后加入 40 mg 吸附剂，将锥形瓶置于温度为 20 ℃和转速为 150 r/min 的摇床中进行吸附 24 h）。Langmuir、Freundlich、D-R 和 Sips 等温模型拟合参数。其中，Langmuir 等温模型的相关系数（R^2=0.99）是四种模型中最高的，结果表明 SMZ6 表面被单分子层刚果红染料覆盖，羟基化壳聚糖[34]和有机凹凸棒土[35]对刚果红的吸附报道有类似的结果。基于

Langmuir 等温模型，温度为 20 ℃、30 ℃和 40 ℃时理论吸附量分别为 122.6 mg/g、64.9 mg/g 和 58.8 mg/g。不同类型吸附剂对刚果红染料的吸附量列举于表 4-4，除了一些具有高比表面积的吸附剂（如煤基介孔活性炭、高联聚合苯乙烯-二乙烯基苯树脂和 HTMAB 改性凹凸棒土等），新型吸附剂 SMZ6 比许多报道的廉价吸附剂具有更高的吸附量。

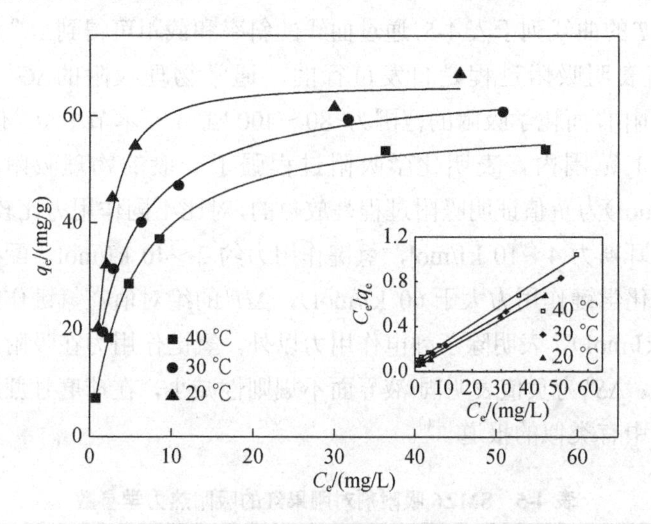

图 4-13　SMZ6 吸附刚果红染料吸附等温线

表 4-4　一些吸附剂对刚果红染料的吸附量的比较

吸附剂	吸附量/(mg/g)	温度/℃	pH	参考文献
煤基介孔活性炭	52～189	室温	7.8～8.3	[36]
高岭土	5.44	25～60	7.5±0.3	[37]
酸改性活性膨润土	61.5	25～60	3～11	[38]
酸改性红土	7.1	室温	7.0	[38]
活性松球	40.2	30～60	7.45	[39]
磁性活性炭	66.1	22～55	4.0～9.5	[40]
来源椰壳的活性炭	6.7	35	7.6～8.2	[41]
高联聚合苯乙烯-二乙烯基苯树脂	2326	25	—	[42]
HTMAB 改性凹凸棒土	124.4	30～50	4～9	[35]
SMZ6	69.9	20～40	6.0	本研究

（6）吸附热力学

在吸附热力学的研究过程中，吸附温度是一个很重要的因素，这里以刚果红染料为吸附质探讨了相关热动力学参数，ΔG^o、ΔS^o、ΔH^o可通过第 2 章公式（2-25）和式（2-26）计算获得[43]。

ΔG^o对T的曲线列于表 4-5，通过曲线的斜率和截距可得到ΔH^o和ΔS^o的值。ΔG^o为负值表明吸附过程是自发可行的，通常物理吸附的ΔG^o值在-20～0 kJ/mol 范围内，而化学吸附的范围为-80～400 kJ/mol。本节中ΔG^o值在-23.9～-23.0 kJ/mol 范围内，表明化学吸附过程强于一般的物理吸附。通过ΔH^o（-36.29 kJ/mol）为负值证明吸附过程是放热的，对比不同作用力比较吸附能（例如，范德瓦耳斯力 4～10 kJ/mol，氢键作用力约 2～40 kJ/mol，配位交换能约 40 kJ/mol，化学键作用力大于 60 kJ/mol），ΔH^o的绝对值在氢键作用力的范围内（2～40 kJ/mol），表明除了静电作用力以外，氢键作用力在吸附过程中也起到重要作用。ΔS^o为负值表明固/液界面不规则性减少，在球磨甘蔗渣对刚果红染料的吸附中有类似的报道[44]。

表 4-5 SMZ6 吸附剂对刚果红的吸附热力学参数

ΔH^o /(kJ/mol)	ΔS^o /［kJ/(mol·K)］	ΔG^o /(kJ/mol)			R^2
		20℃	30℃	40℃	
-36.29	-42.07	-23.9	-23.8	-23.0	0.979

4.3.4 脱附再生和循环利用

SMZ6 吸附刚果红染料后，脱附剂采用 0.1 mol/L HCl、0.1～1 mol/L NaOH 和水再生（脱附条件：50 mg 新鲜吸附剂加到 50 mL 100 mg/L 的刚果红溶液中，调节 pH 至 6.0，振荡 24 h）。将吸附刚果红饱和的 SMZ6 吸附剂离心分离，用分光光度计检测上清液中残留刚果红染料的浓度。图 4-14（a）表明了刚果红染料的脱附率随着 pH 的增加而增加。由图 4-14（b）可知，0.1 mol/L HCl 和中性蒸馏水的脱附率分别为 0.2%和 3.8%，然而使用 0.1 mol/L NaOH 溶液脱附率达到 90.1%。脱附剂 NaOH 的脱附效率最高，原因为在碱性条件下，水中的氢氧根与 DAAO 分子中—$N^+(CH_3)_2$—OH 形成强氢键作用，破坏了 SMZ6 和刚果红染料的分子之间的弱氢键作用，从而使刚果红染料从吸附剂表面脱附出来。

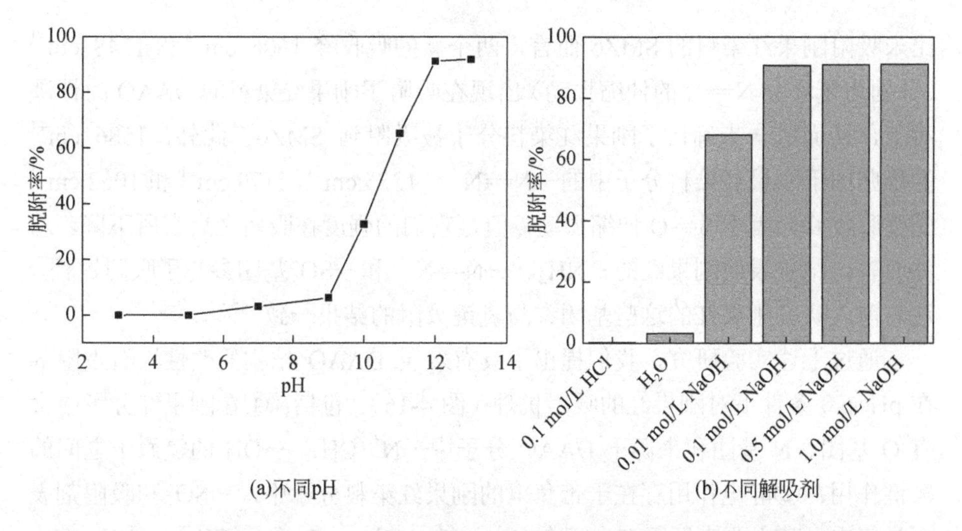

图 4-14　(a) 不同 pH 和 (b) 不同解吸剂对 SMZ6 吸附刚果红染料的脱附率的影响

4.3.5　吸附机理

此外，可通过刚果红、DAAO 改性沸石吸附前和吸附后的 FTIR 图谱(图 4-15)进一步证实。刚果红染料在 3464 cm^{-1} 和 1606 cm^{-1} 处的峰，对应的是 O—H 和 N—H 伸缩振动，强度有所下降，并在吸附之后向低波数 3435 cm^{-1} 移动。该结果表明在 pH=6.0 时，SMZ6 的羟基与染料分子的胺基之间形成了氢键。相

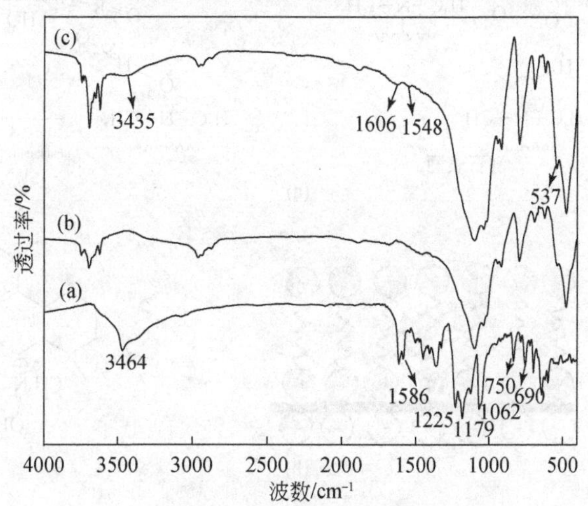

图 4-15　(a) 刚果红、(b) SMZ6 和 (c) 吸附刚果红染料后的 DAAO 改性沸石的 FTIR 图谱

比未吸附刚果红染料的 SMZ6 而言，两个新的吸收峰 1606 cm^{-1} 和 1548 cm^{-1}（分别为苯环和 N═N 的伸缩振动）出现在吸附了刚果红染料的 DAAO 改性沸石上，从而进一步确认了刚果红染料分子被吸附到 SMZ6。此外，1586 cm^{-1} 的峰归因于刚果红染料分子中的—N═N—，1225 cm^{-1}、1179 cm^{-1} 和 1062 cm^{-1} 的强吸收峰归因于 S═O 伸缩振动，但是它们的强度在吸附之后有所下降。总体而言，结果表明刚果红的—NH_2、—N═N—和—SO_3^- 基团参与了吸附过程，这与前人研究刚果红的这些基团参与氢键吸附的结果一致[45]。

通过上述实验研究，我们提出了具有双层 DAAO 结构的改性沸石吸附剂在 pH=6.0 条件下对刚果红的吸附机理（图 4-16）。包括：①在刚果红分子中含有 O 基团、N 基团和来源于 DAAO 分子中—$N^+(CH_3)_2$—OH 的氢原子之间的氢键作用；②静电作用存在于带负电的刚果红染料分子中，—SO_3^- 和吸附剂表面带正电，其主要来源于 R—$N^+(CH_3)_2$—O + H^+ ⟶ R—$N^+(CH_3)_2$—OH，（R=脱氢枞胺基）；③刚果红染料疏水基与 SMZ6 之间存在疏水作用。整体而言，结

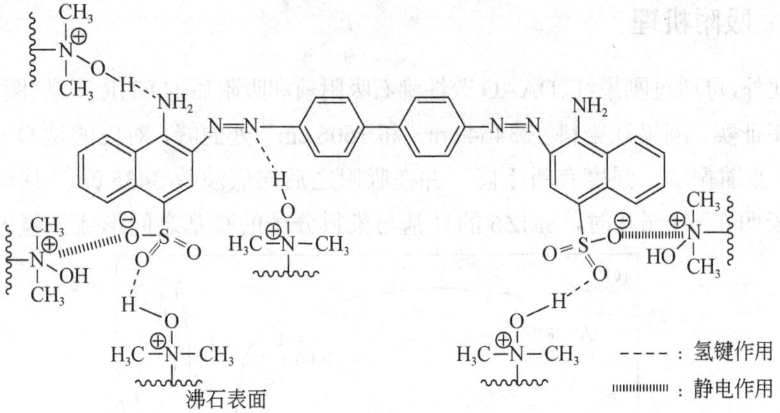

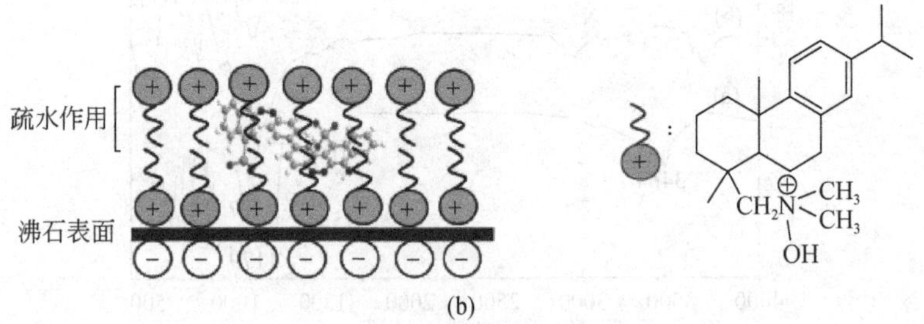

图 4-16　pH=6.0 条件下 SMZ6 吸附刚果红染料分子的作用机理示意图

（a）氢键作用和静电作用；（b）疏水作用

果表明了—NH_2、—N══N—和—SO_3^-基团涉及吸附过程，与前面研究刚果红染料的吸附涉及氢键作用的结论一致。

4.4　松香基季铵盐阳离子表面活性剂改性沸石

4.4.1　松香基季铵盐阳离子表面活性剂改性沸石吸附剂的制备

天然沸石粉碎后经过标准套筛筛分，清洗后用 1 mol/L 的 HNO_3 振荡浸渍 4 h（酸处理可使天然沸石骨架中的 K^+、Mg^{2+}等金属阳离子溶出，并去除附着在天然沸石表面的碳酸盐等杂质）。取出并冲洗，取一定质量上述预处理后的天然沸石（9 g），分别加入 50 mmol/L 的 *N*, *N*, *N*-三甲基-*N*-松香基氯化铵（*N*, *N*,*N*-trimethyl-*N*-abietyl ammonium chloride, TAAC）溶液 18 mL、27 mL、36 mL、45 mL、54 mL 和 63 mL（其化学结构见图 4-17），即改性剂的投加量分别为 100 mmol、150 mmol、200 mmol、250 mmol、300 mmol 和 350 mmol TAAC/kg 沸石。以 1∶5 固液比（沸石∶TAAC 改性剂）在 40 ℃的水浴中恒温振荡 48 h，用去离子水离心洗涤数次，至洗涤液中无表面活性剂检出即以 $AgNO_3$ 溶液检测不出 Cl^-存在，在 60 ℃条件下真空干燥至恒重即可制得 TAAC 改性沸石的吸附剂[22]，分别记为 TAAC/NZ1、TAAC/NZ2、TAAC/NZ3、TAAC/NZ4、TAAC/NZ5 和 TAAC/NZ6。

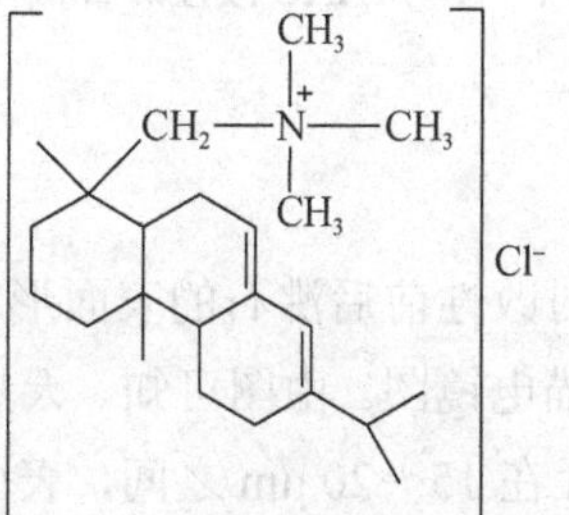

图 4-17　*N*, *N*, *N*-三甲基-*N*-松香基氯化铵的分子式

4.4.2　TAAC 改性沸石吸附剂的表征

（1）FTIR 分析

图 4-18 为天然沸石、TAAC 改性沸石和 TAAC 的 FTIR 图谱。从图中可知，

TAAC 的主要特征吸收峰是在 995 cm^{-1} 处出现了季铵盐（C—N 键）的特征吸收峰，改性沸石在 2930 cm^{-1} 和 2850 cm^{-1} 处出现了明显的吸收峰，是松香基的 C—H 键（—CH_2—、—CH_3）伸缩振动引起的，1620～1680 cm^{-1} 为苯环中 C═C 键的伸缩振动，1241 cm^{-1} 为季铵基团中 C—N 键的伸缩振动，表明松香基季铵盐阳离子表面活性剂已成功负载到天然沸石表面上。在 1500 cm^{-1} 以下的指纹区，天然沸石和 TAAC 改性沸石的 FTIR 图谱基本相似，都存在天然沸石的特征峰，说明天然沸石表面阳离子被季铵盐阳离子置换，但硅铝酸盐的骨架结构基本没有改变。

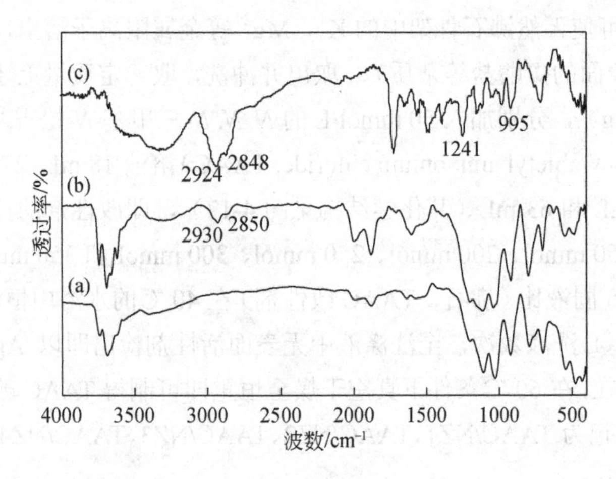

图 4-18　（a）天然沸石、（b）TAAC 改性沸石和（c）TAAC 的 FTIR 图谱

（2）SEM 分析

通过扫描电子显微镜对改性前后沸石的表面形貌进行了观察，图 4-19（a）为未经改性的天然沸石扫描电镜图。由图可知，天然沸石表面存在明显的片状结构，团簇状集合体，粒径在 15～20 μm 之间，表面结构不规则。图 4-19（b）是加入松香基季铵盐阳离子表面活性剂改性后的沸石扫描电镜图，我们发现改性沸石的表面包裹了一层有机物，其片状结构变得模糊，这层致密地覆盖在颗粒表面的有机物改善了天然沸石的亲油性能。进一步证实了改性后松香基季铵盐阳离子表面活性剂已经被成功地负载到天然沸石上。

(a)天然沸石

(b)TAAC改性沸石

图 4-19　天然沸石改性前后的 SEM 图像

（3）XRD 分析

图 4-20 为天然沸石和 TAAC 改性沸石的 XRD 图谱。XRD 分析表明，天然沸石的主要成分为斜发沸石、丝光沸石和石英。天然沸石和 TAAC 改性沸石的 XRD 衍射图谱基本类似，没有发现其他杂质的衍射峰，改性天然沸石仍保持原天然沸石各衍射峰的特征。然而，斜发和丝光沸石在 2θ 为 22.46°和 25.76°的特征峰强度相对降低，说明 TAAC 改性并未改变天然沸石的晶体结构，即绝大部分 TAAC 分子未进入天然沸石的内部晶格，而是包覆在沸石颗粒的斜发沸石和丝光沸石的表面。

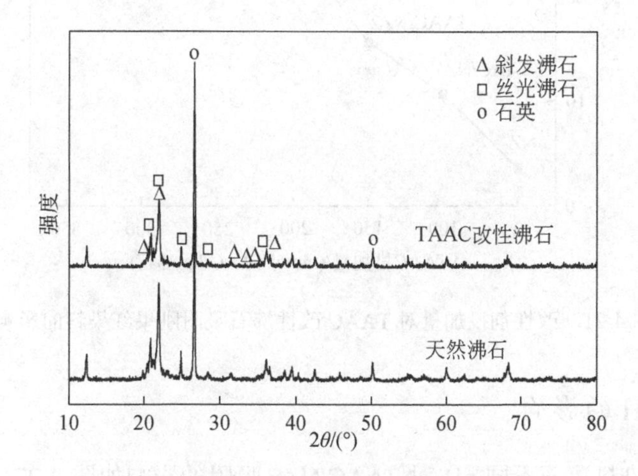

图 4-20　天然沸石和 TAAC 改性沸石的 XRD 图谱

（4）BET 分析

此外 TAAC 改性沸石的比表面积（4.52 m^2/g）和孔容（0.018 cm^3/g）均比未改性沸石的比表面积（32.27 m^2/g）和孔容（0.025 cm^3/g）减少，比表面积及孔容分析结果进一步支持以上的结论。显然，TAAC 已经成功地负载到天然沸石上。由此看出，天然沸石经过松香基季铵盐阳离子表面活性剂改性，其比表面积和孔容明显减少。

4.4.3 吸附特性

（1）吸附剂负载量的影响

图 4-21 为 TAAC 投加量对 TAAC 改性沸石吸附刚果红的影响。由图可知，TAAC 改性沸石对刚果红的吸附量随 TAAC 的投加量的增加而增大，最后直至平衡。选择 TAAC/NZ5 作为后续的吸附剂开展研究。

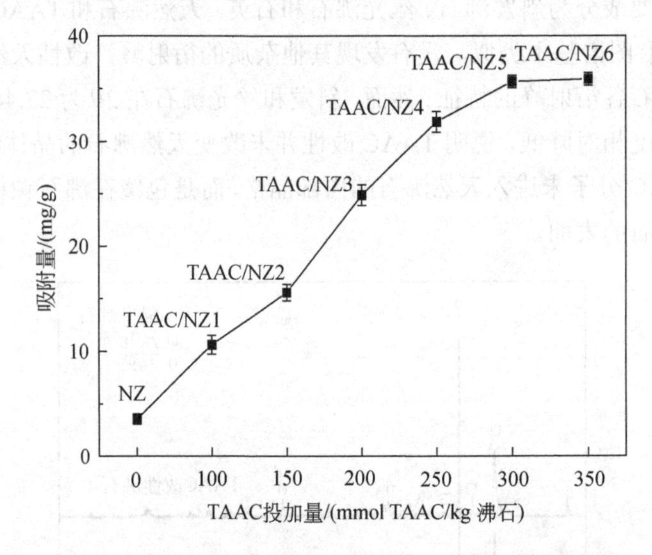

图 4-21 改性剂投加量对 TAAC 改性沸石吸附刚果红染料的影响

（2）pH 的影响

刚果红染料溶液不同 pH 对 TAAC/NZ5 吸附的影响如图 4-22（a）所示。当 pH 由 4.0 调节至 10.0，吸附量由 39.2 mg/g（去除率 97.9%）减少到 24.5 mg/g

（去除率 61.3%），pH 为 4.0 时有最大吸附量。pH 对吸附的影响主要归因于刚果红染料和 TAAC 之间的表面电荷、电离程度和种类分布的相互作用。在酸性条件下（如 pH＞3.0），水中刚果红染料的磺酸基团（—SO_3Na）会离解为带负电的离子（—SO_3^-）从而使得刚果红带负电，改性沸石上的 TAAC 阳离子基团—$N^+(CH_3)_3$ 与刚果红染料分子中的带负电基团—SO_3^- 产生静电作用。而随着 pH 的增大，溶液中 OH^- 等与刚果红染料阴离子存在吸附竞争关系的阴离子增多，导致以阴离子存在的刚果红染料与改性沸石表面的作用点被挤占，从而使刚果红染料阴离子的吸附量减小。然而，在 pH 为 9.0～10.0 的 TAAC/NZ5 对刚果红染料仍能有较大的吸附量，这意味着存在其他作用机理，例如 TAAC 分子结构中的芳香基的疏水作用，松香基表面活性剂两者之间还可以通过官能团产生疏水作用，也提高了改性沸石的吸附效率。进一步通过ζ电位的测定可知［图 4-22（b）］，沸石的ζ电位为负值，因此沸石对刚果红染料的吸附量很低。用 TAAC 表面活性剂对沸石进行改性后，pH 在 4.0～10.0 范围内ζ电位为正值，从而增强了改性沸石表面对阴离子的吸引力，有利于阴离子的吸附，这是改性沸石能够吸附阴离子的主要原因，同时也进一步证明了改性沸石对刚果红的静电吸附机理。基于以上讨论，结果表明 TAAC 改性沸石对刚果红吸附过程中发生的静电作用、氢键作用和芳香基团的疏水作用等，均对其吸附效果产生影响。

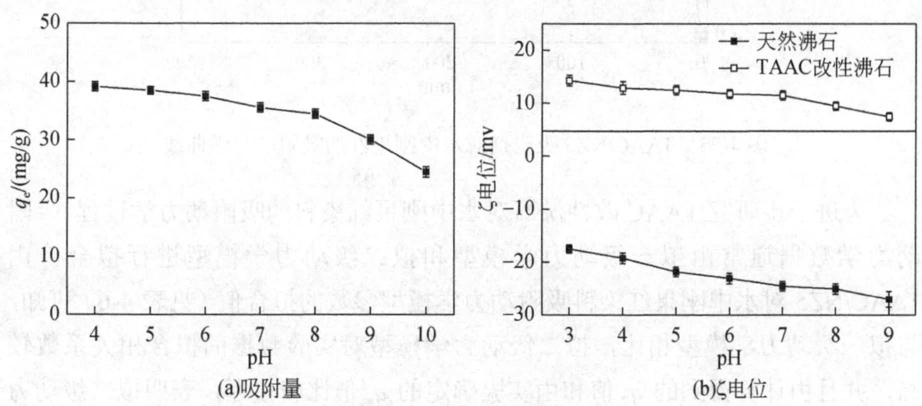

图 4-22　pH 对 TAAC 改性沸石吸附刚果红染料吸附量以及对天然沸石和 TAAC 改性沸石ζ电位的影响

（3）吸附动力学

图 4-23 为 TAAC/NZ5 吸附剂吸附水中刚果红的动力学曲线（吸附条件：

将 0.1 g 的 TAAC/NZ5 吸附剂加入 100 mL 浓度分别为 30 mg/L、40 mg/L 和 50 mg/L 的刚果红溶液中，调节 pH 为 6.0、在温度为 20 ℃振荡吸附）。由图可见，相同初始吸附质质量浓度条件下改性沸石对水中刚果红的单位吸附量随着反应时间的增加而增加，直至达到吸附平衡。从图中可以看出 TAAC/NZ5 对较高浓度的刚果红染料的吸附速率均较快，吸附 300 min 时达到平衡。其归因于开始时改性沸石表面的吸附活性位点较多，吸附速度较快。随着吸附过程的进行，溶液中刚果红的含量逐渐降低，改性沸石表面的活性位点逐渐变少，吸附速率变慢。

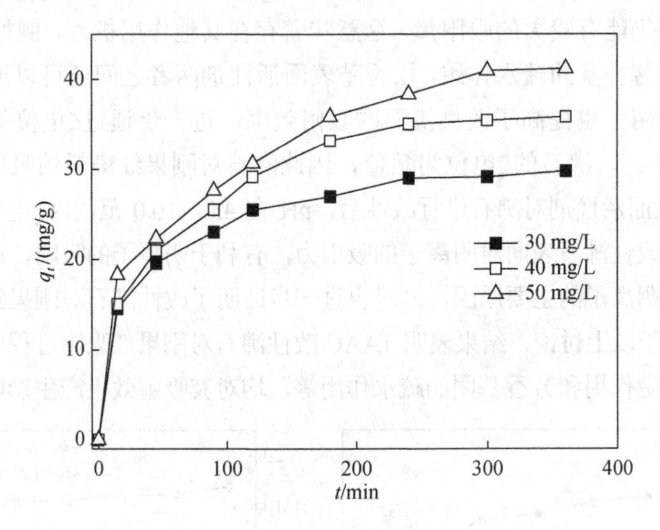

图 4-23　TAAC/NZ5 吸附剂对水中刚果红的吸附动力学曲线

为进一步研究 TAAC 改性沸石对水中刚果红染料的吸附动力学过程，吸附动力学数据通常由拟一级动力学模型和拟二级动力学模型进行拟合。由 TAAC/NZ5 对水中刚果红染料吸附动力学模型参数的拟合值（见表 4-6）可知，与拟一级动力学模型相比，拟二级动力学模型对实验数据的拟合相关系数较高，并且由计算得到的 q_e 值和由实验确定的 q_e 值比较接近，表明拟二级动力学模型比拟一级动力学模型更适合用于描述 TAAC/NZ5 对水中刚果红染料的吸附过程。由于沸石中存在大量微孔，刚果红染料分子及离子的尺寸均远大于可供 K^+/Na^+的离子半径进出的纳米尺度孔道，难以在孔道内产生浓度差扩散并深入沸石结构内。因此，吸附反应主要发生在更大的微孔中，孔内扩散步骤为影响吸附反应速率的主要因素。

表 4-6　TAAC/NZ5 吸附剂对水中刚果红吸附动力学模型参数的拟合值

C_0/(mg/L)	q_e/(mg/g)	拟一级动力学模型			拟二级动力学模型			
		k_1/(1/min)	$q_{e,cal}$/(mg/g)	R^2	k_2/[g/(mg·min)]	$q_{e,cal}$/(mg/g)	h	R^2
30	30.1	0.011	20.7	0.977	0.0016	30.5	1.53	0.999
40	37.5	0.009	26.0	0.959	7.7×10^{-4}	38.4	1.14	0.999
50	43.2	0.008	33.1	0.979	5.7×10^{-4}	44.4	1.13	0.999

（4）吸附等温线

分别取初始浓度为 10～120 mg/L 的刚果红染料溶液进行吸附试验，获得一系列吸附平衡数据。图 4-24 为 TAAC 改性沸石对刚果红染料溶液的吸附等温线。由图可见，相同反应温度条件下 TAAC 改性沸石对刚果红染料的吸附量随水中刚果红的平衡浓度的增大而增大，然而吸附量随反应温度的增加而降低。

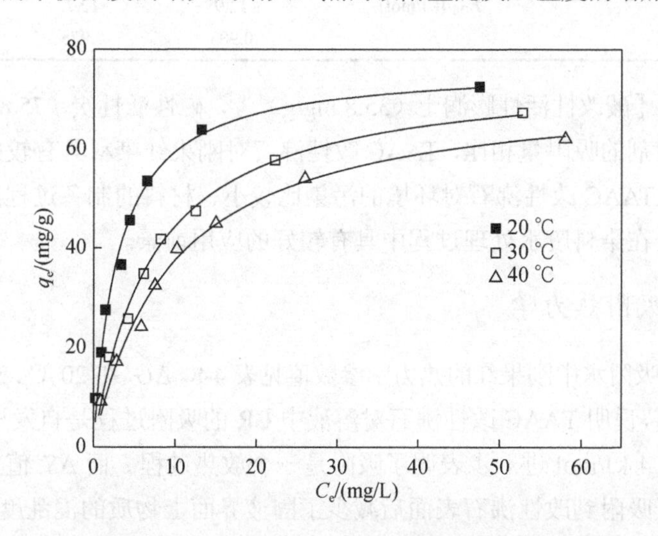

图 4-24　TAAC/NZ5 对刚果红的吸附等温线

拟合得到模型参数列于表 4-7 中，通过比较 R^2 值，该吸附过程更加符合 Langmuir 等温模型。Freundlich 等温模型的参数 $1/n$ 值为 0.28～0.38，介于 0.1～1 之间，说明 TAAC 改性沸石对水中刚果红染料的吸附易进行。K_F 值随反应温度的增加而降低，这也说明 TAAC 改性沸石的吸附能力随反应温度的增加而降低。对于 D-R 等温模型而言，在温度 20 ℃、30 ℃和 40 ℃条件下改性沸石吸附剂对平均吸附自由能分别为 12.9 kJ/mol、12.7 kJ/mol、11.8 kJ/mol，位于

8～16 kJ/mol，进一步说明其水中刚果红的吸附机理涉及到与电荷相关作用，例如静电作用。

表 4-7　TAAC/NZ5 吸附剂对刚果红染料等温模型参数值

模型	参数	温度/℃		
		20	30	40
Langmuir 拟合	q_{max}/(mg/g)	78.0	75.5	72.5
	K_L/(L/mg)	0.33	0.14	0.11
	R^2	0.991	0.994	0.993
Freundlich 拟合	K_F/[(mg/g)(L/mg)$^{1/n}$]	26.85	17.47	14.54
	$1/n$	0.28	0.36	0.38
	R^2	0.904	0.943	0.928
D-R 拟合	q_{max}/(mmol/g)	0.9	0.7	0.6
	K_{DR}/(mol^2/kJ^2)	3.0×10^{-9}	3.1×10^{-9}	4.0×10^{-9}
	E_{DR}/(kJ/mol)	12.9	12.7	11.8
	R^2	0.983	0.975	0.974

与文献［酸改性活性膨润土（35.8 mg/g）[36]，磁性活性炭（75.8 mg/g）[46]］报道的吸附剂的吸附量相比，TAAC 改性沸石对刚果红染料具有较好的吸附效果。此外，TAAC 改性沸石对环境的污染比较小、材料的制备过程简单、原材料成本低，在染料废水处理过程中具有较好的应用前景。

（5）吸附热力学

SMZ5 吸附水中刚果红的热力学参数值见表 4-8。ΔG^o 在 20 ℃、30 ℃、40 ℃时均为负值，说明 TAAC 改性沸石对溶液中 CR 的吸附过程是自发进行的。ΔH^o 结果为−31.4 kJ/mol 进一步表明了吸附是一个放热过程。而 ΔS^o 值为负，说明刚果红离子吸附到改性沸石表面后减少了固液界面上物质的混乱度。通常认为 ΔH^o 在−40～20 kJ/mol 范围内以物理吸附为主，而 ΔG^o 在−20～0 kJ/mol 范围内也是物理吸附的重要特征之一[47]。根据计算结果，改性沸石对刚果红的吸附强于物理吸附，但是以物理吸附为主。

表 4-8　TAAC/NZ5 吸附剂对刚果红的吸附热力学参数

ΔH^o/(kJ/mol)	ΔS^o/［kJ/(mol·K)］	ΔG^o/(kJ/mol)			R^2
		20 ℃	30 ℃	40 ℃	
−31.4	−31.9	−22.1	−21.9	−21.4	0.994

4.4.4　脱附再生和循环利用

实验考察了吸附刚果红后，改性沸石解吸性能的影响，根据前期实验结果，本研究使用了 NaOH 溶液作为解吸剂。如图 4-25 所示，当 NaOH 溶液浓度由 0.01 mol/L 逐渐增加到 0.1 mol/L 时，TAAC/NZ5 吸附刚果红后的解吸率由 32% 逐渐增大到 90%，然而随着 NaOH 浓度（0.5 mol/L）进一步增大，解吸率并没有显著升高（91.5%）。实验结果说明，TAAC 改性沸石吸附刚果红后的再生性能良好，刚果红分子能够被解吸，可以推断改性沸石对刚果红分子的吸附有物理吸附的作用，进一步证明静电吸附机理的存在。

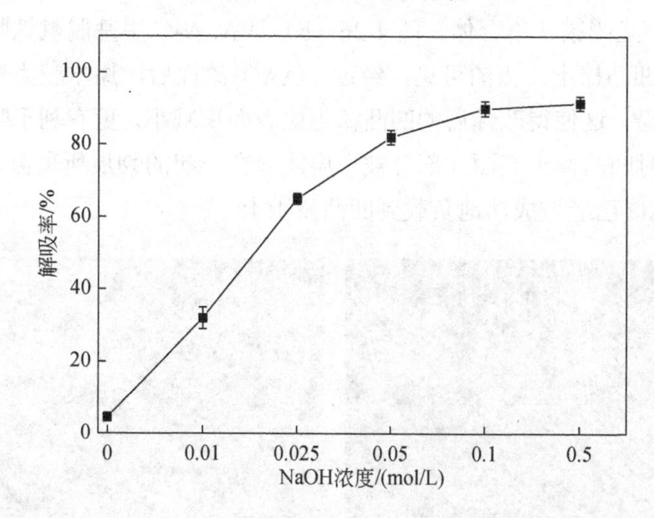

图 4-25　NaOH 对吸附刚果红后 TAAC 改性沸石解吸率的影响

4.5　*N*, *N*-二甲基脱氢枞胺基氧化叔胺改性凹凸棒土吸附去除染料

4.5.1　吸附剂的制备

凹凸棒土经精选、破碎，过筛得到 0.5 mm 的颗粒，并洗涤去除残留物后待用。在 1.0 mol/L NaCl 溶液中浸渍 1 h，之后用去离子水反复冲洗，直至冲洗的滤液用 AgCl 检测无白色沉淀。随后在 60 ℃条件下真空干燥至恒重即可制得钠改性的凹凸棒土。取一定量钠改性的凹凸棒土，首先加入适量蒸馏水在一

定温度下搅拌活化一段时间，之后加入一定比例的DAAO溶液，在60 ℃水浴条件下搅拌反应4 h后。反应后的凹凸棒土经过滤和洗涤，于80 ℃烘箱中干燥12 h后粉碎，即可制得DAAO改性凹凸棒土。

4.5.2　DAAO改性凹凸棒土的表征

（1）SEM分析

图4-26为凹凸棒土改性前后的电镜图。由图可见，凹凸棒土结构致密，晶体束粗大可辨，纹理清晰，凹凸棒土由长度不同的纤维棒状体，直径约在10～20 nm，呈团簇状集合体。图4-26（b）是*N*, *N*-二甲基脱氢枞胺基氧化叔胺改性后的凹凸棒土。由图可见，经过DAAO改性后，原本较为规则的表面变得交错繁杂，这使得改性后的凹凸棒土比表面积减小，更有利于吸附水中的污染物。同时凹凸棒土表面大部分被一层团簇在一起的物质所覆盖，这进一步证实了DAAO已经被成功地负载到凹凸棒土上。

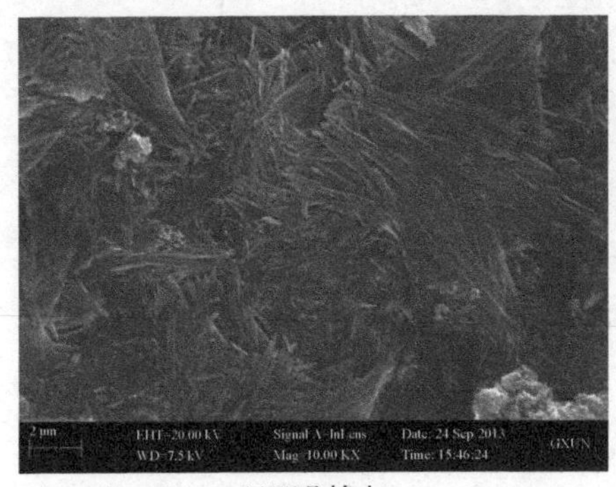

(a)凹凸棒土

(b)DAAO改性凹凸棒土

图4-26　凹凸棒土改性前后的SEM图像

（2）FTIR分析

图4-27为DAAO和凹凸棒土改性前后的FTIR图谱。由图可知，改性后的凹凸棒土在1455 cm^{-1}处出现了苯环的吸收峰，2958 cm^{-1}处出现了甲基的吸收峰，表明改性后的凹凸棒土上存在DAAO改性剂。

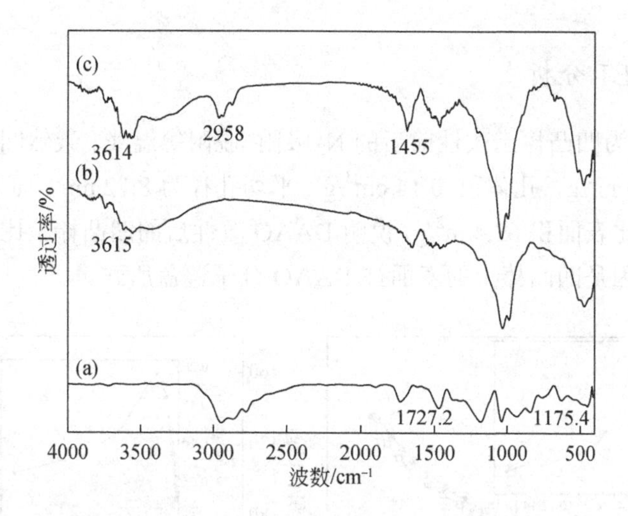

图 4-27　(a) DAAO、(b) 凹凸棒土和 (c) DAAO 改性凹凸棒土的 FTIR 图谱

(3) XRD 分析

图 4-28 为凹凸棒土改性前后的 XRD 图谱。由图可知，凹凸棒土的主要成分为坡缕石、石英、方解石和白云石。10.64 Å、4.47 Å、4.25 Å 和 3.34 Å 的特征峰间距证实了本实验中使用的样品是凹凸棒土。对应于凹凸棒土的（010）、（200）和（130）反射的特征峰间距分别为 10.41 Å、6.47 Å 和 5.41 Å。经过 DAAO 改性后，凹凸棒土的上述峰间距几乎没有发生变化，因此，DAAO 接枝到凹凸棒土表面，并没有改变凹凸棒土的晶体结构。

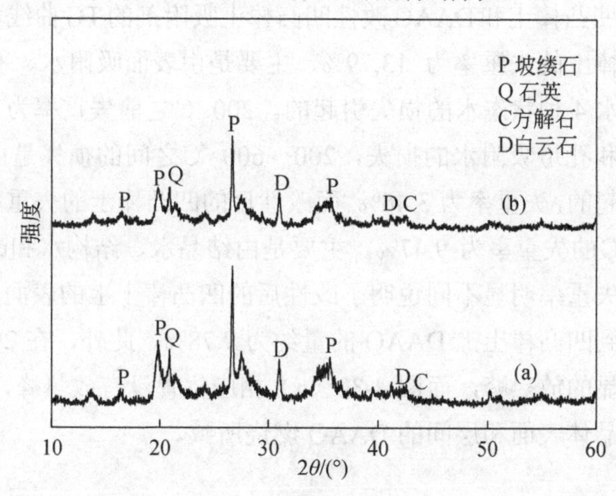

图 4-28　(a) 凹凸棒土和 (b) DAAO 改性凹凸棒土的 XRD 图谱

（4）BET 分析

图 4-29 为凹凸棒土改性前后的 N_2 吸附-脱附等温线。天然凹凸棒土比表面积为 109.3 m^2/g，孔体积 0.14 cm^3/g，平均孔径为 8.72 nm。而 DAAO 改性凹凸棒土的比表面积 62.4 m^2/g，说明 DAAO 改性后的凹凸棒土比表面积有所减少，其原因是凹凸棒土的表面被 DAAO 分子覆盖所致。

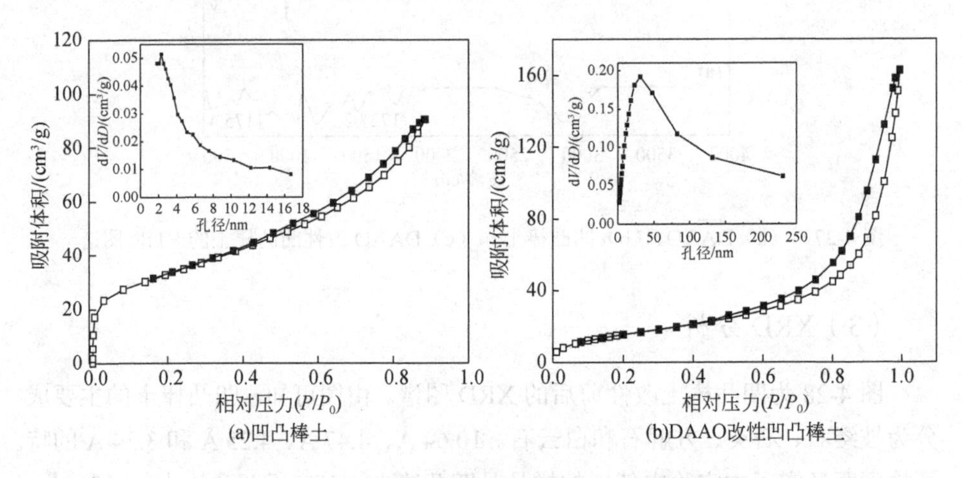

图 4-29　凹凸棒土改性前后的 N_2 吸附-脱附等温线

（5）TG-DTG 分析

图4-30为凹凸棒土和DAAO改性凹凸棒土吸附剂的TG曲线和DTG曲线。未改性的凹凸棒土的失重率为 13.79%，主要是由表面吸附水、孔道吸附水、结晶水和结构水 4 种状态水的损失引起的。200 ℃之前失重率为 4.21%，主要为表面吸附水和孔道吸附水的损失，200～600 ℃之间的损失是由结晶水和结构水的损失引起的，失重率为 3.46%。而改性后的凹凸棒土的失重率为 19.18%，在 200～600 ℃的失重率为 9.47%，主要是由结晶水、结构水和改性剂的分解引起的。两者失重率明显不同说明了改性后的凹凸棒土上的表面存在 DAAO，由此得出负载到凹凸棒土上 DAAO 的量约为 9.78%。此外，在 200～250 ℃范围内有一较明显的放热峰，而图 4-30（a）相应位置没有放热峰，这是 DAAO 改性凹凸棒土晶体表面和层间的 DAAO 燃烧所致。

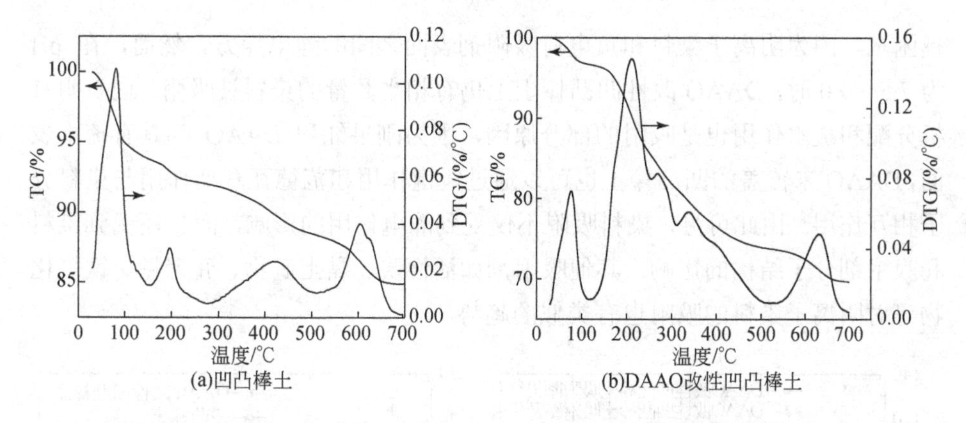

图 4-30　凹凸棒土和 DAAO 改性凹凸棒土吸附剂的 TG 曲线和 DTG 曲线

4.5.3　吸附特性

（1）pH 的影响

pH 不仅影响吸附剂的表面电荷，还影响溶液中染料的电离程度。图 4-31 为 pH 对未改性凹凸棒土和 DAAO 改性凹凸棒土吸附染料的影响。由图可见，溶液 pH 对凹凸棒土和 DAAO 改性凹凸棒土吸附染料的影响在 3.5～11.0 范围内（吸附条件：将 0.1 g 吸附剂加入 100 mL 浓度为 100 mg/L 的刚果红或铬蓝黑染料溶液中，在 20 ℃振荡吸附 6 h）。当 pH 从 11.0 降低到 3.5 时，吸附量从 4.5 mg/g（去除率 12.1%）提高到 36.5 mg/g（去除率 97.4%），pH 为 3.5 时吸附量最大。酸性条件下，较低的 pH 导致 DAAO 改性凹凸棒土表面 H^+浓度升高，且 DAAO 改性凹凸棒土表面因 DAAO 分子氧在吸附剂表面质子化［即 $R—N^+(CH_3)_2—O + H^+ \longrightarrow R—N^+(CH_3)_2—OH$，R=脱氢枞胺基］而产生更多正电荷。正电荷吸附位点与阴离子染料分子之间的强静电吸引导致染料的更大的吸附量。

此外，DAAO 改性凹凸棒土的零电荷点 pH_{PZC} 为 6.0。当 pH 等于 5.0 时，DAAO 改性凹凸棒土的电荷为零；pH 高于 5.0 时，DAAO 改性凹凸棒土带负电荷；pH 低于 5.0 时，DAAO 改性凹凸棒土带正电荷。随着 pH 从 11.0 降至 3.5，铬蓝黑染料的去除率从 98.0%降至 89.4%（图 4-31），这可能是由铬蓝黑染料阳离子与 DAAO 基团（如羟基和羧基）之间的静电吸引减少所致。在水中 ATP 表面的零电荷点 pH_{PZC} 为 7.4，染料从增加 pH 的溶液中去除变得越来越困难。因为阴离子染料和负电荷吸附剂表面之间的静电斥力。然而，在 pH 为 7.5～9.0 时，DAAO 改性凹凸棒土上仍有相当数量的染料被吸附，这表明有机分配和疏水作用也是吸附的部分原因，因为刚果红和 DAAO 都具有疏水表面，DAAO 未覆盖的凹凸棒土也可以通过氢键作用和范德瓦耳斯作用与染料分子相互作用。由此可见，染料吸附不仅受到静电作用的影响，而且还受到染料和吸附剂分子结构的影响。其他吸附剂如活性炭、黏土矿物、壳聚糖、铁氧化物等对阴离子染料的吸附也有类似的趋势。

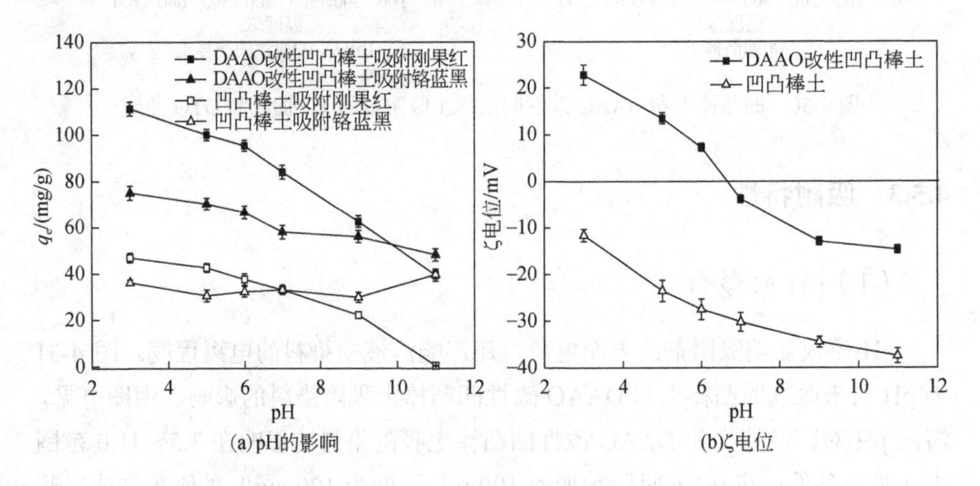

图 4-31 pH 对凹凸棒土和DAAO 改性凹凸棒土吸附阴离子染料的吸附量和ζ电位的影响

（2）离子强度的影响

图 4-32 为离子强度对 DAAO 改性凹凸棒土吸附剂吸附阴离子染料性能的影响（吸附条件：将 0.1 g DAAO 改性凹凸棒土加入 100 mL 浓度为 100 mg/L、pH=6.0 的染料溶液，在温度为 20 ℃和转速为 150 r/min 的摇床中恒温吸附 6 h）。由图可知，随着 NaCl 浓度从 0 mol/L 增加到 1.0 mol/L，吸附量略微下降，原因是刚果红染料和氯离子争夺吸附剂表面的活性位点。由于离子强度对吸附过程有显著的负影响[32–33]，因此氢键作用是 DAAO 改性凹凸棒土吸附刚果红和铬蓝黑染料的主要作用。

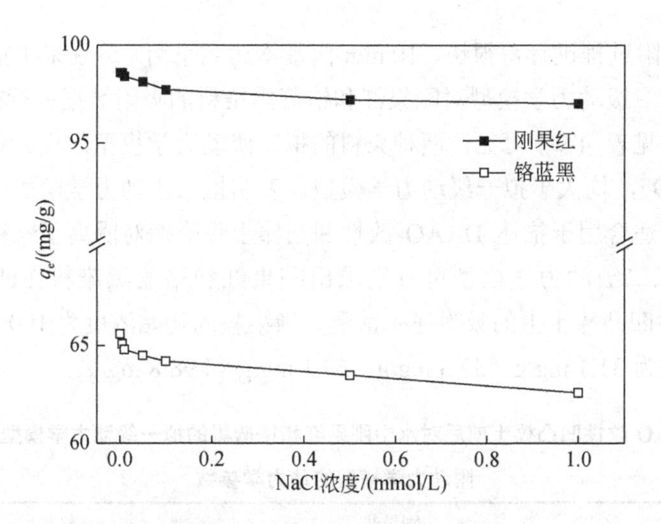

图 4-32　离子强度对 DAAO 改性凹凸棒土吸附剂吸附阴离子染料性能的影响

(3) 吸附动力学

配制 100 mL 初始浓度为 100 mg/L 的阴离子染料溶液，调节 pH 为 6.0。在装有刚果红和铬蓝黑染料的锥形瓶中分别加入 0.1 g 凹凸棒土和 DAAO 改性凹凸棒土后，在温度为 20 ℃和转速为 150 r/min 的摇床中振荡吸附 6 h。图 4-33 为吸附时间对染料在凹凸棒土和 DAAO 改性凹凸棒土上吸附的影响。由图可

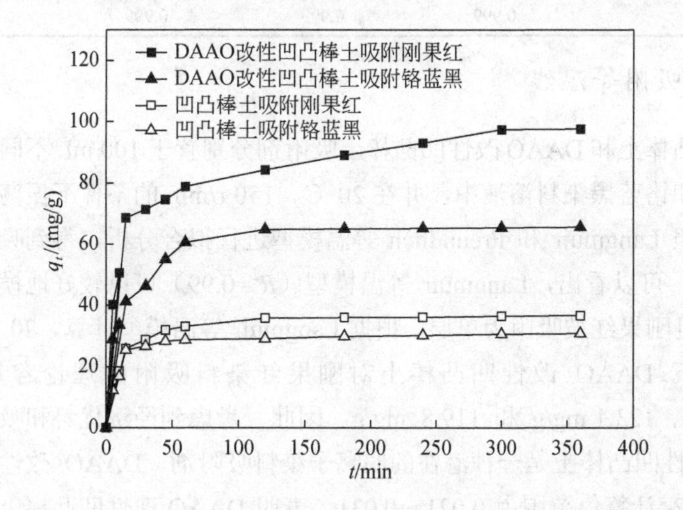

图 4-33　凹凸棒土和 DAAO 改性凹凸棒土吸附剂吸附染料的动力学曲线

见，染料吸附过程进行得很快，10 min 内基本达到平衡。分别采用拟一级动力学模型和拟二级动力学模型对刚果红和铬蓝黑染料的吸附数据进行拟合，得到的相关参数见表 4-9。可见，两种染料的拟二级动力学模型的相关系数（R^2）均大于 0.997，均大于拟一级动力学模型，表明拟二级动力学模型比拟一级动力学模型更适合用于描述 DAAO 改性凹凸棒土吸附剂对阴离子染料的吸附过程。根据拟二级动力学模型可分别求出刚果红和铬蓝黑染料在凹凸棒土和 DAAO 改性凹凸棒土上的吸附速率常数。当染料的初始浓度为 100 mg/L 时，吸附量分别为 31.1 mg/g、37.3 mg/g、67.1 mg/g 和 98.8 mg/g。

表 4-9　DAAO 改性凹凸棒土前后对水中刚果红和铬蓝黑的拟一级动力学模型和拟二级吸附动力学模型的动力学参数

动力学参数	刚果红		铬蓝黑	
	凹凸棒土	DAAO 改性后	凹凸棒土	DAAO 改性后
拟一级动力学模型				
$q_{e,cal}$/(mg/g)	10.1	15.0	29.6	58.3
k_1/(1/min)	0.013	0.016	0.019	0.015
R^2	0.818	0.888	0.902	0.843
拟二级动力学模型				
$q_{e,cal}$/(mg/g)	31.1	37.3	67.1	98.8
k_2/［mg/(mg·min)］	0.0061	0.0041	0.0020	0.0009
R^2	0.999	0.999	0.999	0.997

（4）吸附等温线

将凹凸棒土和 DAAO 改性凹凸棒土吸附剂分别置于 100 mL 不同质量浓度的刚果红和铬蓝黑染料溶液中，并在 20 ℃、150 r/min 的条件下振荡吸附。实验数据按照 Langmuir 和 Freundlich 等温模型进行拟合分析，得到吸附参数，见表 4-10。可以看出，Langmuir 等温模型（R^2=0.99）可以较好地模拟吸附等温线，并且刚果红被吸附为单层。根据 Langmuir 等温模型计算，20 ℃、30 ℃和 40 ℃下 DAAO 改性凹凸棒土对刚果红染料吸附的理论容量分别为 126.6 mg/g、123.1 mg/g 和 119.8 mg/g。因此，考虑到经济优势和吸附能力，DAAO 改性凹凸棒土是一种潜在的阴离子染料吸附剂。DAAO 改性凹凸棒土吸附剂的 R_L 计算值范围为 0.021～0.031，表明 DAAO 改性凹凸棒土对刚果红染料的吸附是有利的，该吸附剂可有效处理含阴离子染料的废水。

表 4-10　凹凸棒土和 DAAO 改性凹凸棒土吸附刚果红和铬蓝黑的吸附等温线参数

参数	刚果红		铬蓝黑	
	凹凸棒土	DAAO 改性后	凹凸棒土	DAAO 改性后
Langmuir 拟合				
q_{max}/(mg/g)	175.0	127.0	159.2	99.1
K_L/(L/mg)	0.047	0.30	0.0078	0.058
R^2	0.997	0.992	0.994	0.995
Freundlich 拟合				
K_F/[(mg/g)(L/mg)$^{1/n}$]	14.33	40.92	2.33	13.99
$1/n$	0.58	0.32	0.75	0.42
R^2	0.973	0.867	0.980	0.955

（5）吸附热力学

不同温度下（20 ℃、30 ℃和 40 ℃）研究了 DAAO 改性凹凸棒土对水中刚果红和铬蓝黑染料的吸附。通过绘制 ΔG^o 对 T 的曲线，并通过斜率和截距分别计算得到 ΔH^o 和 ΔS^o（表 4-11），该结果表明刚果红和铬蓝黑染料的吸附在低温下是有利的。将温度从 20 ℃升高到 50 ℃时，DAAO 改性凹凸棒土对刚果红染料的吸附影响很小，并且铬蓝黑的去除也不显著。两种染料吸附过程获得的 $\Delta H^o<0$，表明吸附过程为放热过程。刚果红染料吸附的 ΔH^o 为−38.4 kJ/mol，表明与铬蓝黑染料吸附相比，吸附不是显著的放热过程。刚果红和铬蓝黑染料吸附的 ΔS^o 值分别为−111.2 kJ/(mol·K)和−76.7 kJ/(mol·K)，正的 ΔS^o 值表明染料吸附过程中固液界面的无序增加。相反，负的 ΔS^o 值表明固液界面的随机性降低，吸附剂的内部结构没有发生显著变化。20 ℃、30 ℃和 40 ℃下刚果红染料吸附的 ΔG^o 值介于−5.7 kJ/mol 和−3.3 kJ/mol 之间，铬蓝黑染料吸附的 ΔG^o 值介于−1.7 kJ/mol 和−0.1 kJ/mol 之间，表明其可行性和吸附过程在相同反应温度下的自发性。

表 4-11　DAAO 改性凹凸棒土前后对刚果红和铬蓝黑染料的热力学参数

染料	吸附剂	ΔH^o/(kJ/mol)	ΔS^o/[kJ/(mol·K)]	ΔG^o/(kJ/mol)			R^2
				20℃	30℃	40℃	
刚果红	凹凸棒土	−33.0	−100.6	−3.6	−2.5	−1.5	0.999
	DAAO 改性后	−38.4	−111.2	−5.7	−4.7	−3.3	0.965
铬蓝黑	凹凸棒土	29.6	100.0	0.3	−0.6	−1.7	0.986
	DAAO 改性后	−24.1	−76.7	−1.7	−0.9	−0.1	0.999

4.5.4 脱附再生和循环利用

DAAO 改性凹凸棒土吸附染料后，吸附剂采用 HCl 和 NaOH 等脱附剂进行再生。由图 4-34 可知，0.1 mol/L HCl 和蒸馏水的解吸效率较低，对刚果红的解吸效率分别为 0.2%和 3.8%，而 0.01 mol/L 和 0.1 mol/L NaOH 溶液对刚果红的解吸效率为 68%和 90.7%。NaOH 溶液的高解吸效率表明在碱性条件下，DAAO 的 R—$N^+(CH_3)_2$—OH 基团中的氢（H）供体消失，DAAO 改性凹凸棒土表面与阴离子染料分子之间的氢键不能起作用，刚果红从吸附了刚果红染料的 DAAO 改性凹凸棒土表面解吸。随着 NaOH 浓度的增加，阴离子染料的高解吸百分比归因于更具排斥性的静电作用。

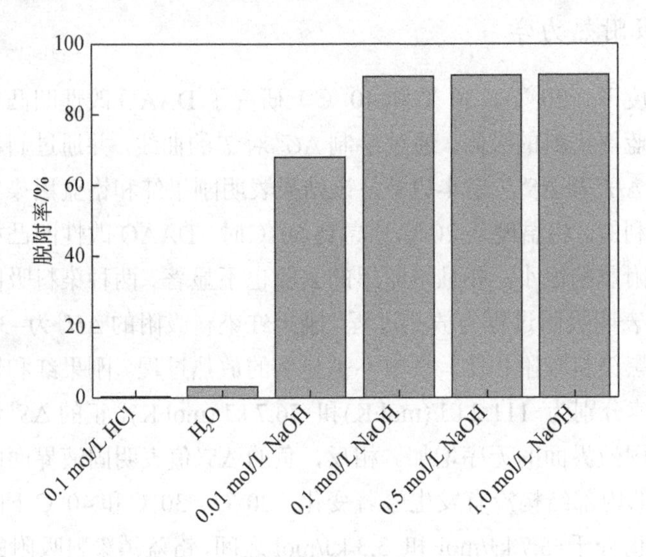

图 4-34 不同解吸剂对吸附剂的刚果红解吸效率

4.6 小　结

本章详细介绍了新型松香基表面活性剂 DAAO、DAAO 改性沸石吸附剂、TAAC 改性沸石吸附剂和 DAAO 改性凹凸棒土吸附剂及其对有机染料的吸附性能，并初步探讨了吸附机理，主要结论如下：

（1）以脱氢枞胺原料经烷基化和氧化两步反应合成了一种含松香基三元菲环结构的新型氧化叔胺—DAAO。采用 FTIR 对其结构进行表征，并通过正交试验，对 H_2O_2 氧化法合成氧化叔胺的工艺条件进行了优化研究，测试了反应温度、反应时间、催化剂用量和配料比对产物得率的影响。得到制备的最佳工艺条件：反应温度 80 ℃，反应时间 12 h，配料比为 1∶1，催化剂用量 2%。在优化的工艺条件下重复试验，氧化叔胺得率均大于 70%，从而为该表面活性剂的生产提供了可靠的工艺参数。性能测试表明，产品本身具有较好的消泡和稳泡能力，经此氧化叔胺改性得到的新型吸附剂对一定浓度的刚果红染料具有较佳的吸附效果。

（2）研制出 DAAO 改性沸石吸附剂，研究了 DAAO 负载量、pH 和离子强度对阴离子染料刚果红染料的吸附能力的影响。DAAO 负载量越大 SMZ 对刚果红的吸附能力越大，但 pH 和离子强度增大，DAAO 改性沸石吸附能力却降低。等温吸附平衡数据符合 Langmuir 等温模型，20 ℃，pH=6.0 时最大单层吸附量为 69.9 mg/g，结果表明对刚果红染料的吸附符合拟二级动力学模型。计算热力学参数表明 DAAO 改性沸石对刚果红染料的吸附是自发放热，DAAO 改性沸石对刚果红染料的吸附机理可能包括氢键作用、静电作用和疏水作用。

（3）通过 TAAC 改性沸石吸附剂对水中刚果红的吸附量显著增加，其吸附能力随 TAAC 负载量的增加而增强，但是对刚果红的吸附量随着 pH 和温度的增大而降低。TAAC 改性沸石对刚果红的吸附符合 Langmuir 等温模型（R^2=0.99），拟二级动力学模型适合描述 TAAC 改性沸石对水中刚果红染料的吸附动力学过程。从热力学结果来看，刚果红在 TAAC 改性沸石上的吸附过程是物理吸附和化学吸附的混合作用，吸附是自发和放热的过程。吸附机理包括有机污染物在改性沸石表面的静电作用、氢键作用和芳香基的疏水作用。TAAC 改性沸石吸附刚果红后可以通过 NaOH 再生，且随着 NaOH 浓度的增加解吸率明显增大。

（4）研制出 DAAO 改性凹凸棒土吸附剂，并将其应用于吸附水中刚果红和铬蓝黑染料。采用 XRD、FTIR、SEM、热重分析以及ζ电位对吸附剂进行表征。两种染料在 DAAO 改性凹凸棒上的吸附能力随着 pH 和离子强度的增加而降低。DAAO 改性凹凸棒土对两种染料的吸附符合 Langmuir 等温模型（R^2=0.995），拟二级动力学模型适合描述改性凹凸棒土对两种染料的吸附动力学过程。DAAO 改性凹凸棒土对刚果红的吸附比铬蓝黑更有利。在 pH 为 6.0、温度为 20 ℃的条件下，对刚果红的最大吸附量为 196.5 mg/g，而铬蓝黑的吸附量为 101.6 mg/g。热力学计算表明阴离子染料吸附在 DAAO 改性凹凸棒土上是自发和放热的，并提出了可能的吸附机理和再生机理。

参考文献

［1］Pereira R A，Pereira M F R，Alves M M，et al. Carbon based materials as novel redox mediators for dye wastewater biodegradation[J]. Applied Catalysis B：Environmental，2014，144：713-720.

［2］Ito T，Adachi Y，Yamanashi Y，et al. Long-term natural remediation process in textile dye-polluted river sediment driven by bacterial community changes[J]. Water Research，2016，100：458-465.

［3］Kumar P，Agnihotri R，Wasewar K L，et al. Status of adsorptive removal of dye from textile industry effluent[J]. Desalination and Water Treatment，2012，50（1-3）：226-244.

［4］Benkhaya S，M'rabet S，El Harfi A. A review on classifications，recent synthesis and applications of textile dyes[J]. Inorganic Chemistry Communications，2020，115：107891.

［5］Jeon Y S，Lei J，Kim J H. Dye adsorption characteristics of alginate/polyaspartate hydrogels[J]. Journal of Industrial and Engineering Chemistry，2008，14（6）：726-731.

［6］Tan I A W，Hameed B H，Ahmad A L. Equilibrium and kinetic studies on basic dye adsorption by oil palm fibre activated carbon[J]. Chemical Engineering Journal，2007，127（1-3）：111-119.

［7］Donkadokula N Y，Kola A K，Naz I，et al. A review on advanced physico-chemical and biological textile dye wastewater treatment techniques[J]. Reviews in Environmental Science and Bio/Technology，2020，19：543-560.

［8］任刚，余燕，彭素芬，等. 沸石和改性沸石对孔雀绿（MG）和磺化若丹明（LR）的吸附特性[J]. 环境化学，2015，34（2）：367-376.

［9］Dawood S，Sen T K. Removal of anionic dye Congo red from aqueous solution by raw pine and acid-treated pine cone powder as adsorbent：Equilibrium，thermodynamic，kinetics，mechanism and process design[J]. Water Research，2012，46（6）：1933-1946.

［10］Sultana M，Rownok M H，Sabrin M，et al. A review on experimental chemically modified activated carbon to enhance dye and heavy metals adsorption[J]. Cleaner Engineering and Technology，2022，6：100382.

［11］Liu X，Guo Y Q，Zhang C R，et al. Preparation of graphene oxide/4A molecular sieve composite and evaluation of adsorption performance for Rhodamine B[J]. Separation and Purification Technology，2022，286：120400.

［12］Pérez-Botella E，Valencia S，Rey F. Zeolites in adsorption processes：State of the art and future prospects[J]. Chemical Reviews，2022，122（24）：17647-17695.

[13] Chen X，Cui J，Xu X R，et al. Bacterial cellulose/attapulgite magnetic composites as an efficient adsorbent for heavy metal ions and dye treatment[J]. Carbohydrate Polymers，2020，229：115512.

[14] Myers D. Surfactant science and technology[M]. Hoboken：John Wiley & Sons，2020.

[15] Tran B N，Bhattacharyya S，Yao Y，et al. In situ surfactant effects on polymer/reduced graphene oxide nanocomposite films：Implications for coating and biomedical applications[J]. ACS Applied Nano Materials，2021，4（11）：12461-12471.

[16] Zhao H，Kang W L，Yang H B，et al. Emulsification and stabilization mechanism of crude oil emulsion by surfactant synergistic amphiphilic polymer system[J]. Colloids and Surfaces A：Physicochemical and Engineering Aspects，2021，609：125726.

[17] Wang Z W，Shi J N，Liu R Q，et al. A water-soluble polymeric surfactant with thickening water and emulsifying oil simultaneously for heavy oil recovery[J]. Journal of Molecular Liquids，2022，366：120293.

[18] Wan Q，Zhao J Y，Li H，et al. The wetting behavior of three different types of aqueous surfactant solutions on housefly（*Musca domestica*）surfaces[J]. Pest Management Science，2020，76（3）：1085-1093.

[19] 魏晓惠，曹德榕. 松香改性制备表面活性剂及其应用研究进展[J]. 广州化学，2004（1）：42-49.

[20] 饶小平，宋湛谦，高宏. 脱氢枞胺及其衍生物的研究与应用进展[J]. 化学通报，2006（3）：168-172.

[21] Cai Z S，Yang C S，Zhu X M. Synthesis of 3-Dehydroabietylamino-2-hydroxypropyl trimethylammonium chloride and its antibacterial activity[J]. Tenside Surfactants Detergents，2010，47（1）：24-27.

[22] Liu S G，Ding Y Q，Li P F，et al. Adsorption of the anionic dye Congo red from aqueous solution onto natural zeolites modified with *N*, *N*-dimethyl dehydroabietylamine oxide[J]. Chemical Engineering Journal，2014，248：135-144.

[23] 梁梦兰，叶建峰. 松香衍生物的季铵盐阳离子表面活性剂的合成与性能测定[J]. 化学世界，2000（3）：26-29.

[24] 蒋福宾，曾华辉，杨正业，等. 松香基双季铵盐阳离子表面活性剂的合成与性能[J]. 精细化工，2007（11）：1074-1079.

[25] 叶圣丰，翟兆兰，饶小平，等. 松香基表面活性剂研究进展[J]. 生物质化学工程，2022，

56（3）：67-74.

［26］ Haggerty G M，Bowman R S. Sorption of chromate and other inorganic anions by organo-zeolite[J]. Environmental Science & Technology，1994，28（3）：452-458.

［27］ Elaiopoulos K，Perraki T，Grigoropoulou E. Monitoring the effect of hydrothermal treatments on the structure of a natural zeolite through a combined XRD，FTIR，XRF，SEM and N_2-porosimetry analysis[J]. Microporous and Mesoporous Materials，2010，134（1-3）：29-43.

［28］ Li J，Qiu J，Sun Y J，et al. Studies on natural STI zeolite：Modification，structure，adsorption and catalysis[J]. Microporous and Mesoporous Materials，2000，37（3）：365-378.

［29］ Zhang W Q，Shi L，Tang K B，et al. Synthesis，surface group modification of 3D MnV_2O_6 nanostructures and adsorption effect on Rhodamine B[J]. Materials Research Bulletin，2012，47（7）：1725-1733.

［30］ Yaneva Z L，Georgieva N V. Insights into Congo red adsorption on agro-industrial materials- spectral，equilibrium，kinetic，thermodynamic，dynamic and desorption studies：A review[J]. International Review of Chemical Engineering，2012，4（2）：127-146.

［31］ Ahmad R，Kumar R. Adsorptive removal of Congo red dye from aqueous solution using bael shell carbon[J]. Applied Surface Science，2010，257（5）：1628-1633.

［32］ Li Z H，Beachner R，McManama Z，et al. Sorption of arsenic by surfactant-modified zeolite and kaolinite[J]. Microporous and Mesoporous Materials，2007，105（3）：291-297.

［33］ Wang Z H，Xiang B，Cheng R M，et al. Behaviors and mechanism of acid dyes sorption onto diethylenetriamine-modified native and enzymatic hydrolysis starch[J]. Journal of Hazardous Materials，2010，183（1-3）：224-232.

［34］ Chatterjee S，Chatterjee S，Chatterjee B P，et al. Adsorptive removal of Congo red，a carcinogenic textile dye by chitosan hydrobeads：Binding mechanism，equilibrium and kinetics[J]. Colloids and Surfaces A：Physicochemical and Engineering Aspects，2007，299（1-3）：146-152.

［35］ Chen H，Zhao J. Adsorption study for removal of Congo red anionic dye using organo-attapulgite[J]. Adsorption，2009，15：381-389.

［36］ Lorenc-Grabowska E，Gryglewicz G. Adsorption characteristics of Congo red on coal-based mesoporous activated carbon[J]. Dyes and Pigments，2007，74（1）：34-40.

［37］ Vimonses V，Lei S M，Jin B，et al. Adsorption of Congo red by three Australian kaolins[J]. Applied Clay Science，2009，43（3-4）：465-472.

［38］ Nouri S，Haghseresht F，Lu G Q M. Comparison of adsorption capacity of p-cresol & p-nitrophenol by activated carbon in single and double solute[J]. Adsorption，2002，8：215-223.

［39］ Dawood S，Sen T K. Removal of anionic dye Congo red from aqueous solution by raw pine and acid-treated pine cone powder as adsorbent：Equilibrium，thermodynamic，kinetics，mechanism and process design[J]. Water Research，2012，46（6）：1933-1946.

［40］ Toor M，Jin B. Adsorption characteristics，isotherm，kinetics，and diffusion of modified natural bentonite for removing diazo dye[J]. Chemical Engineering Journal，2012，187：79-88.

［41］ Namasivayam C，Kavitha D. Removal of Congo red from water by adsorption onto activated carbon prepared from coir pith，an agricultural solid waste[J]. Dyes and Pigments，2002，54（1）：47-58.

［42］ Li Y，Cao R F，Wu X F，et al. Hypercrosslinked poly（styrene-co-divinylbenzene）resin as a specific polymeric adsorbent for purification of berberine hydrochloride from aqueous solutions[J]. Journal of Colloid and Interface Science，2013，400：78-87.

［43］ Arias F，Sen T K. Removal of zinc metal ion（Zn^{2+}）from its aqueous solution by kaolin clay mineral：A kinetic and equilibrium study[J]. Colloids and Surfaces A：Physicochemical and Engineering Aspects，2009，348（1-3）：100-108.

［44］ Wang L, Wang A Q. Adsorption properties of Congo red from aqueous solution onto surfactant-modified montmorillonite[J]. Journal of Hazardous Materials, 2008，160（1）：173-180.

［45］ Zhang Z Y，Moghaddam L，O'Hara I M，et al. Congo red adsorption by ball-milled sugarcane bagasse[J]. Chemical Engineering Journal，2011，178：122-128.

［46］ Vimonses V，Lei S M，Jin B，et al. Kinetic study and equilibrium isotherm analysis of Congo red adsorption by clay materials[J]. Chemical Engineering Journal，2009，148（2-3）：354-364.

［47］ Demirbas A，Sari A，Isildak O. Adsorption thermodynamics of stearic acid onto bentonite[J]. Journal of Hazardous Materials，2006，135（1-3）：226-231.

第5章　松香基表面活性剂改性天然矿物吸附去除水中腐殖酸研究

土壤和水体中的有机质主要为腐殖质，是动植物残骸在自然界经微生物和各种物理化学过程分解后形成的最终产物[1-5]。据估计，以腐殖质形态存在于地球表面的有机碳达60×10^{11} t，超过地表生物有机碳的总和（7×10^{11} t）[6]。腐殖质主要包括腐殖酸（humic acid，HA）、富里酸和富黑物等 。其中，HA广泛存在于土壤、水体（包括河流、湖泊）和沉积物等环境介质中，富含酚类、羧酸类、烯醇类、醌类和醚类等官能团[7-10]，因而具有很高的反应活性（如络合性、氧化还原性），能与环境中的金属离子、氧化物、矿物质、有机质等发生相关作用[11-13]。在饮用水消毒过程中HA与化学消毒剂反应产生各种消毒副产物[14，15]，例如三氯甲烷、氯代乙酸、氯代酚和氯代醛等，这些副产物对人体具有“三致”作用，因此成为饮用水源微污染的控制对象[16，17]。此外，HA 在重金属离子形成络合物的同时可改变水体中重金属离子的迁移能力。

去除水中的 HA 一直是人们关注的问题，常用的处理方法包括膜过滤技术、混凝技术、氧化处理、浮选法和吸附法等[18-22]。其中，广泛采用的是混凝技术。混凝技术是指通过混凝剂与水体中微小悬浮物之间发生静电、物理和化学等相互作用，使得微悬浮物聚集为较大颗粒或不溶性沉淀物，从而最终实现对水的分离和净化的技术。强化混凝技术是指在常规的混凝处理流程中加大混凝剂的用量，增强去除效果的处理方法[22]。常见的混凝剂包括金属盐和高分子混凝剂。其中，广泛使用铁盐和铝盐等金属盐。研究表明[23]，在pH 为 5.5～6.0 使用铝盐可以最有效地消除水中有机物，但人体摄入过多的铝离子可能会增加患阿尔茨海默病的风险[24]。因此，使用含铝混凝剂存在一定环境风险。

吸附法是利用特异的孔结构和巨大的比表面积对 HA 进行吸附，或者是通过吸附剂表面与 HA 之间形成化学键来达到有机物选择性吸附的目的。吸附法是一种更为安全的水处理方法。水中 HA 在活性炭吸附剂上的吸附已有大量研究，虽然制备活性炭的原材料价格低廉且来源广泛，但是在使用不可再生能源生产高质量活性炭时所需的能源将对环境产生重大影响[25]。活性炭吸附是物理过程，只能去除而不能转化污染物，最终还需要对活性炭进行再生来去除吸附的污染物。如果吸附剂不能再生就必须作为危险废物处理，这增加了特殊处理程序和处理成本[26]。所以找到一种原料广泛且易再生的吸附剂成为了水处理过程中的迫切需求。天然矿物材料如沸石、石英砂和黏土在自然界中广泛存在，并可作为环境友好材料应用于环境处理中[27–32]。

然而，天然矿物材料通常对水中的阳离子污染物有较强的去除能力[33–36]，但对水中中性和阴离子有机污染物的去除能力较差。为提高天然矿物材料对水中的中性和阴离子有机污染物的去除效果，通常采用阳离子表面活性剂对天然矿物材料进行改性[37, 38]。本章采用 *N,N*-二甲基脱氢枞胺基氧化叔胺作为改性剂改性天然矿物材料。

5.1 *N,N*-二甲基脱氢枞胺基氧化叔胺改性沸石吸附去除水中 HA 的性能

本节选用 DAAO 改性沸石吸附剂对吸附水中 HA 的行为及影响因素进行分析。通过静态吸附实验考察了 pH 和离子强度等因素对 DAAO 改性沸石吸附剂吸附 HA 的影响，并研究其对 HA 的吸附特性和吸附机理。

5.1.1 吸附特性

（1）DAAO 改性剂负载量的影响

图 5-1 为 DAAO 负载量对改性沸石吸附剂吸附 HA 的影响。相比天然沸石，DAAO 改性沸石吸附剂表现出更强的去除 HA 能力，这说明改性沸石表面的 DAAO 分子层对吸附 HA 起到至关重要的作用。由图可知，DAAO 改性沸石对 HA 的吸附量随负载量的增加而增加，DAAO 负载量最大的改性沸石对溶液中的 HA 的吸附能力最强。

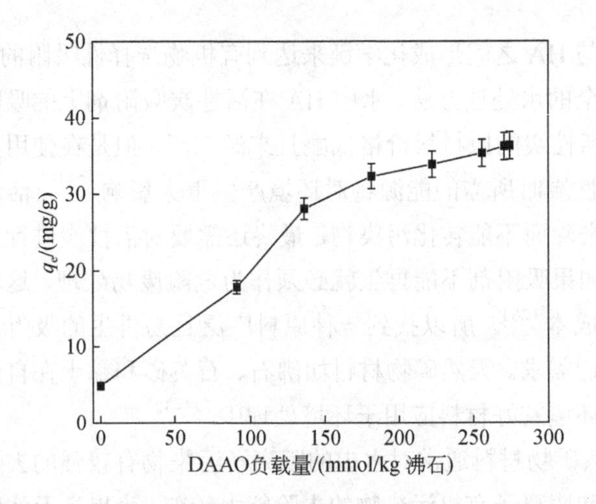

图 5-1　DAAO 负载量对改性沸石吸附剂吸附 HA 的影响

（2）pH 的影响

图 5-2 表示在不同溶液 pH 条件下，DAAO 改性沸石对 HA 吸附的影响（吸附条件：向锥形瓶中分别加入 100 mL 含 HA 的溶液和 0.1 g DAAO 改性沸石吸附剂，调节 pH，置于温度为 20 ℃和转速为 150 r/min 的摇床中振荡吸附 24 h）。DAAO 改性沸石对 HA 的吸附量随着溶液 pH 增大而减小。随着溶液 pH 增加，HA 在 DAAO 改性沸石的吸附量由 49.0 mg/g 降低到 7.0 mg/g。在 pH＜5.0 时，DAAO 改性沸石对 HA 的吸附量随 pH 增大而缓慢减小。溶液的 pH 对 DAAO 改性沸石吸附 HA 的影响可解释为 HA 是一类含酚羟基和羧基等弱酸性官能团的有

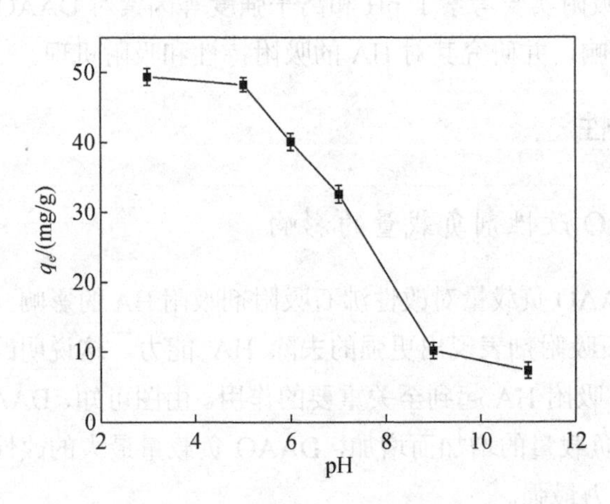

图 5-2　溶液 pH 对 DAAO 改性沸石吸附 HA 的影响

机物[39, 40]，酸性条件下羧基和酚羟基等弱酸性官能团多处于未电离状态而呈疏水性，因此更易于通过疏水作用、分配作用和氢键作用被吸附到吸附剂表面。当溶液 pH 升高时，HA 分子中会有更多的羧基和酚羟基等弱酸性官能团发生电离而增强 HA 分子的亲水性。虽然带负电的 HA 可以通过静电作用吸附到带正电的 DAAO 改性沸石表面，但是 HA 分子与 DAAO 改性沸石中氮原子之间的氢键作用可能因溶液 pH 的升高而降低。因此，用 DAAO 改性沸石吸附 HA 时，溶液 pH 在 3.0～5.0 的范围内吸附量较稳定。

（3）离子强度的影响

实际水体中存在着大量 Na^+、K^+和 Ca^{2+}，这些离子可与 HA 相互作用，因此会影响 DAAO 改性沸石对 HA 的吸附效果。图 5-3 为离子强度对 DAAO 改性沸石吸附 HA 的影响。由图可知，当然溶液中的 NaCl 浓度由 0 mg/L 增加到 1.0 mol/L 时，DAAO 改性沸石吸附 HA 的吸附量由 48.5 mg/L 下降到 42.1 mg/L，说明溶液中的离子对 DAAO 改性沸石的吸附能力有影响。

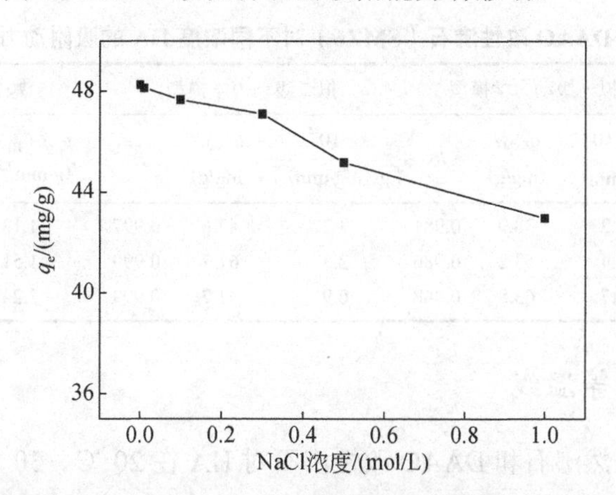

图 5-3　离子强度对 DAAO 改性沸石吸附 HA 的影响

（4）吸附动力学

图 5-4 表示在不同浓度 HA 条件下，DAAO 改性沸石对 HA 的吸附动力学曲线（吸附条件：0.01 g DAAO 改性沸石吸附剂加入 100 mL 浓度分别为 40 mg/L、50 mg/L 和 80 mg/L 的 HA 溶液中，调节 pH 为 5.0，在20℃下吸附，在不同的时间取样测定 HA 的浓度）。由图可知，DAAO 改性沸石对 HA 的吸

附量随着反应时间的延长而增加直至达到吸附平衡。对图 5-4 吸附动力学实验数据进行拟合，所得的动力学模型参数值，见表 5-1。由参数可知，与实验所得到的平衡吸附量基本一致。

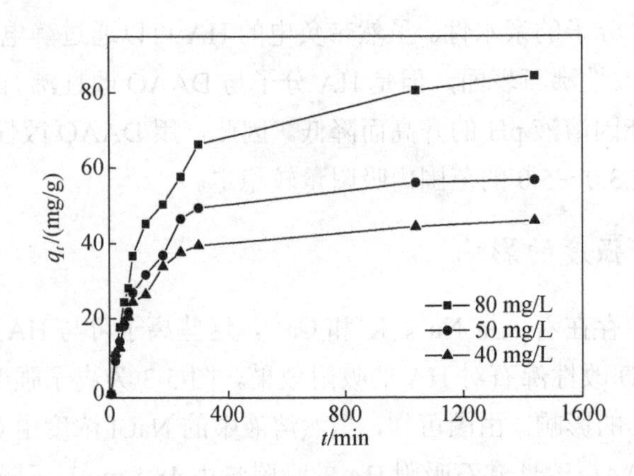

图 5-4　DAAO 改性沸石对不同浓度 HA 吸附的动力学曲线

表 5-1　DAAO 改性沸石（SMZ6）对不同浓度 HA 的吸附动力学参数

C_0/(mg/L)	$q_{e,exp}$/(mg/g)	拟一级动力学模型			拟二级动力学模型			颗粒内扩散模型		
		$k_1\times10^{-3}$/(1/min)	$q_{e,cal}$/(mg/g)	R^2	$k_2\times10^{-4}$/[g/(mg·min)]	$q_{e,cal}$/(mg/g)	R^2	k_{p1}/[mmol/(g·min$^{0.5}$)]	C_1	R^2
40	45.9	6.2	38.9	0.981	3.2	47.6	0.997	1.13	11.16	0.789
50	58.7	6.4	53.2	0.986	2.5	61.7	0.999	1.51	12.50	0.815
80	84.5	2.7	63.8	0.948	0.9	91.7	0.999	2.24	11.92	0.879

（5）吸附等温线

图 5-5 为天然沸石和 DAAO 改性沸石对 HA 在 20 ℃、30 ℃和 40 ℃下的吸附等温线。由图可知，在 DAAO 改性沸石对 HA 的吸附未达到平衡时，随着溶液中 HA 浓度的增加，其对 HA 的吸附量也相应增加。

采用 Langmuir、Freundlich 和 Sips 等温模型来拟合 DAAO 改性沸石吸附等温线数据。表 5-2 列出 Langmuir、Freundlich 和 Sips 等温模型的参数。Langmuir、Freundlich 和 Sips 等温模型都较好的描述 DAAO 改性沸石对 HA 的等温吸附行为。进一步计算发现，DAAO 改性沸石在低温条件下有利于吸附 HA，并且具有较高的分离因素。

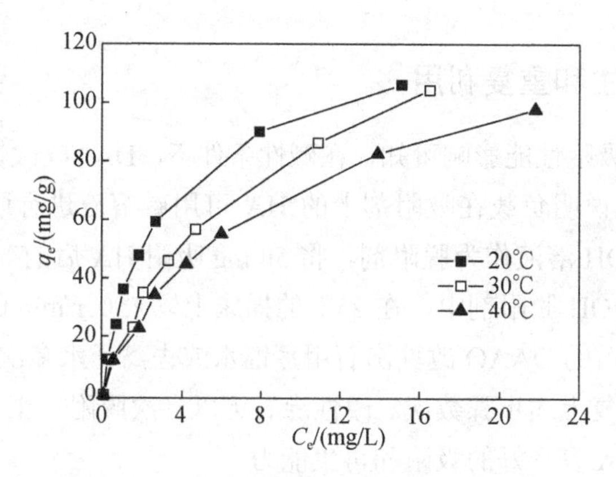

图 5-5　DAAO 改性沸石对 HA 的吸附等温线

表 5-2　等温模型拟合吸附等温线得到的参数

等温模型	参数	温度/℃		
		20	30	40
Langmuir 拟合	q_{max}/(mg/g)	122.6	64.9	58.8
	K_L/(L/mg)	0.760	0.382	0.309
	R^2	0.994	0.998	0.999
Freundlich 拟合	K_F/［(mg/g)(L/mg)$^{1/n}$］	35.975	23.026	20.537
	$1/n$	0.415	0.546	0.516
	R^2	0.973	0.989	0.987
Sips 拟合	q_{max}/(mg/g)	66.1	64.5	60.6
	K_S/(L/mg)	0.496	0.367	0.287
	m	1.459	1.073	0.961
	R^2	0.996	0.977	0.971

（6）吸附热力学

在 20 ℃、30 ℃和 40 ℃下，以 ΔG^o 对 T 作图，ΔH^o 和 ΔS^o 可分别由图中的斜率和截距获得。由表 5-3 可知，反应温度分别为 20 ℃、30 ℃和 40 ℃时，吸附反应的 ΔG^o 均为负值，这说明 DAAO 改性沸石对溶液中 HA 的吸附过程是热力学自发过程。吸附过程的 ΔH^o 也为负值，这说明 DAAO 改性沸石对 HA 吸附是一个放热过程。

表 5-3　DAAO 改性沸石吸附 HA 的热力学参数

ΔH^o/(kJ/mol)	ΔS^o/［kJ/(mol·K)］	ΔG^o/(kJ/mol)			R^2
		20 ℃	30 ℃	40 ℃	
−17.03	−9.76	−31.01	−31.46	−31.93	0.999

5.1.2　脱附再生和重复利用

根据 pH 对吸附性能影响可知，在碱性条件下，DAAO 改性沸石对 HA 的吸附量很低，这说明负载在吸附剂上的 HA 可用碱溶液进行脱附。本实验使用 0.1 mol/L NaOH 溶液作为脱附剂。将 50 mg 吸附 HA 后的 DAAO 改性沸石放入 100 mL NaOH 脱附剂中，在 25℃的摇床上以 150 r/min 的转速进行脱附 24 h。再将脱附后的 DAAO 改性沸石用蒸馏水或去离子水多次清洗，用 50 ℃的烘箱烘干。重复上述步骤数次。改性沸石可以多次脱附再生、循环利用，说明该吸附剂对 HA 有良好的吸附和再生能力。

5.2　DAAO 改性凹凸棒土吸附剂及其去除水中 HA 的性能

5.2.1　吸附特性

（1）吸附剂投加量的影响

图 5-6 为不同凹凸棒土和 DAAO 改性凹凸棒土投加量对 HA 吸附性能的影响（吸附条件：系列不同质量的 DAAO 改性凹凸棒土吸附剂分别加入 100 mL 浓

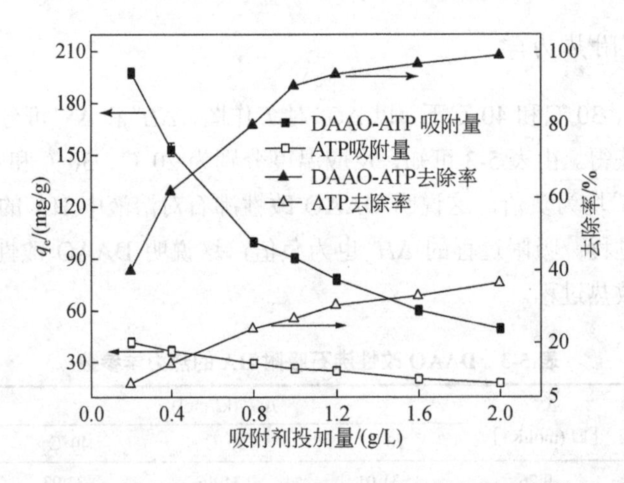

图 5-6　不同凹凸棒土和 DAAO 改性凹凸棒土的投加量对吸附 HA 的影响

度为 100 mg/L 的 HA 溶液中，调节 pH 为 6.0，在温度为 20 ℃和转速为 150 r/min 的条件下振荡吸附 6 h）。DAAO 改性凹凸棒土对 HA 的去除率随投加量的增加而增加，但是总体而言投加量对去除率的影响不大。当 DAAO 改性凹凸棒土投加量为 0.8 g/L 时，去除率达 77.9%。当 DAAO 改性凹凸棒土投加量为 1.0 g/L 时，HA 去除率为 87.96%，之后继续增加吸附剂的投加量，溶液中 HA 的去除率增加幅度较小。单位吸附剂的吸附量从 97.4 mg/g 下降到 44.0 mg/g，其原因可能是在静态下，吸附效果与改性凹凸棒土和溶液之间的有效接触面积有关。未改性的凹凸棒土由于本身对 HA 的吸附能力很弱，因此增加吸附剂的投加量并不能显著增大 HA 的去除率[41]。

（2）pH 的影响

图 5-7 为不同 pH 条件下 DAAO 改性凹凸棒土对 HA 吸附量和ζ电位的影响，并以未改性凹凸棒土的吸附实验结果为对照（吸附条件：100 mg DAAO 改性凹凸棒土吸附剂加入 100 mL 浓度为 100 mg/L 的 HA 溶液中，调节 pH，在温度为 20 ℃和转速为 150 r/min 的条件下振荡吸附 6 h）。由图可知，在 pH 为 3.0～11.0 内，DAAO 改性凹凸棒土对 HA 的吸附量均大于未改性的凹凸棒土。当溶液 pH 由 3.0 升到 11.0 时，DAAO 改性凹凸棒土吸附剂对 HA 的吸附量随 pH 增大而减小，由 99.9 mg/g 降低至 19.5 mg/g。未改性凹凸棒土的变化趋势与 DAAO 改性凹凸棒土的趋势基本一致。pH 对吸附剂吸附 HA 的吸附能力影响可解释为：①HA 是一类含酚羟基和羧基等弱酸性官能团的有机物[39,40]，酸性条件下羧基和酚羟基等弱酸性官能团多处于未电离状态而呈疏水性，因此更易于通过疏水作用、分配作用和氢键作用被吸附到吸附剂表面[42]；②当溶液的 pH 升高时，HA 分子中会有更多的羧基和酚羟基等弱酸性官能团发生电离而增强 HA 分子的亲水性，虽然带负电的 HA 可以通过静电作用吸附到带正电的 DAAO 改性凹凸棒土表面，但是 HA 分子与 DAAO 改性凹凸棒土中氮原子之间的氢键作用却可能因溶液 pH 的升高而降低。由于 DAAO 改性凹凸棒土的 ζ 电位在 pH 小于 7.0 时为正，而 ATP 的 ζ 电位均为负值[见第 4 章图 4-31（b）]，其原因是 DAAO 的改性使凹凸棒土表面带正电，可进一步通过静电作用吸附带负电的 HA 到吸附剂表面。因此，用 DAAO 改性凹凸棒土吸附 HA 时，溶液呈酸性的条件下，吸附效果最好。综上，考虑到实际废水处理的情况，选用 pH 为 6.0。

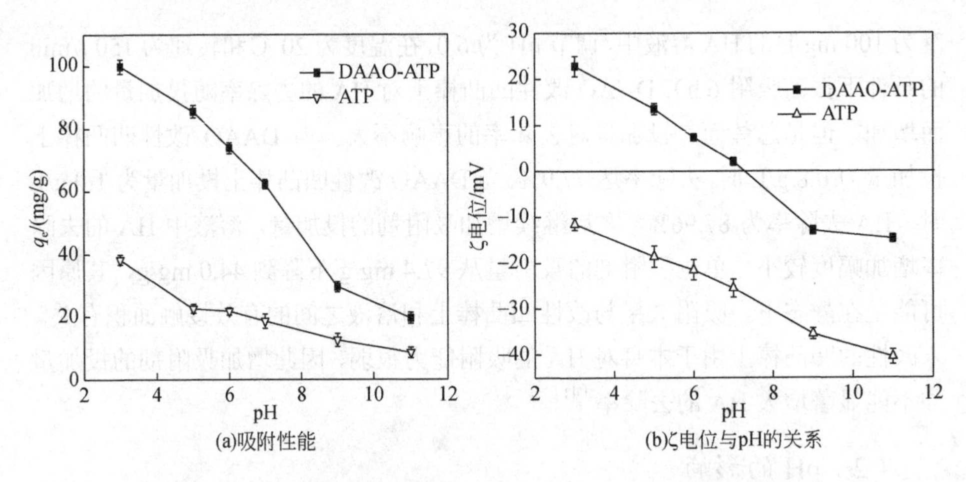

图 5-7　溶液 pH 对改性前后凹凸棒土吸附 HA 和ζ电位的影响

（3）离子强度的影响

图 5-8 为离子强度对 DAAO 改性凹凸棒土吸附 HA 的影响。由图可知，当溶液中离子强度（以 NaCl 为计）增加对 DAAO 改性凹凸棒土吸附 HA 的影响不大。但由于 Cl^-与 HA 存在竞争行为，当高浓度的离子强度条件下对 DAAO 改性凹凸棒土吸附能力有所抑制。

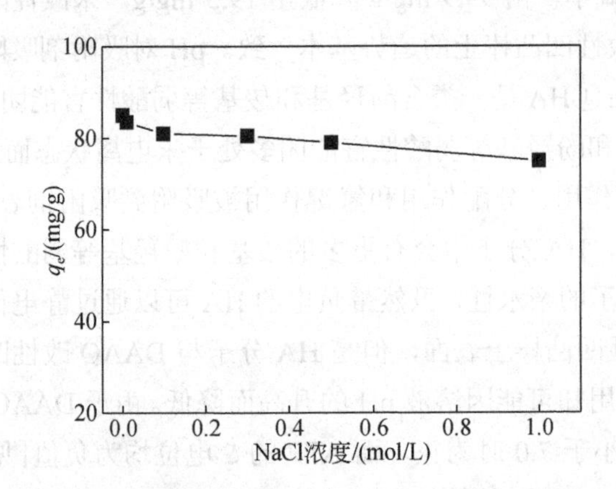

图 5-8　离子强度对 DAAO 改性凹凸棒土吸附 HA 的影响

（4）共存离子的影响

天然水体中存在着大量 Ca^{2+}、Mg^{2+}、SO_4^{2-}、HCO_3^-和 PO_4^{3-}等离子，这些离

子可以和 HA 相互作用，因此会影响 HA 的吸附效果。不同浓度共存离子对 DAAO 改性凹凸棒土吸附 HA 的影响见图 5-9。由图可知，溶液中存在 Ca^{2+} 时，DAAO 改性凹凸棒土吸附 HA 的吸附量随 Ca^{2+} 浓度的增加稍有增加。Ca^{2+} 对吸附效果的影响较为显著，当离子浓度从 0 mmol/L 变化到 1.0 mmol/L 时，吸附量从 44.5 mg/g 增加至 65 mg/g。

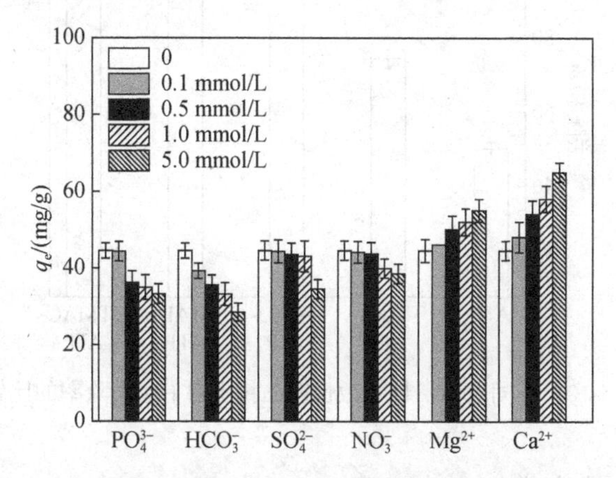

图 5-9 共存离子对 DAAO 改性凹凸棒土吸附 HA 的影响

然而，阴离子对吸附效果的影响与阳离子不同。溶液中存在 SO_4^{2-}、HCO_3^-、NO_3^- 和 PO_4^{3-} 时，DAAO 改性凹凸棒土对 HA 的吸附量随离子浓度的增加而减小。其中 HCO_3^- 的影响效果最为显著，当离子浓度升为 5.0 mmol/L 时，吸附量降为 28.5 mg/g，这可能是由于 HCO_3^- 更易于吸附在吸附剂表面，改变了吸附剂的表面性质而造成的。溶液中存在的阴离子不利于 DAAO 改性凹凸棒土吸附 HA，可能是因为这些离子的存在一定程度上增强了溶液中 HA 分子与已被吸附的 HA 分子之间的斥力。

（5）改性剂分子量大小的影响

图 5-10 为不同类型表面活性剂改性凹凸棒土吸附 HA 的性能（吸附条件：100 mg 系列改性凹凸棒土吸附剂加入 100 mL 浓度为 100 mg/L 的 HA 溶液中，调节 pH 为 6.0，在温度为 20 ℃和转速为 150 r/min 的条件下振荡吸附 6 h）。我们比较了溴化四甲基铵（TMAB）、十六烷基三甲基溴化铵（HTAB）、十八烷基三甲基氯化铵（OTMAC）和 DAAO 对凹凸棒土的改性效果。由图可知，经过 OTMAC 改性凹凸棒土表现出最好的 HA 去除率。DAAO 改性凹凸棒土也呈现相对较好的性能，这可能是由于改性剂碳链越长，非极性越强，改性

后凹凸棒土的非极性也越强，对水中的 HA 去除率就越好。结果表明，除了 HTAB 和 OTAMC 改性凹凸棒土之外，DAAO 改性凹凸棒土吸附剂也可作为水处理过程中的一种替代吸附剂。

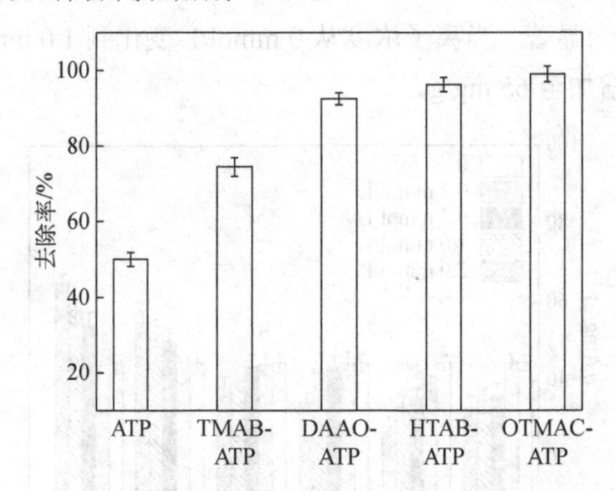

图 5-10　不同表面活性剂改性凹凸棒土对 HA 去除率的比较

（6）吸附动力学

100 mg 吸附剂加入 100 mL 浓度分别为 30 mg/L、50 mg/L、80 mg/L 和 100 mg/L 的 HA 溶液，调节 pH 为 6.0，在温度为 20 ℃和转速为 150 r/min 的条件下振荡不同时间。DAAO 改性凹凸棒土对不同浓度 HA 的吸附动力学曲线如图 5-11 所示。由图可知，在初始过程吸附迅速进行，然而随着吸附的进行，20 min 后趋于平衡。通过采用吸附动力学模型分别对实验数据进行分析，计算得到各吸

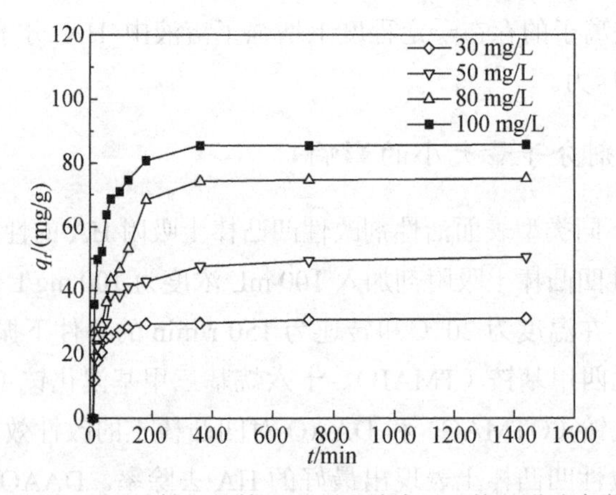

图 5-11　DAAO 改性凹凸棒土对不同浓度 HA 的吸附动力学曲线

附动力学模型参数值，见表 5-4。由表可知，拟一级动力学模型拟合的相关性均比拟二级动力学模型拟合的相关性低。因此，采用拟二级动力学模型能更准确地描述 DAAO 改性凹凸棒土对 HA 的吸附过程。

表 5-4　DAAO 改性凹凸棒土对不同浓度 HA 的吸附动力学参数

C_0/(mg/L)	$q_{e,exp}$/(mg/g)	拟一级动力学模型			拟二级动力学模型		
		$k_1\times10^{-3}$/(1/min)	$q_{e,cal}$/(mg/g)	R^2	$k_2\times10^{-4}$/[g/(mg·min)]	$q_{e,cal}$/(mg/g)	R^2
30	28.0	3.59	6.7	0.879	12.62	28.2	0.999
50	45.3	3.32	17.2	0.929	4.75	45.9	0.999
80	67.8	3.29	27.0	0.724	2.09	69.2	0.998
100	76.6	4.47	18.8	0.823	1.69	76.9	0.999

（7）吸附等温线

图 5-12 为不同温度（20 ℃、30 ℃、40 ℃和 50 ℃）下 DAAO 改性凹凸棒土吸附剂对 HA 吸附等温线（吸附条件：0.1 g 吸附剂分别加入 100 mL 不同浓度的 HA 溶液，pH 调节为 6.0，在转速为 150 r/min 的条件下振荡吸附 6 h）。由图可知，DAAO 改性凹凸棒土对 HA 的吸附未达到平衡之前，吸附剂对溶液中的 HA 的吸附量随着 HA 的吸附平衡浓度的增大而增大。但温度越高，吸附量越小，表明 DAAO 改性凹凸棒土对 HA 的吸附过程为自发吸热反应，升温不利于吸附反应的进行。

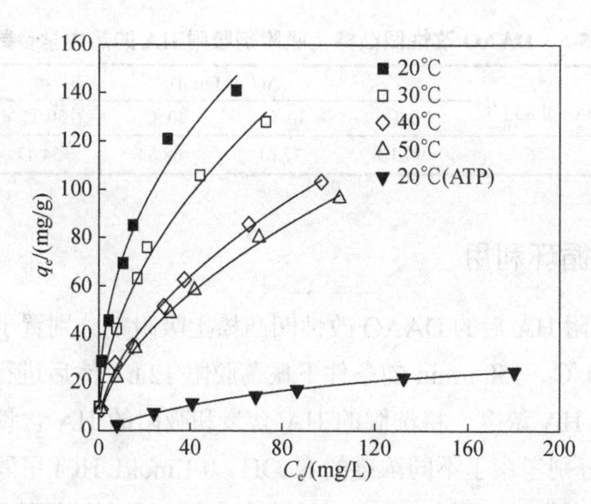

图 5-12　凹凸棒土和 DAAO 改性凹凸棒土吸附剂对 HA 吸附的吸附等温线

用 Langmuir 和 Freundlich 等温模型实验数据来拟合得到 Langmuir 和 Freundlich 等温模型拟合结果，参数见表 5-5。Langmuir 和 Freundlich 等温模型拟合结果对实验数据均有较高的拟合度。

表 5-5　Langmuir 和 Freundlich 等温模型拟合结果

模型	参数	温度/℃			
		20	30	40	50
Langmuir 拟合	q_{max}/(mg/g)	147.3	216.5	143.1	137.0
	K_L/(L/mg)	0.017	0.013	0.013	0.011
	R^2	0.949	0.959	0.869	0.887
Freundlich 拟合	K_F/［(mg/g)(L/mg)$^{1/n}$］	4.69	4.19	3.70	3.22
	$1/n$	0.66	0.76	0.67	0.68
	R^2	0.993	0.989	0.999	0.999

（8）热力学参数

通过热力学参数可知 DAAO 改性凹凸棒土吸附剂对溶液中 HA 的吸附过程是否为自发反应，以及是吸热反应还是放热反应，ΔG^o、ΔH^o 和 ΔS^o 等热力学参数采用第 2 章公式（2-25）和式（2-26）进行计算。由表 5-6 可知，反应温度分别为 20 ℃、30 ℃、40 ℃和 50 ℃时，吸附反应的 ΔG^o 均为负值，这说明 DAAO 改性凹凸棒土对溶液中 HA 的吸附过程是热力学自发过程。由表 5-6 还可以发现吸附过程的 ΔH^o 也为负值，这说明 DAAO 改性凹凸棒土对 HA 吸附是一个放热过程。

表 5-6　DAAO 改性凹凸棒土吸附剂吸附 HA 的热力学参数

ΔH^o/(kJ/mol)	ΔS^o/［J/(mol·K)］	ΔG^o/(kJ/mol)				R^2
		20 ℃	30 ℃	40 ℃	50 ℃	
−113.34	−9.76	−90.18	−77.61	−68.84	−54.47	0.992

5.2.2　再生和循环利用

将 80 mg 吸附 HA 后的 DAAO 改性凹凸棒土吸附剂分别置于装有脱附剂的锥形瓶中，在 30 ℃、150 r/min 的条件下振荡脱附 12 h，然后进行固液分离，测定其上清液中的 HA 浓度，将洗脱的 HA 含量和吸附的 HA 含量进行比较计算 HA 的脱附率。分别考察了不同浓度的 NaOH、0.1 mol/L HCl 甲醇和乙醇溶液对 HA 的脱附率，如图 5-13 所示，HCl、乙醇和水对 HA 有较好的解吸脱附效果。

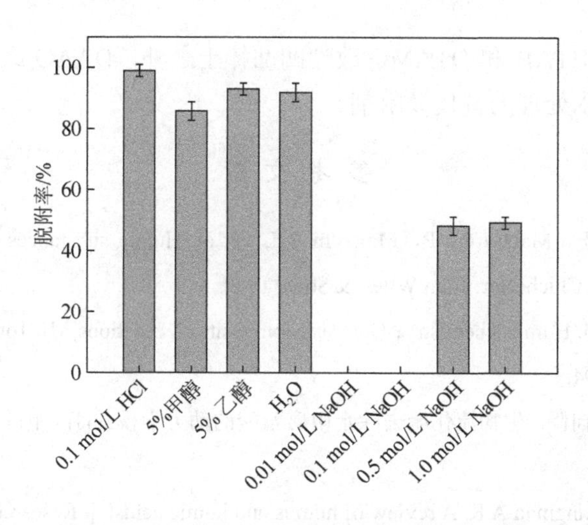

图 5-13　不同脱附剂对 DAAO 改性凹凸棒土吸附 HA 的脱附率

5.3　小　　结

本章详细介绍了以 DAAO 为有机改性剂分别对天然沸石和凹凸棒土进行有机改性获得 DAAO 改性沸石和 DAAO 改性凹凸棒土两种吸附剂，并将其应用于对水中 HA 的吸附，研究吸附机理，主要结论如下：

（1）相比天然沸石和凹凸棒土，DAAO 分别改性沸石和凹凸棒土得到的吸附剂表现出更强的去除 HA 能力，这说明天然沸石表面的 DAAO 分子层对吸附 HA 起到至关重要的作用。

（2）在 pH=5.0 条件下，DAAO 改性沸石对 HA 的吸附效果好。DAAO 改性沸石对 HA 的吸附动力学过程符合拟二级动力学模型。Langmuir、Freundlich 和 Sips 等温模型都较好地描述 DAAO 改性沸石对 HA 的等温吸附行为。DAAO 改性沸石对 HA 的吸附过程是热力学自发过程。此外吸附过程的 ΔH° 也为负值，这说明 DAAO 改性沸石对 HA 吸附是一个放热过程。

（3）当溶液呈酸性时，DAAO-凹凸棒土能够高效去除 HA，但随着溶液 pH 的升高，吸附效率会降低。在偏碱性条件下，不利于 DAAO 改性凹凸棒土对 HA 的吸附作用。Langmuir 和 Freundlich 等温模型及拟二级动力学模型较好地解释了 DAAO 改性凹凸棒土对 HA 的吸附同时存在单层吸附特征和优惠吸附。热力学参数表明 DAAO 改性凹凸棒土对 HA 的吸附是自发的放热过程。

（4）表面活性剂改性凹凸棒土的吸附性能与改性剂的分子量和极性大小有

相关性；除了 HTAB 和 OTAMC 改性凹凸棒土之外，DAAO 改性凹凸棒土吸附剂也可作为水处理的替代吸附剂。

参 考 文 献

［1］Hayes M H B，MacCarthy P，Malcolm R L，et al. Humic substances Ⅱ：In search of structure[M]. Chichester: John Wiley & Sons, 1989.

［2］Stevenson F J. Humus chemistry：Genesis，composition，reactions[M]. Toronto：John Wiley & Sons，1994.

［3］黄廷林，熊向陨. 生物流化床去除水中腐殖酸的动力学模式[J]. 中国环境科学，1998（6）：52-55.

［4］Senn T L，Kingman A R. A review of humus and humic acids[J]. Research Series，1973，145：1-5.

［5］Steelink C. What is humic acid?[J]. Journal of Chemical Education，1963，40（7）：379.

［6］Dzombak D A, Fish W, Morel F M M. Metal-humate interactions. 1. Discrete ligand and continuous distribution models[J]. Environmental Science & Technology, 1986, 20(7): 669-675.

［7］de Melo B A G, Motta F L，Santana M H A. Humic acids：Structural properties and multiple functionalities for novel technological developments[J]. Materials Science and Engineering：C，2016，62：967-974.

［8］Haworth R D. The chemical nature of humic acid[J]. Soil Science，1971，111（1）：71-79.

［9］Cheshire M V，Cranwell P A，Falshaw C P，et al. Humic acid-Ⅱ：Structure of humic acids[J]. Tetrahedron，1967，23（4）：1669-1682.

［10］Yonebayashi K，Hattori T. Chemical and biological studies on environmental humic acids：I. Composition of elemental and functional groups of humic acids[J]. Soil Science and Plant Nutrition，1988，34（4）：571-584.

［11］Spark K M，Wells J D，Johnson B B. The interaction of a humic acid with heavy metals[J]. Soil Research，1997，35（1）：89-102.

［12］Pettit R E. Organic matter，humus，humate，humic acid，fulvic acid and humin：Their importance in soil fertility and plant health[J]. CTI Research，2004，10：1-7.

［13］Van Dijk H. Cation binding of humic acids[J]. Geoderma，1971，5（1）：53-67.

［14］Zhu X F，Liu J D，Li L，et al. Prospects for humic acids treatment and recovery in wastewater：A review[J]. Chemosphere，2023，312（2）：137193.

［15］王晓昌，王锦. 混凝—超滤去除腐殖酸的试验研究[J]. 中国给水排水，2002（3）：18-22.

[16] 姜安玺，高洁，王化云，等. 水中腐殖酸的光催化氧化研究[J]. 哈尔滨建筑大学学报，2001（2）：44-47.

[17] Adeleye A S，Conway J R，Garner K，et al. Engineered nanomaterials for water treatment and remediation: Costs, benefits, and applicability[J]. Chemical Engineering Journal, 2016, 286：640-662.

[18] Lind C. Reducing total and dissolved organic carbon：Comparing coagulants[J]. Environmental Technology，1996，6（3）：54-58.

[19] Zouboulis A I，Jun W，Katsoyiannis I A. Removal of humic acids by flotation[J]. Colloids and Surfaces A：Physicochemical and Engineering Aspects，2003，231（1-3）：181-193.

[20] 王亚军，马军. 水体环境中天然有机质腐殖酸研究进展[J]. 生态环境学报，2012，21（6）：1155-1165.

[21] 黄廷林. 强化絮凝法去除水中 DBP 先质研究[J]. 环境科学学报，1999（4）：399-404.

[22] 曹春秋. 强化混凝法去除饮用水中天然有机物质评价[J]. 给水排水，1998（6）：65-70.

[23] 侯彬，朱琨，卢静，等. 饮用水中腐植酸对人体健康的影响及去除方法[J]. 腐植酸，2007（5）：11-15，47.

[24] Adeleye A S，Conway J R，Garner K，et al. Engineered nanomaterials for water treatment and remediation: Costs, benefits, and applicability[J]. Chemical Engineering Journal, 2016, 286：640-662.

[25] Hameed B H，Rahman A A. Removal of phenol from aqueous solutions by adsorption onto activated carbon prepared from biomass material[J]. Journal of Hazardous Materials, 2008, 160（2-3）：576-581.

[26] 黄美荣，李舒. 重金属离子天然吸附剂的解吸与再生[J]. 化工环保，2009，29（5）：385-393.

[27] Hailu S L, Nair B U, Redi-Abshiro M, et al. Preparation and characterization of cationic surfactant modified zeolite adsorbent material for adsorption of organic and inorganic industrial pollutants[J]. Journal of Environmental Chemical Engineering，2017，5（4）：3319-3329.

[28] Zeng Z J，Effeney G，Millar G J，et al. Synthesis and cation exchange capacity of zeolite W from ultra-fine natural zeolite waste[J]. Environmental Technology & Innovation, 2021, 23：101595.

[29] Al-Abbad E A，Al Dwairi R A. Removal of nickel（II）ions from water by Jordan natural zeolite as sorbent material[J]. Journal of Saudi Chemical Society，2021，25（5）：101233.

[30] 李艺，史会剑，吴春辉，等. 阳离子表面活性剂改性沸石吸附水体中重金属的研究综

述[J]. 净水技术，2020，39（12）：73-79.

［31］Li Z S，Yang X X，Liu H，et al. Dual-functional antimicrobial coating based on a quaternary ammonium salt from rosin acid with in vitro and in vivo antimicrobial and antifouling properties[J]. Chemical Engineering Journal，2019，374：564-575.

［32］Nsaif M，Saeed F. The feasibility of rice husk to remove minerals from water by adsorption and avail from wastes[J]. Waeas Transactions on Environment and Development，2013，9：301-313.

［33］高俊敏，郑泽根，王琰，等. 沸石在水处理中的应用[J]. 重庆建筑大学学报，2001（1）：114-117.

［34］张曦，吴为中，温东辉，等. 氨氮在天然沸石上的吸附及解吸[J]. 环境化学，2003（2）：166-171.

［35］Kesraoui-Ouki S，Cheeseman C R，Perry R. Natural zeolite utilisation in pollution control：A review of applications to metals' effluents[J]. Journal of Chemical Technology & Biotechnology，1994，59（2）：121-126.

［36］Erdem E，Karapinar N，Donat R. The removal of heavy metal cations by natural zeolites[J]. Journal of Colloid and Interface Science，2004，280（2）：309-314.

［37］Wang S B，Peng Y L. Natural zeolites as effective adsorbents in water and wastewater treatment[J]. Chemical Engineering Journal，2010，156（1）：11-24.

［38］Apreutesei R E，Catrinescu C，Teodosiu C. Surfactant-modified natural zeolites for environmental applications in water purification[J]. Environmental Engineering & Management Journal，2008，7（2）：149-161.

［39］Tao Y S，Kanoh H，Abrams L，et al. Mesopore-modified zeolites：Preparation，characterization，and applications[J]. Chemical Reviews，2006，106（3）：896-910.

［40］Fan Q H，Shao D D，Lu Y，et al. Effect of pH，ionic strength，temperature and humic substances on the sorption of Ni（Ⅱ）to Na-attapulgite[J]. Chemical Engineering Journal，2009，150（1）：188-195.

［41］Lin J W，Zhan Y H. Adsorption of humic acid from aqueous solution onto unmodified and surfactant-modified chitosan/zeolite composites[J]. Chemical Engineering Journal，2012，200-202：202-213.

［42］Wang J H，Han X J，Ma H R，et al. Adsorptive removal of humic acid from aqueous solution on polyaniline/attapulgite composite[J]. Chemical Engineering Journal，2011，173（1）：171-177.

第 6 章　松香基高分子聚合物吸附去除水中重金属离子的特性和机理

重金属主要指 Hg、Cd、Pb 以及类金属砷（As）等元素。随着矿山开采、金属冶炼、电镀、皮革和纺织等行业的蓬勃发展，大量富含重金属离子的废水源源不断地排入水体之中，给水域带来了极其严重的污染问题[1]。这些重金属离子在水中保持稳定，不易分解。当它们通过食物链进入人体后，会与身体组织中的生物大分子发生无法逆转的结合。这种结合导致了生物组织活性的丧失，而且，这些重金属离子在机体内积累很容易引发生物体发育迟缓、肝肾功能障碍、先天畸形以及各类癌症等问题[2, 3]。2022 年中华人民共和国国家卫生健康委员会颁布的《生活饮用水卫生标准》(GB 5749—2022）明确规定了生活饮用水及其水源地水质中多种重金属离子的限值，其中[Pb]≤0.01 mg/L、[Cd]≤0.005 mg/L、[Cu]≤1.0 mg/L[4]。因此，如何防治水体中重金属污染成为水处理领域的一项极其关键的任务。重金属污染问题已经成为近年来水污染物问题之一。

目前，去除废水中重金属离子的方法，主要分为物理化学法和生物法两大类。物理化学法包括混凝[5]、吸附[6]、化学沉淀[7]、氧化还原[8]、膜过滤[9–11]和离子交换[12, 13]等方法，生物法采用生物处理[14]方法。其中，吸附法较为广泛的应用于水中重金属离子去除[15, 16]。重金属离子的处理效果主要取决于吸附剂的比表面积、孔的结构特征和表面的官能团。有文献报道，壳聚糖、黏土矿物、活性炭、生物吸附剂和聚合树脂等多种吸附剂被用于去除水中的重金属离子[17–21]。其中，聚合树脂吸附剂因其独特的多孔立体空间结构、巨大的比表面积、优良的去除率、出色的稳定性和便于再生等特点，在水处理领域引起了广泛关注[22]。因此，寻找吸附量高且适应性强的吸附材料具有重要现实意义。这样的材料不仅能够有效地吸附物质，而且还能够在广泛的环境条件下发挥作用。我们需要研发出高效、使用寿命长、价格合理的吸附材料，以满足对于清洁和可持续发展的需求。

6.1 松香基高分子聚合物吸附剂吸附重金属离子

在本节将介绍系列松香基高分子聚合物吸附剂，通过一系列反应合成氨化松香基交联聚合树脂（ethylenediamine rosin-based resin，EDAR）和松香基三烯丙酯交联聚合树脂（triallyl maleopimarate-acrylic copolymer，TAMPA）。并将合成的新型树脂材料填充在固定床用于研究动态去除水中的重金属离子Pb(Ⅱ)、Cd(Ⅱ)和Cu(Ⅱ)，通过批量吸附实验探究吸附剂的投加量、溶液pH、吸附时间和温度等因素对TAMPA去除水中重金属离子的影响。同时使用密度泛函理论（DFT）方法计算模拟了相互作用模型、结构和各种官能团对Pb(Ⅱ)、Cd(Ⅱ)和Cu(Ⅱ)的结合能力，进而探索从水中去除重金属离子的吸附机理。

6.1.1 氨化松香基交联聚合树脂

（1）EDAR的制备

根据雷福厚教授课题组的前期研究方法[23-25]，采用松香作为原料制备EDAR。制备方法如下：将马来松香溶于甲苯中，加入乙二醇和浓度为1%～8%的 $FeCl_3$ 或对甲苯磺酸或二者的混合物作为催化剂，并控制反应温度在100～140 ℃，反应2～5 h后经分离得到产物马来松香乙二醇酯；马来松香乙二醇酯与过量的丙烯酸在催化剂和阻聚剂作用下进行酯化反应，反应 2～5 h后经分离得到产物马来松香丙烯酸乙二醇酯；以马来松香丙烯酸乙二醇酯为交联剂，在引发剂偶氮二异丁腈的作用下，控制温度70～100 ℃，经自由基聚合3 h后得到马来松香丙烯酸乙二醇酯交联聚合树脂，即松香基交联聚合基体树脂。将基体树脂（MBR）酰氯化再与乙二胺反应得到EDAR，滤去溶剂后用100 ℃的纯水索提24 h，80 ℃的乙醇分8次索提72 h，再用纯水洗至无乙醇味，最后浸渍于纯水中备用。

（2）EDAR的表征

1）SEM分析

图6-1为EDAR在不同放大倍数下的SEM图。由图可见，EDAR的表面呈球形［图6-1（a)］，含有可变孔隙，便于对某些物质的吸附和扩散。扫描电

镜图显示 EDAR 的外观呈球状，内部充满孔隙结构［图 6-1（b）］。

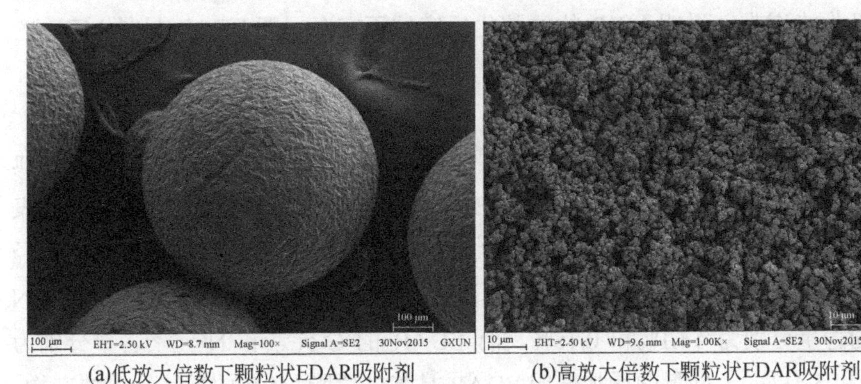

(a)低放大倍数下颗粒状EDAR吸附剂　　(b)高放大倍数下颗粒状EDAR吸附剂

图 6-1　EDAR 的 SEM 图像

2）FTIR 分析

EDAR 和 MBR 的 FTIR 图谱如图 6-2 所示，MBR 在 1168 cm^{-1} 和 1261 cm^{-1} 处的特征吸收峰对应为 C—O 的伸缩振动峰，1726 cm^{-1} 处的特征吸收峰为 C═O 的伸缩振动峰[26]，3200～3500 cm^{-1} 处出现羧基的 O—H 伸缩振动特征吸收峰。而在 EDAR 的 FTIR 图谱中，在 3406 cm^{-1} 处有聚合物氨基官能团的 N—H 伸缩振动特征峰，1640 cm^{-1} 和 1547 cm^{-1} 处有 EDAR 的酰胺 I 带和酰胺 II 带的特征吸收峰，说明 MBR 的羧基确实发生了酰胺化反应，羧基的羟基被乙二胺取代生成胺化树脂 EDAR。但是 EDAR 中还保留有 1183 cm^{-1}、1251 cm^{-1} 处的 C—O 伸缩振动特征峰和 1719 cm^{-1} 处的 C═O 伸缩振动特征峰，且原 MBR

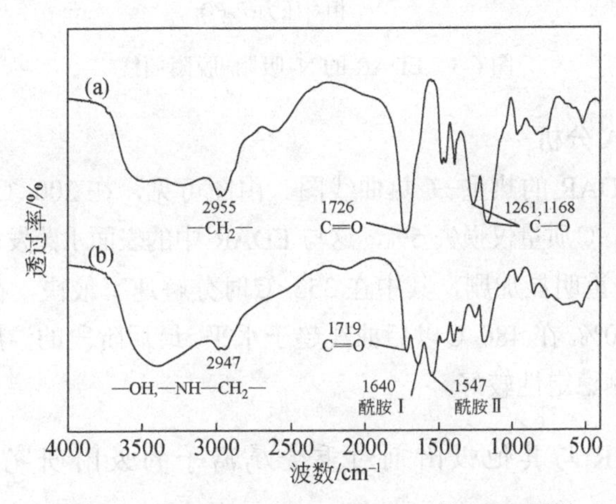

图 6-2　（a）MBR 与（b）EDAR 的 FTIR 图谱

中在 3200 cm^{-1} 处羧基 O—H 的特征宽峰也并没有完全消失，这些都是羧基的特征吸收峰谱带，说明 MBR 的酰胺化反应并不完全，即 EDAR 只是 MBR 的部分羧基发生了酰胺化反应的产物[26]，表明氨基在 MBR 上接枝成功。

3）BET 和元素分析

EDAR 孔径分布的 N_2 吸附-脱附曲线如图 6-3 所示。由图可知，等温线是典型的 I 型，对应于介孔结构[27]。根据 BET 多点法（0.06～0.20），EDAR 的比表面积和孔隙体积不高，分别为 13.34 m^2/g 和 0.017 cm^3/g。基于 BJH 方法的孔径分布分析表明，平均孔径为 6.44 nm。通过元素分析发现，MBR 的 C 元素和 N 元素的含量分别为 54.1%和 0.15%，而 EDAR 的 C 元素和 N 元素含量分别为 46.9%和 5.41%，含 N 量的增加表明 EDAR 是基体树脂 MBR 的酰胺化接枝产物。

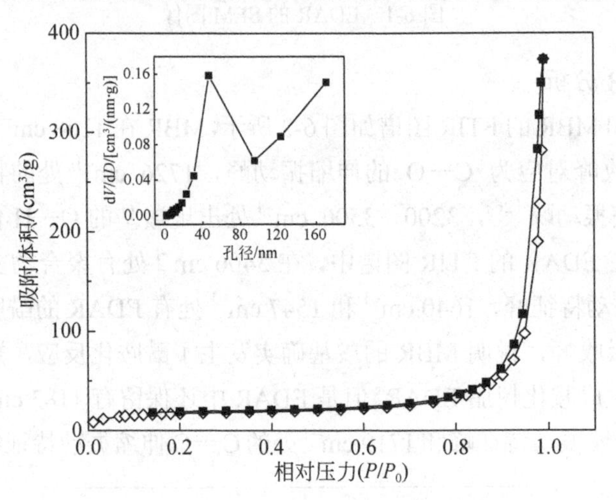

图 6-3 EDAR 的 N_2 吸附-脱附曲线

4）TG-DTA 分析

图 6-4 为 EDAR 的热重-差热曲线图。由图可见，在 200 ℃开始有热失重产生，200～280 ℃质量仅损失 5%，这与 EDAR 中的表面水蒸发有关。在 280～480 ℃ EDAR 失重明显加剧，其中在 353 ℃时分解速率最快，在 280～480 ℃区间总失重为 90%。在 480 ℃以后曲线趋于水平，最后阶段的温度高于 480 ℃，说明 EDAR 的热稳定性较好。

（3）EDAR 与其他吸附剂对重金属离子的吸附研究

选用颗粒活性炭和 9 种不同的商业树脂，与 MBR 和 EDAR 进行了对水中

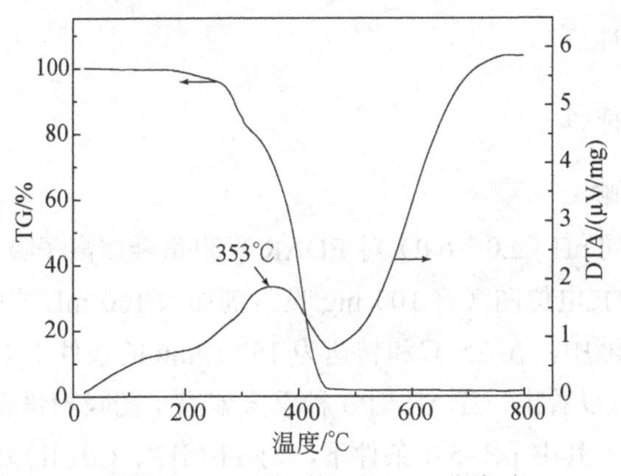

图 6-4　EDAR 的 TG-DTA 曲线

重金属离子吸附量的对比，如图 6-5 所示。11 种吸附树脂和一种颗粒活性炭（GAC）对重金属离子的吸附量由大到小排序为 D001＞EDAR＞D113＞IRA120＞IRC-748＞GAC＞MBR＞XAD-1180＞XAD-4≈DAX-8＞L-493≈IRA410。实验结果表明阳离子交换树脂 D001 和 EDAR 对 Pb(Ⅱ)、Cd(Ⅱ)、Cu(Ⅱ)表现出的吸附量分别为 0.498 mmol/g、0.495 mmol/g、0.497 mmol/g 和 0.49 mmol/g、0.41 mmol/g、0.34 mmol/g。通过对比各树脂的 BET 参数和所带官能团，发现 EDAR 中大量的氨基通过氢键作用或静电作用为重金属离子提供更多可用的结合位点并表现出更强的亲和力，从而使 EDAR 能吸附更多的重金属离子。此外 EDAR 对 Pb(Ⅱ)、Cd(Ⅱ)和 Cu(Ⅱ)的吸附能力大于 MBR，由此可知 MBR 接枝氨基后，其吸附性能大大提高，因此本节余下部分着重讨论 EDAR 对重金

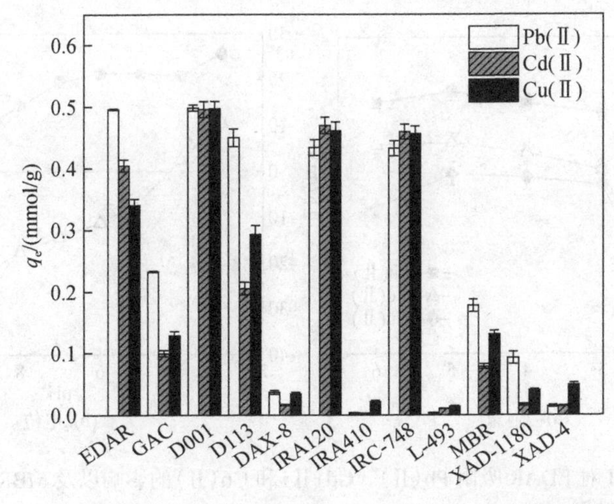

图 6-5　EDAR 与商业吸附剂对 Pb(Ⅱ)、Cd(Ⅱ)和 Cu(Ⅱ)吸附量的比较

属离子的吸附特性。

（4）吸附特性

1）pH 的影响

图 6-6 是不同 pH（2.0～6.0）对 EDAR 吸附重金属离子吸附量的变化以及 MBR 和 EDAR 的ζ电位图（将 100 mg 吸附剂加入 100 mL 浓度为 0.5 mmol/L 的重金属离子溶液中，在 25 ℃和转速为 150 r/min 的条件下振荡吸附 24 h）。从图 6-6（a）中可以看出，EDAR 对 3 种重金属离子的吸附量在 pH 为 2.0～5.0 时呈现增加趋势。其中 pH=5.0 条件下，对 Pb（Ⅱ）、Cd（Ⅱ）和 Cu（Ⅱ）的吸附量分别为 0.49 mmol/g、0.40 mmol/g 和 0.34 mmol/g。然而，在 pH＜3.0 时，均表现为快速降低，这是因为在低 pH 条件下，高浓度的 H^+与羧基和氨基发生质子化作用并以带正电荷的形式存在。H^+与重金属离子竞争吸附位点，并且带正电的重金属离子与带正电的官能团产生静电斥力，从而降低了重金属离子的吸附量。为了进一步阐明 pH 对吸附的影响，我们对相应的 pH 下 EDAR 的ζ电位进行了测定，如图 6-6（b）所示。在 pH 为 3.0～7.0 下，EDAR 的ζ电位高于 MBR 的ζ电位。EDAR 表面的零电荷点 pH_{PZC}=9.8，这意味着 pH＜9.8 范围内，EDAR 表面具有不同程度的正电荷，而 MBR 的 pH_{PZC} 约为 4.7。这种差异可能归因于 EDAR 的—NH—在溶液中消耗大量的 H^+，而少量的氢离子不能再与重金属离子竞争结合位点，从而导致重金属离子更高的吸附量[27]。当溶液 pH＞5.0 条件下，EDAR 对 Pb（Ⅱ）、Cd（Ⅱ）和 Cu（Ⅱ）的吸附量开始降低，其原因

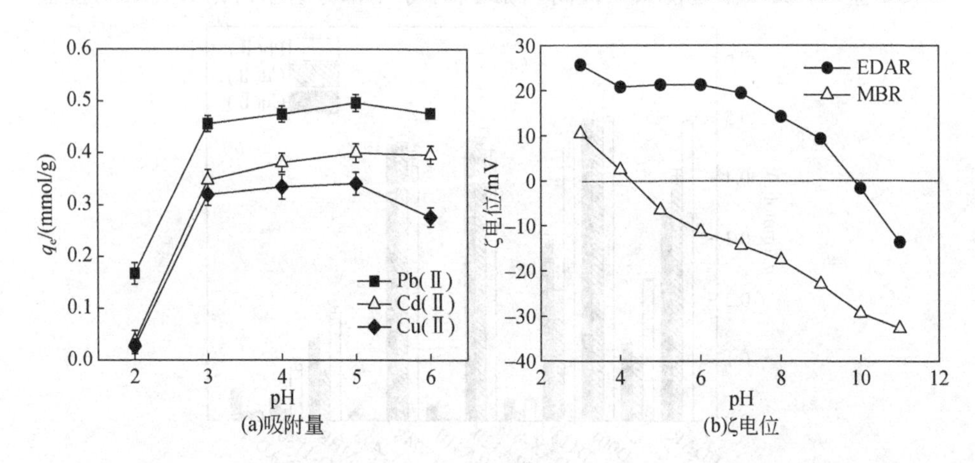

图 6-6　不同 pH 对 EDAR 吸附 Pb（Ⅱ）、Cd（Ⅱ）和 Cu（Ⅱ）的影响以及 MBR 和 EDAR 的ζ电位

为该 pH 条件下 Pb(Ⅱ)、Cd(Ⅱ)和 Cu(Ⅱ)与 OH^-分别生成了 $Pb(OH)_2$、$Cd(OH)_2$和 $Cu(OH)_2$沉淀，考虑到这一情况，后续实验的 pH 均为 5.0。

2）离子强度的影响

考虑到在实际水体中存在大量的无机盐，本节研究了不同离子强度（以 NaCl 为计）对 EDAR 吸附 Pb(Ⅱ)、Cd(Ⅱ)和 Cu(Ⅱ)的影响（将 100 mg 吸附剂加入 100 mL 浓度为 0.5 mmol/L 的重金属离子溶液中，调节 pH 为 5.0，在温度为 25℃和转速为 150 r/min 条件下振荡吸附 24 h）。由图 6.7 可见，随着离子浓度由 0 mmol/L 增加至 20 mmol/L 时，EDAR 对 Cb(Ⅱ)和 Cu(Ⅱ)的吸附量分别由 0.4 mmol/g 下降至 0.39 mmol/g 和 0.34 mmol/L 下降至 0.32 mmol/g，而 Pb(Ⅱ)的吸附量基本无变化。由此可判断，重金属离子在 EDAR 上的吸附量随离子浓度的变化无明显变化[28]。

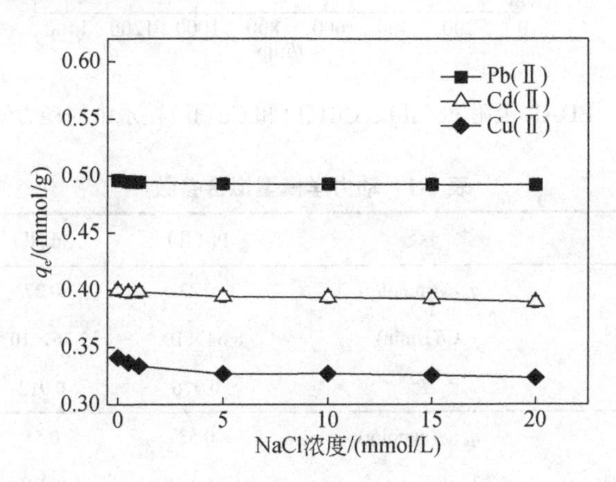

图 6-7　离子强度对 EDAR 吸附 Pb(Ⅱ)、Cd(Ⅱ)和 Cu(Ⅱ)的影响

3）吸附动力学

图 6-8 为 EDAR 对水中 Pb(Ⅱ)、Cd(Ⅱ)和 Cu(Ⅱ)的吸附动力学曲线（吸附条件：0.1 g 吸附剂加入到装有 100 mL 浓度为 0.5 mmol/L 重金属离子溶液的 250 mL 锥形瓶中，pH 为 5.0，25 ℃条件下振荡吸附，不同的吸附时间进行取样）。3 种重金属离子在 EDAR 上的吸附随着时间的延长而增加，并且在 360 min 后逐渐达到平衡。动力学数据分别采用拟一级动力学模型、拟二级动力学模型和颗粒内扩散三个动力学模型拟合。与拟一级动力学模型相比，EDAR 吸附 Pb(Ⅱ)、Cd(Ⅱ)和 Cu(Ⅱ)的过程更符合拟二级动力学模型，所得的参数列于表 6-1。颗粒内扩散模型拟合图在整个时间范围内不是线性变化的，但可以分

成 2～3 个线性区域，这表明吸附过程含有多个阶段。R^2 值均大于 0.9，表明 EDAR 对于重金属离子的吸附过程可以通过颗粒内扩散模型来描述，由于第一阶段的线不能通过坐标原点，表明颗粒内扩散不是唯一的速率控制步骤。

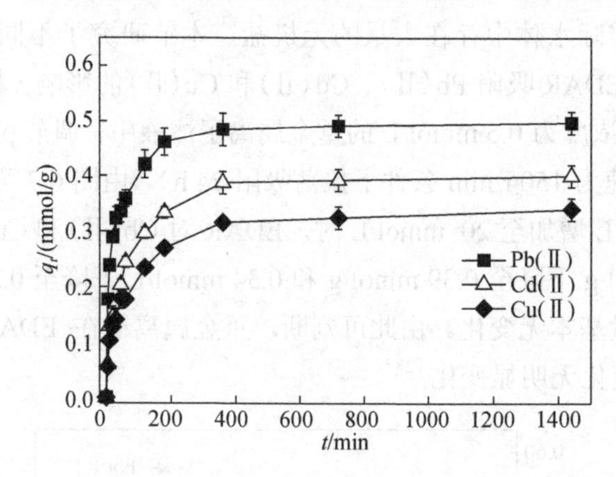

图 6-8　EDAR 吸附 Pb(Ⅱ)、Cd(Ⅱ)和 Cu(Ⅱ)在水中的动力学曲线

表 6-1　动力学模型拟合参数

动力学模型	参数	Pb(Ⅱ)	Cd(Ⅱ)	Cu(Ⅱ)
拟一级动力学模型	$q_{e,cal}$/(mmol/g)	0.23	0.27	0.19
	k_1/(1/min)	8.64×10^{-3}	3.36×10^{-3}	2.94×10^{-3}
	R^2	0.976	0.912	0.914
拟二级动力学模型	$q_{e,cal}$/(mmol/g)	0.53	0.51	0.35
	k_2/［g/(mmol·min)］	1.85×10^{-1}	5.0×10^{-2}	6.78×10^{-2}
	R^2	0.999	0.999	0.999
颗粒内扩散模型	k_{p1}/［mmol/(g·min$^{0.5}$)］	0.051	0.035	0.026
	c_{p1}	7.42×10^{-2}	1.20×10^{-2}	9.07×10^{-3}
	R^2	0.952	0.891	0.942
	k_{p2}/［mmol/(g·min$^{0.5}$)］	0.019	0.018	0.017
	c_{p2}	2.26×10^{-1}	2.18×10^{-1}	1.34×10^{-1}
	R^2	0.996	0.977	0.960

4）单组分和多组分吸附等温线

配制 0.1～3.0 mmol/L 的重金属离子溶液，调节 pH 为 5.0，在 100 mL 溶

液中加入 0.1 g EDAR 吸附剂。研究 EDAR 对单一重金属离子体系和混合重金属离子体系在 EDAR 上的吸附等温线，结果如图 6-9 所示。

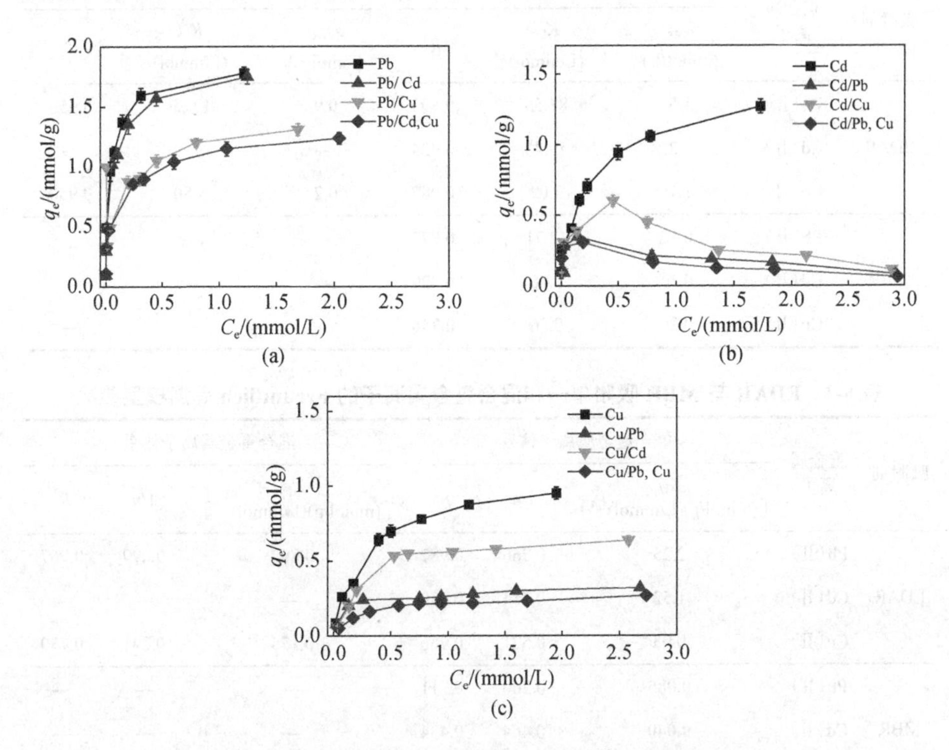

图 6-9　EDAR 对 Pb(Ⅱ)、Cd(Ⅱ)和 Cu(Ⅱ)的吸附等温线

对于 EDAR，单一与混合重金属离子体系中各重金属离子的吸附能力均按以下顺序排列：Pb(Ⅱ)＞Cd(Ⅱ)＞Cu(Ⅱ)。单一重金属离子等温吸附实验若与相同吸附实验条件下的混合重金属离子等温吸附相比，会发现存在有竞争吸附，并且共存重金属离子之间在 EDAR 上表现出相互抑制作用，同时与静态动力学吸附实验结果相吻合。分别采用 Langmuir 和 Freundlich 等温模型来拟合 EDAR 吸附剂对重金属离子的吸附等温线数据，得到的拟合参数如表 6-2 和表 6-3 中，单一重金属离子吸附数据能够较好地被 Freundlich 等温模型拟合，其拟合参数 $1/n$ 小于 1，说明吸附过程发生在多分子层。单一重金属离子体系在 EDAR 上的吸附经 Langmuir 等温模型拟合得到的最大吸附量大小顺序如下：Pb(Ⅱ)＞Cd(Ⅱ)＞Cu(Ⅱ)。各重金属离子的最大吸附量均远远大于 MBR 上的单一重金属离子吸附拟合得到的最大吸附量。

表 6-2 EDAR 与 MBR 吸附单一和混合重金属离子的 Langmuir 等温模型参数

吸附剂	重金属离子	单一重金属离子体系			混合重金属离子体系		
		q_{max}/(mmol/L)	K_L/(L/mmol)	R^2	q_{max}/(mmol/L)	K_L/(L/mmol)	R^2
EDAR	Pb(Ⅱ)	1.5	87.56	0.893	0.9	17.29	0.958
	Cd(Ⅱ)	1.2	59.46	0.924	—	—	—
	Cu(Ⅱ)	1.1	3.02	0.987	0.2	8.80	0.950
MBR	Pb(Ⅱ)	0.1	12.71	0.572	—	—	—
	Cd(Ⅱ)	0.1	0.96	0.329	—	—	—
	Cu(Ⅱ)	0.2	0.36	0.746	—	—	—

表 6-3 EDAR 与 MBR 吸附单一和混合重金属离子的 Freundlich 等温模型参数

吸附剂	重金属离子	单一重金属离子体系			混合重金属离子体系		
		K_F/[(mmol/g)(L/mmol)$^{1/n}$]	$1/n$	R^2	K_F/[(mmol/g)(L/mmol)$^{1/n}$]	$1/n$	R^2
EDAR	Pb(Ⅱ)	2.25	0.266	0.987	0.892	0.299	0.967
	Cd(Ⅱ)	1.52	0.254	0.980	—	—	—
	Cu(Ⅱ)	0.95	0.521	0.966	0.175	0.241	0.739
MBR	Pb(Ⅱ)	0.085	0.200	0.711	—	—	—
	Cd(Ⅱ)	0.040	0.464	0.434	—	—	—
	Cu(Ⅱ)	0.049	0.583	−0.137	—	—	—

在竞争条件下，重金属离子的吸附等温线如图 6-9 所示。Pb(Ⅱ)的吸附不受 Cd(Ⅱ)存在的影响，但与单一体系相比，在二元和三元体系中，当存在相同量的 Cu(Ⅱ)时，其吸附量降低了约 30%。此外，与单一元素体系相比，在二元和三元体系中，当存在相同量的 Cd(Ⅱ)时，Cu(Ⅱ)摄取量降低了约 35%，而当存在相同量的 Pb(Ⅱ)时，则降低了约 65%。然而，对于 Cd(Ⅱ)吸附，并且实际上显示出随着 Cd(Ⅱ)含量增加（超过 0.5 mmol/L），当同时存在相同量的 Pb(Ⅱ)和/或 Cu(Ⅱ)时所吸附物质减少。为了分析 Pb(Ⅱ)、Cd(Ⅱ)和 Cu(Ⅱ)之间竞争性关系的性质，在二元和三元体系吸附平衡数据上采用 Langmuir 竞争等温模型（LCM）[29] 描述组分 i 在组分 j 存在以下的吸附［式（6-1)］：

$$q_{e,i} = q_{max,i} K_{L,i} C_{e,i} \left(1 + \sum_{n}^{j=1} K_{L,i} C_{e,j}\right)^{-1} \quad (6\text{-}1)$$

式中，在每个组分中，$K_{L,i}$ 是各组分的 Langmuir 等温常数；$q_{max,i}$ 和 $C_{e,i}$ 分别是溶质混合物中的最大吸附量和平衡浓度。LCM 模型能够拟合二元和三元体系中 Pb(Ⅱ)和 Cu(Ⅱ)的吸附数据（$R^2>0.998$），但在竞争性吸附条件下无法拟合 Cd(Ⅱ)的吸附数据（表 6-2）。

EDAR 对 Pb(Ⅱ)、Cd(Ⅱ)和 Cu(Ⅱ)在单一、二元和三元体系中的吸附等温线如图 6-9 所示。在二元和三元体系中，当 Pb(Ⅱ)和 Cu(Ⅱ)浓度大于 0.1 mmol/L 时，Cd(Ⅱ)的吸附量随 Pb(Ⅱ)和 Cu(Ⅱ)浓度的增加而减少。对于单一体系，实验数据采用 Langmuir 和 Freundlich 吸附等温线进行分析，由这些模型计算的参数列于表 6-2 和表 6-3。吸附 Pb(Ⅱ)的 Freundlich 模型具有较高的相关系数（R^2），而吸附 Cd(Ⅱ)和 Cu(Ⅱ)的 Langmuir 模型具有较好的拟合性。这一结果表明，在该 pH 下，吸附剂表面开始形成 $Pb(OH)_2$，而 Cd 和 Cu 的单层吸附与树脂表面官能团的螯合是一致的。EDAR 上 Pb(Ⅱ)、Cd(Ⅱ)和 Cu(Ⅱ)的理论容量分别约为 1.8 mmol/g、1.32 mmol/g 和 1.12 mmol/g，与之前发表的其他生物聚合物相当或更高。

5）吸附热力学

在 25 ℃、35 ℃和 45 ℃条件下，以 ΔG^o 对 T 作图，ΔH^o 和 ΔS^o 可分别根据图中的斜率和截距确定。热力学参数列于表 6-4 中。ΔH^o 的值均大于 0，说明重金属离子在EDAR上的吸附过程属于吸热过程。ΔH^o 的值分别为 6.54 kJ/mol、55.44 kJ/mol 和 61.81 kJ/mol，这表明重金属离子吸附到 EDAR 过程包含物理吸附和化学吸附。ΔG^o 为负值说明反应的可自发进行，ΔG^o 的数值在−36.16～−18.84 kJ/mol 的范围内，表明该吸附过程比通常的物理吸附更强。所有 ΔS^o 的值都是正值说明固液界面处的随机性增加，此外，高温更有利于重金属离子在 EDAR 上的吸附过程。

表 6-4　EDAR 对 Pb(Ⅱ)、Cd(Ⅱ)和 Cu(Ⅱ)的吸附热力学参数

重金属离子	ΔG^o/(kJ/mol)			ΔH^o/(kJ/mol)	ΔS^o/[kJ/(mol·K)]	R^2
	25 ℃	35 ℃	45 ℃			
Pb(Ⅱ)	−30.01	−33.80	−36.16	61.81	308.86	0.959
Cd(Ⅱ)	−27.24	−31.39	−32.75	55.44	278.89	0.934
Cu(Ⅱ)	−18.84	−19.50	−20.55	6.54	84.95	0.989

6）吸附选择性

我们研究了 EDAR 在二元体系［即 Pb(Ⅱ)+Cd(Ⅱ)，Pb(Ⅱ)+Cu(Ⅱ)和

Cd(Ⅱ)+Cu(Ⅱ)] 和三元体系 [Pb(Ⅱ)+Cd(Ⅱ)+Cu(Ⅱ)] 中的竞争吸附量（吸附条件：0.1 g EDAR 加入 100 mL 浓度为 0.5 mmol/L 重金属离子溶液，调节 pH=5.0 和温度为 25℃条件下振荡吸附 24 h），如图 6-10 所示。在二元体系中，Cd(Ⅱ)或 Cu(Ⅱ)的存在下，Pb(Ⅱ)的吸附量比单一体系时的吸附量略微降低，Pb(Ⅱ)或 Cu(Ⅱ)的存在，EDAR 对 Cd(Ⅱ)的吸附量也呈现类似的结果。然而 Pb(Ⅱ)或 Cd(Ⅱ)的存在对 EDAR 吸附 Cu(Ⅱ)有明显的抑制作用。在三元体系中，得到的结果与二元体系相似，Pb(Ⅱ)的吸附受 Cd(Ⅱ)和 Cu(Ⅱ)存在的影响很小，而 Cd(Ⅱ)和 Cu(Ⅱ)受三元体系竞争影响很大。在竞争吸附中，也考虑了吸附选择性系数，表示为一种重金属离子的吸附量与另一种重金属离子的吸附量之比。对于二元体系 Pb(Ⅱ)+Cu(Ⅱ)（吸附选择性系数 Pb/Cu 为 2.11）和 Cd(Ⅱ)+Cu(Ⅱ)（吸附选择性系数 Cd/Cu 为 1.85）中，EDAR 对 Pb(Ⅱ)和 Cd(Ⅱ)有良好的吸附选择性。3 种重金属离子共存时，EDAR 吸附重金属离子的大小次序为 Pb(Ⅱ)（0.47 mmol/g）＞Cd(Ⅱ)（0.29 mmol/g）＞Cu(Ⅱ)（0.16 mmol/g），这与单一体系吸附研究趋势相同。结果表明，EDAR 在单一体系中有吸附能力最高的重金属离子 Pb(Ⅱ)，当 Pb(Ⅱ)处于多元体系时，会对共存的其他金属离子产生较大的抑制作用，而 Pb(Ⅱ)本身的吸附量所受影响较小。上述的研究结果可以通过修饰官能团和重金属离子性质来解释，Pb(Ⅱ)、Cd(Ⅱ)和 Cu(Ⅱ)共价指数（$X_m^2 \cdot r$，其中 X_m 为电子负性，r 为离子半径）的差异可能导致 Pb(Ⅱ)、Cd(Ⅱ)和 Cu(Ⅱ)选择性吸附的不同。根据共价指数 [30]，吸附能力与重金属离子的共价指数成比例，其与参与电子负性和离子半径大小

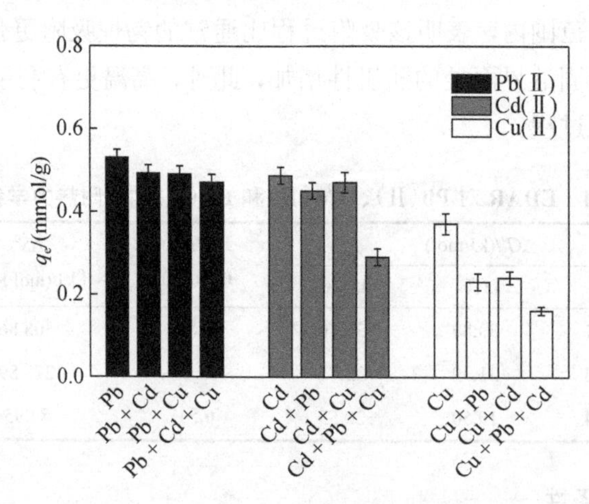

图 6-10 EDAR 在单一和混合重金属离子体系中的吸附量对比

有关。其原因为以下两点：①基于软硬酸碱理论（HASB）理论，作为 Lewis 软酸的 Pb(Ⅱ)优于 Cd(Ⅱ)和 Cu(Ⅱ)，可以被认为是中软酸。②Pb(Ⅱ)易与氨化树脂相互作用，可被认为是 Lewis 软碱。共价指数按照以下顺序降低：Pb(Ⅱ)(2.33)＞Cd(Ⅱ)(1.9)＞Cu(Ⅱ)(1.69)，表明 Pb(Ⅱ)比 Cd(Ⅱ)和 Cu(Ⅱ)更易吸附。因此，与 Pb(Ⅱ)相比，EDAR 对 Cd(Ⅱ)和 Cu(Ⅱ)的相互作用较弱。同时，共价指数提供了对上述假设的支持，即与配体的螯合作用在 EDAR 对重金属离子的吸附中起重要作用[31]。

6.1.2　吸附机理

采用 FTIR 和 XPS 来验证说明重金属离子在树脂上的优先吸附位点，并结合量子化学计算从理论上揭示作用机理。

（1）FTIR 分析

采用 FTIR 分析 EDAR 吸附重金属离子前后表面基团的变化，结果如图 6-11 所示。EDAR 的 O═C—N（1638 cm^{-1}）特征吸收峰在吸附 Pb(Ⅱ)、Cd(Ⅱ)、Cu(Ⅱ)后明显减弱，O═C（1716 cm^{-1}）处的特征吸收在吸附 Pb(Ⅱ)、Cd(Ⅱ)、Cu(Ⅱ)后明显增强，N—H（1549 cm^{-1}）特征吸收峰在吸附 Pb(Ⅱ)、Cd(Ⅱ)后无明显变化但吸附 Cu(Ⅱ)后吸收减弱。上述结果说明重金属离子与 EDAR 的作用位点是 N—H 和 O═C—N。

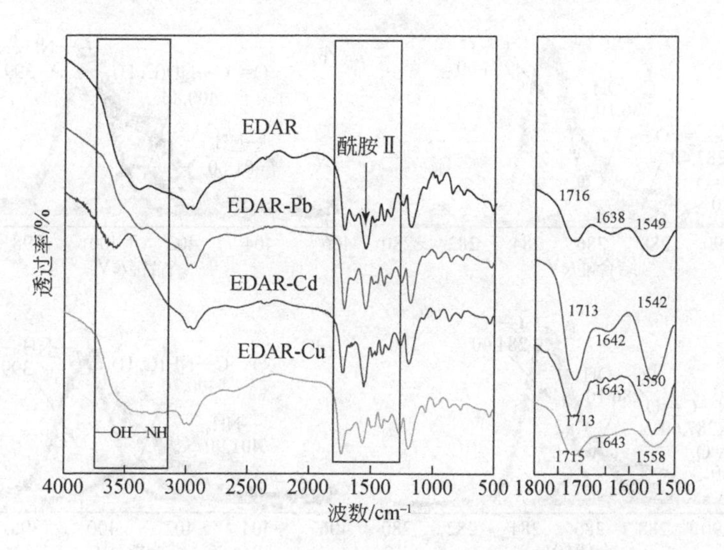

图 6-11　EDAR 吸附重金属离子前后的 FTIR 图谱

（2）XPS 分析

用 XPS 进一步分析重金属离子在 EDAR 表面的吸附机理。图 6-12 为 pH=5.0 的条件下 EDAR 吸附 Pb(Ⅱ)、Cd(Ⅱ)、Cu(Ⅱ)前后的 EDAR 的 C1s 和 N1s 能谱图。结合能为 399.50 eV、400.80 eV 和 401.60 eV 的峰分别是—NH_2、O═C—N 和—NH_3^+，部分氨基在吸附前已经被质子化。EDAR 吸附 Pb(Ⅱ)、Cd(Ⅱ)、Cu(Ⅱ)后三种键的结合能强度均有明显的化学位移（ΔE_B），正负号决定了位移的方向是增加或减小（单位是 eV）。其中—NH_3^+ 在吸附 Pb(Ⅱ)、Cd(Ⅱ)、Cu(Ⅱ)后的结合能与吸附前相减 ΔE_B 分别是−0.30 eV、−0.29 eV、−0.30 eV，这是因为氨基中氮原子的孤对电子与重金属离子形成共价键促使重金属离子吸附在 EDAR 上，而 EDAR 吸附重金属离子前后的 C1s 谱图中 ΔE_B 小于 0.2 eV，可忽略不计。由此可以判断，Pb(Ⅱ)、Cd(Ⅱ)、Cu(Ⅱ)与氨基中的氮原子发生络合反应。

对于 EDAR 的 XPS，EDAR 的 N1s 光谱被分解为三个峰值，分别对应于 R—NH_2 中的 N 原子（399.50 eV）、O═C—N（400.80 eV）和 R—NH_3^+（401.60 eV）[32, 33]。在 Pb(Ⅱ)吸附后，R—NH_3^+ 的 N1s 峰能增加了 0.3 eV，而 R—NH_2 和 O═C—N 几乎没有变化，这表明 Pb(Ⅱ)通过取代 R—NH_3^+ 上的 H^+ 与 EDAR 结合，并不与 R—NH_2 上孤对电子结合[34]。因此，XPS 和 FTIR 图谱表明，在重金属离子和 EDAR 之间存在着氮和氧（C═O）原子之间的配位键结合。

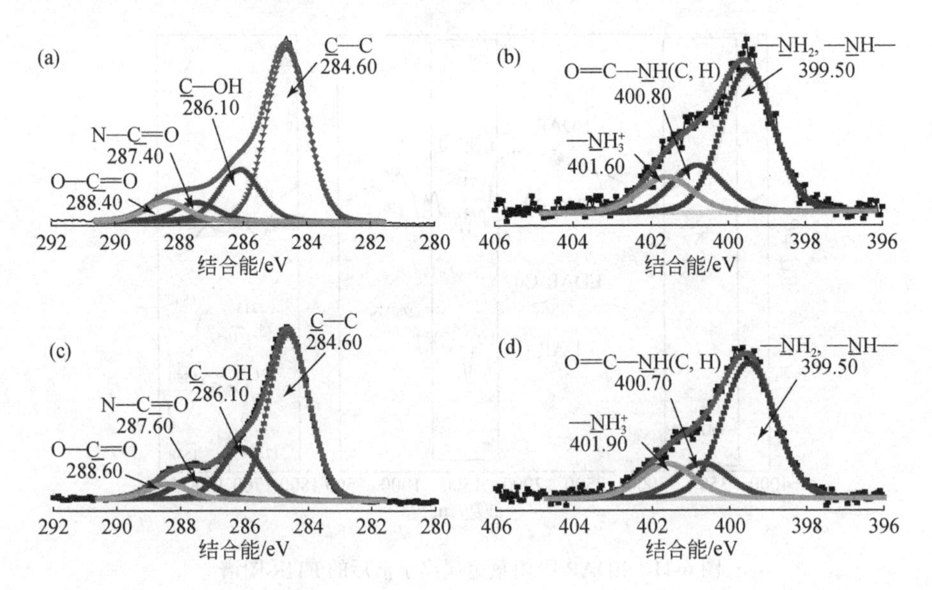

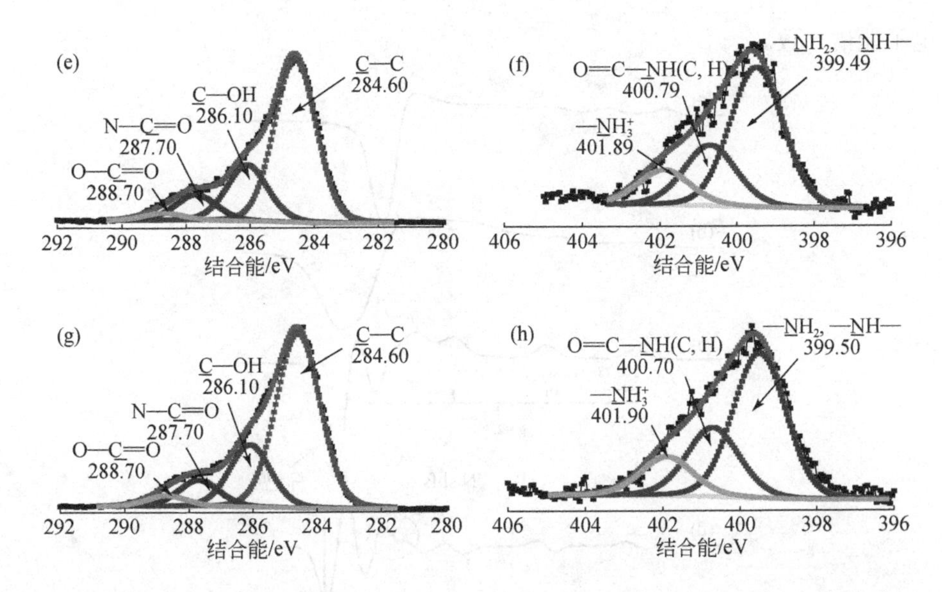

图 6-12　EDAR 以及其吸附 Pb(Ⅱ)［(c) 和 (d)］、Cd(Ⅱ)［(e) 和 (f)］、Cu(Ⅱ)［(g) 和 (h)］后的 XPS C1s［(a)、(c)、(e)、(g)］和 N1s［(b)、(d)、(f)、(h)］能谱图

由于 Cu(Ⅱ)是顺磁性的，因此使用 EPR 光谱进一步研究了 pH 为 5.0 条件下吸附 Cu(Ⅱ)在 MBR 和 EDAR 上的配位环境。来自 MBR 的光谱［图 6-13 (a)］类似于水合 Cu(Ⅱ)，而饱和 EDAR 的 Cu(Ⅱ)样品的光谱［图 6-13 (b)］对应于具有四方对称性的铜络合物。这个光谱由邻近 Cu(Ⅱ)之间的偶极相互作用引起了展宽，使得准确确定光谱参数变得困难，但吸附较少量的 Cu(Ⅱ)可以获得更高分辨率的光谱［图 6-13 (c)］。对样品进行二阶导数记录显示出一些 ^{14}N 配体超精细结构 (shfs)［图 6-13 (d)］，与先前报道过富含氮的 EDAR[33] 类似。这种 shfs 不能直接确定与铜结合的氮原子数量，但 Liu 等[35] 的研究结果显示，在类似树脂样品上吸附铜时 $g_{//}$-值和 $A_{//}$(Cu)-值与铜配位到 4 个氮原子一致。

(3) 结合模式

图 6-14 为 EDAR 可能存在着 aa、ab 和 bb 三种形式的链节，分别为全部胺化、部分胺化和未胺化的形式。将这三种形式的链节单元分别与 Pb(Ⅱ)作用，通过理论计算得到相应的结合能分别为−1116.41 kJ/mol、−837.99 kJ/mol 和−663.79 kJ/mol，即全部胺化结构的 aa 链节的结合能最大，是最有可能的作用形式，表明胺化后确实可以提高对重金属离子的吸附能力。计算结果与 XPS

电子能谱一致。

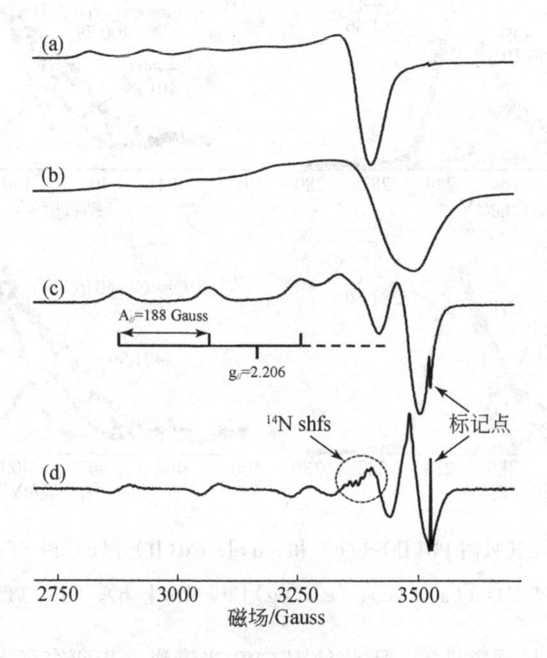

图 6-13　Cu(Ⅱ)吸附在（a）MAR 和（b）EDAR 上的室温（约 25 ℃）一阶 EPR 光谱；较低吸附水平的 Cu(Ⅱ)在 EDAR 上的光谱也显示为（c）一阶导数和（d）二阶导数记录

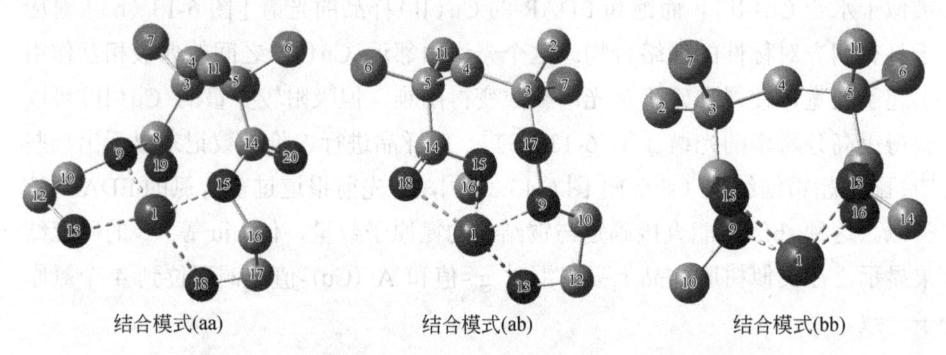

图 6-14　重金属离子与 EDAR 的修饰功能的优化结合模式

量子化学的前线轨道理论认为，分子的最高占据分子轨道（highest occupied molecular orbital，HOMO）的能量 E_{HOMO} 是分子给电子能力的量度，E_{HOMO} 越低该轨道中的电子越稳定，则分子给电子的能力越小；反之若 E_{HOMO} 越高则该分子越易提供电子参与亲核反应。分子的最低未占分子轨道（lowest unoccupied molecular orbital，LUMO）的能量 E_{LUMO} 与分子的电子亲和能力有关，其值越低则该分子有越强的接受电子的能力。最高占据分子轨道与最低未占分子轨道的能量差 $\Delta E=E_{HOMO}-E_{LUMO}$ 是电子给体与电子受体相互反应的重要指标，其差值越小越容易反应；反之，其差值越大，电子给体与电子受体就越不易发生化学反应。

在确定了作用模式的前提下，分别计算出吸附剂链节形式（aa）以及目标吸附质重金属离子 Pb(Ⅱ)、Cd(Ⅱ)和 Cu(Ⅱ)等的前线轨道能量值（表 6-5）。结果发现，Pb(Ⅱ)的 ΔE 值 0.41 eV 最小，最容易发生电子转移即络合能力最大，Cu(Ⅱ)的 ΔE 值 0.53 eV 最大，络合能力最小。计算结果与实验测试结果一致。

表 6-5　DFT 计算 EDAR 吸附剂的前线轨道能量值

结合模式	HOMO/eV	吸附对象	LUMO/eV	ΔE/eV
aa	−0.21	Pb(Ⅱ)	−0.62	0.41
		Cd(Ⅱ)	−0.70	0.49
		Cu(Ⅱ)	−0.74	0.53

总而言之，根据 FTIR、XPS 和量子化学计算分析，树脂上的氨基是 EDAR 吸附重金属离子的主要原因，络合作用在吸附中起到重要作用。

6.2　氨化松香基交联聚合树脂动态吸附重金属离子研究

6.2.1　动态吸附实验

为了进一步研究其在实际应用中的可行性，我们对 EDAR 在固定床柱上的 Pb(Ⅱ)、Cd(Ⅱ)和 Cu(Ⅱ)进行了吸附研究。将吸附剂（0.5～1.5 g）装入一个玻璃柱（Φ1.1 cm×50 cm），实验在 25 ℃中进行，以获得所需的床层高度，分别将浓度为 0.5 mmol/L 的单一或多组分的重金属离子溶液由蠕动泵以所需的流速泵进色谱柱。研究溶液 pH（3.0～5.0）、填料层高度（1.25～3.75 cm）、初始进水重金属离子浓度（0.2～0.5 mol/L）以及进样流速（1.0～4.0 mL/min）对 EDAR 动态吸附性能的影响。不同的时间间隔下，测定出水中重金属离子浓度，定义出水中重金属离子浓度为初始浓度的5%为穿透点，以此为依据绘制穿透曲线。

6.2.2 EDAR 对单一和混合体系重金属离子的动态吸附特性

动态吸附穿透曲线如图 6-15(a)所示，对于 Cu(Ⅱ)的吸附性能不如 Pb(Ⅱ)或 Cd(Ⅱ)的吸附效果好。通过 Thomas、Yoon-Nelson 和 Adams-Bohart 模型对吸附剂-吸附质体系行为的分析显示，Thomas 和 Yoon-Nelson 模型与动态吸附数据拟合良好，Pb(Ⅱ)、Cd(Ⅱ)和 Cu(Ⅱ)的动态吸附量分别为 1.64 mmol/g、1.20 mmol/g 和 0.74 mmol/g。Cu(Ⅱ)的穿透曲线比其他重金属离子更为陡峭，且 Pb(Ⅱ)达到浓度比(C_t/C_0)平衡状态的时间明显比 Cd(Ⅱ)、Zn(Ⅱ)和 Cu(Ⅱ)要长，表明 EDAR 对 Cu(Ⅱ)的动态吸附量相对较小。对于每一种重金属离子，它们在单一组分溶液中的动态吸附量都高于在混合重金属离子溶液中的动态吸附量，说明不同重金属离子之间在吸附位点上存在竞争。

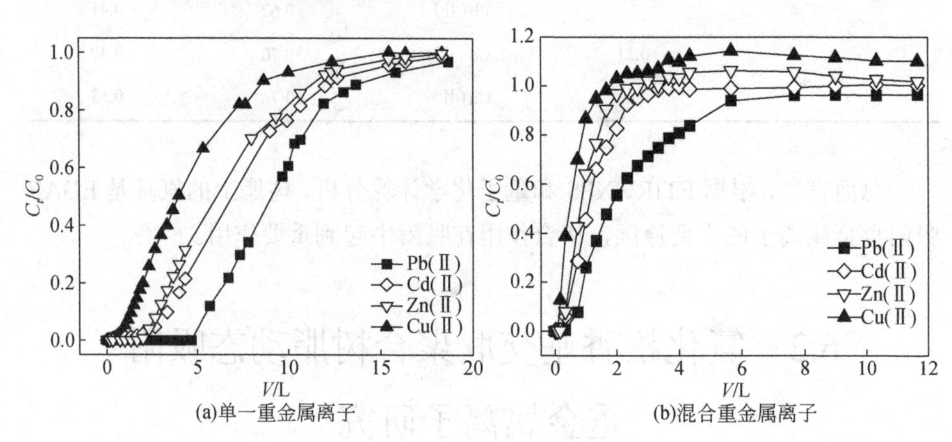

图 6-15 （a）单一重金属离子和（b）混合重金属离子体系在 EDAR 吸附剂上的动态吸附穿透曲线

6.2.3 动态吸附过程中的影响因素

为了评估 EDAR 吸附重金属离子的动力学性能，研究了各影响因素条件下的影响，并在接下来进行描述。应用 Thomas 模型对相应的固定床柱操作进行了模拟，其参数列于表 6-6 中。

（1）pH 的影响

不同 pH 下的穿透曲线如图 6-16（a）所示，以无量纲浓度（C_t/C_0）与时间（t）的关系作图。在 pH 为 3.0～5.0 时，随着 pH 的升高，曲线向更长时间移动。首先，在低 pH 时，较高的 H_3O^+浓度增加了与 Pb(Ⅱ)吸附位点的竞争，从而导致重金属离子吸附量下降。其次，较高的 pH 会导致重金属离子的水解增加，Pb(Ⅱ)更多地以 $Pb(OH)^+$形式存在而不是 Pb^{2+}的形式，即使在 pH≥6.0 时重金属的氢氧化物会以沉淀析出[36]。

表 6-6　Pb(Ⅱ)在不同 pH、初始进水重金属离子浓度、进样流速和填料层高度条件下，通过 EDAR 吸附得到的 Thomas 模型参数

pH	初始进水重金属离子浓度/(mmol/L)	进样流速/(mL/min)	填料层高度/cm	k_{Th}/［mL/(min·mg)］	q_0/(mmol/g)	R^2
3.0	0.5	2.0	2.5	2.4×10^{-3}	0.45	0.987
4.0	0.5	2.0	2.5	1.2×10^{-3}	0.99	0.998
5.0	0.5	2.0	2.5	9.4×10^{-3}	1.75	0.998
5.0	0.2	2.0	2.5	9.1×10^{-3}	2.45	0.996
5.0	0.5	2.0	2.5	9.4×10^{-3}	1.75	0.998
5.0	0.8	2.0	2.5	0.5×10^{-3}	0.61	0.998
5.0	0.5	1.0	2.5	1.3×10^{-2}	2.59	0.981
5.0	0.5	2.0	2.5	9.4×10^{-3}	1.75	0.998
5.0	0.5	4.0	2.5	5.1×10^{-3}	0.47	0.999
5.0	0.5	2.0	1.25	1.3×10^{-2}	0.60	0.998
5.0	0.5	2.0	2.5	9.4×10^{-3}	1.75	0.998
5.0	0.5	2.0	3.75	6.2×10^{-3}	2.51	0.989

（2）初始进水重金属离子浓度的影响

测定初始进水重金属离子浓度为 0.2～0.8 mmol/L 范围内，Pb(Ⅱ)溶液的穿透曲线受 Pb(Ⅱ)浓度的影响很大[图 6-16(b)]，并且观察到在较高的 Pb(Ⅱ)浓度下突破时间较短。由图可知，随着初始浓度的增大，穿透曲线变得陡峭，穿透体积变小。从图中的流出曲线可看出，溶液的初始重金属离子浓度越大，曲线的斜率也就越大，穿透点和饱和点逐渐提前。这是因为随着初始重金属离子浓度的增大，由于浓度驱动效应重金属离子更易扩散到吸附剂表面，使得反应效率更高，树脂更易达到饱和，因此穿透后期斜率较大，穿透体积变小。

（3）进样流速的影响

分别在 1.0～4.0 mL/min 进样流速下测定 Pb(Ⅱ)在 EDAR 上的穿透曲线，

其结果如图 6-16（c）所示。当进样流速在 1～4.0 mL/min 范围内增加时，随着流速的增加，流出曲线的斜率逐渐增大，提前达到穿透点和饱和点，穿透体积随之减小［图 6-16（c）］。这是因为流速越大，质量传递速率越大。因此，单位床高度（质量传递区）上吸附的重金属离子在达到吸附平衡之前很容易到达可用的吸附位点使其快速饱和。

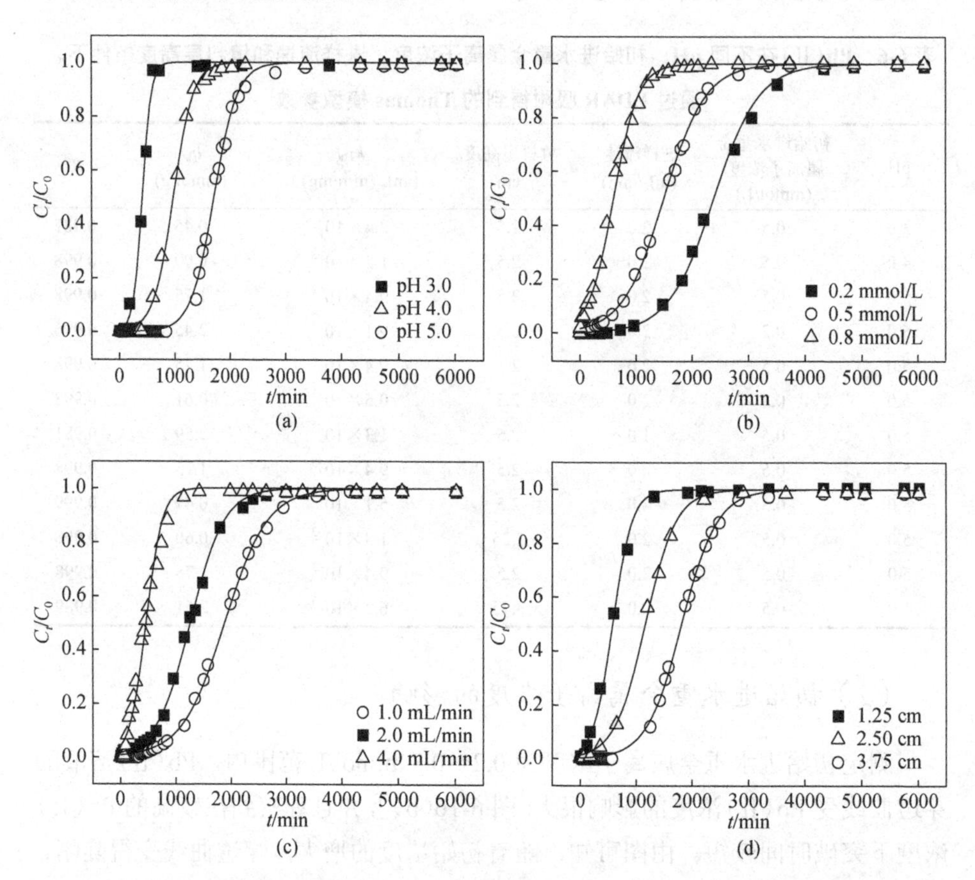

图 6-16　EDAR 吸附 Pb(Ⅱ)分别在不同（a）pH、（b）初始进水重金属离子浓度、（c）进样流速和（d）填料层高度下的动态吸附曲线

（4）填料层高度的影响

使用 0.5 mmol/L 的恒定初始进水重金属离子浓度和 2.0 mL/min 的进样流速研究填料层高度对穿透曲线的影响。图 6-16（d）所示，随着层高从 1.25 cm 增加到 3.75 cm，流出曲线的斜率逐渐变小，在相同的时间内流出的浓度逐渐

下降。这是因为填料层高度越高以及吸附树脂的数量越多，提供的活性吸附位点也就越多，使重金属离子与树脂有更充分的时间接触。表6-6根据Thomas模型的计算，Pb(Ⅱ)在填料层高度分别为1.25 cm、2.5 cm和3.75 cm时，EDAR的吸附量分别为0.60 mmol/g、1.75 mmol/g和2.51 mmol/g。

6.2.4　EDAR的动态吸附模型

为了验证其在实际应用中的实用性，我们对Pb(Ⅱ)、Cd(Ⅱ)和Cu(Ⅱ)在EDAR固定床柱上的吸附进行了研究。通过Thomas、Yoon-Nelson和Adams-Bohart模型［详见第2章，式（2-29）～式（2-31）］对吸附剂与吸附质体系的行为进行分析，发现这些模型与动态吸附数据吻合良好，其中Thomas和Yoon-Nelson模型显示，Pb(Ⅱ)、Cd(Ⅱ)和Cu(Ⅱ)的吸附量分别为1.63 mmol/g、1.20 mmol/g和0.75 mmol/g。如图6-17和表6-7所示，实验测得的实际动态吸附量(q_{exp})与模型预测的值(q_0)之间的差值非常小，说明吸附过程符合Thomas模型。

穿透曲线显示，相较于对Pb(Ⅱ)和Cd(Ⅱ)的吸附，Cu(Ⅱ)的吸附性能稍显不足。

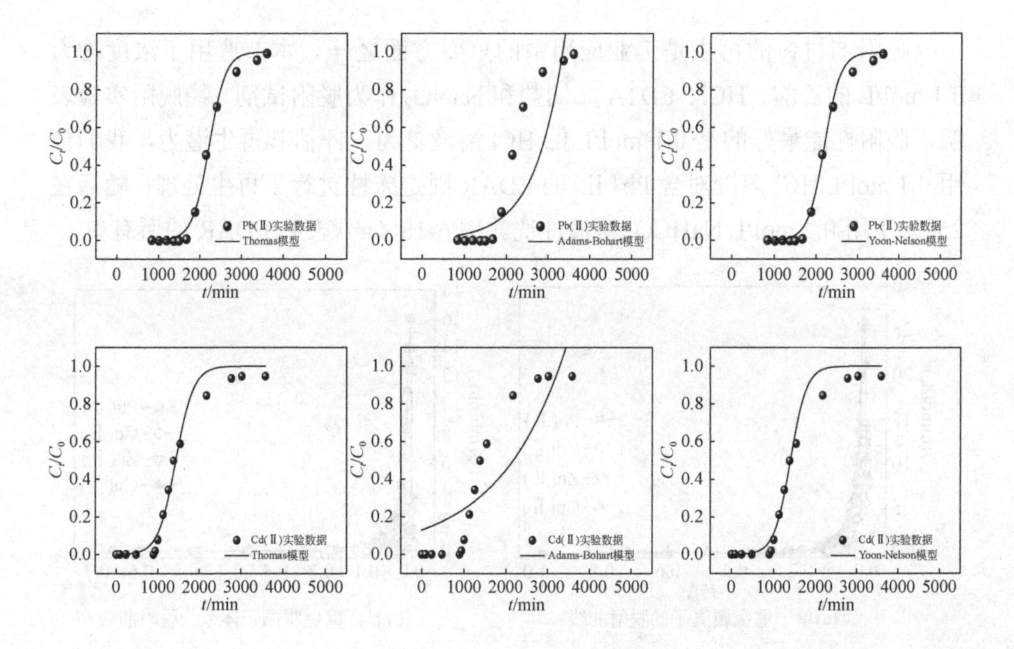

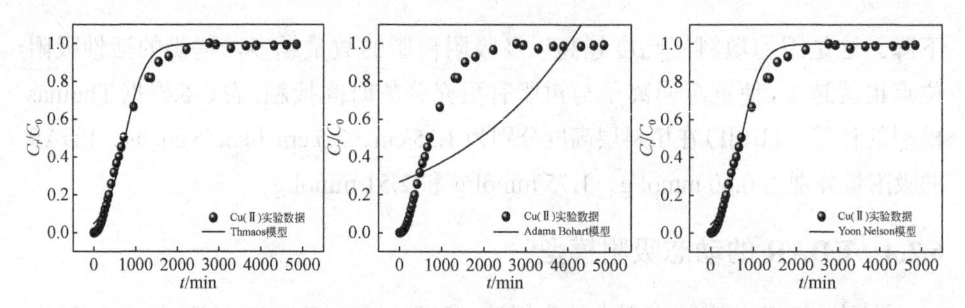

图 6-17　比较 Pb(Ⅱ)、Cd(Ⅱ)和 Cu(Ⅱ)在 EDAR 上的实际吸附效果曲线与利用 Thomas、Adams-Bohart 和 Yoon-Nelson 模型计算出的模拟穿透曲线

表 6-7　Thomas、Adams-Bohart 和 Yoon-Nelson 动态吸附模型为重金属离子拟合的参数

重金属离子	Thomas 模型			Adams-Bohart 模型			Yoon-Nelson 模型	
	q_0/(mmol/g)	K_{Th}/[L/(min·mmol)]	R^2	N_0/(mmol/L)	K_{AB}/[mL/(mmol·min)]	R^2	K_{YN}/(1/min)	R^2
Pb(Ⅱ)	1.63	4.2×10^{-3}	0.982	655.30	1.37×10^{-2}	0.852	2.9×10^{-3}	0.853
Cd(Ⅱ)	1.20	5.7×10^{-3}	0.979	1245.65	8.17×10^{-3}	0.311	2.0×10^{-3}	0.961
Cu(Ⅱ)	0.75	2.2×10^{-3}	0.987	1921.54	6.46×10^{-3}	0.602	1.6×10^{-3}	0.856

6.2.5　动态脱附与再生研究

吸附剂材料的再生是工业应用中的重要方面之一。本节选用了浓度均为 0.1 mol/L 的乙酸、HCl、EDTA 二钠盐和 $NaNO_2$ 作为脱附试剂。经脱附实验表明，脱附性能最好的是 0.1 mol/L 的 HCl 溶液。为了评估其再生潜力，我们使用 0.1 mol/L HCl 溶液对含 Pb(Ⅱ)的 EDAR 固定床柱进行了再生处理，随后在 25 ℃下用 0.2 mol/L $NaHCO_3$ 溶液冲洗。图 6-18（a）表明 EDAR 的所有单一

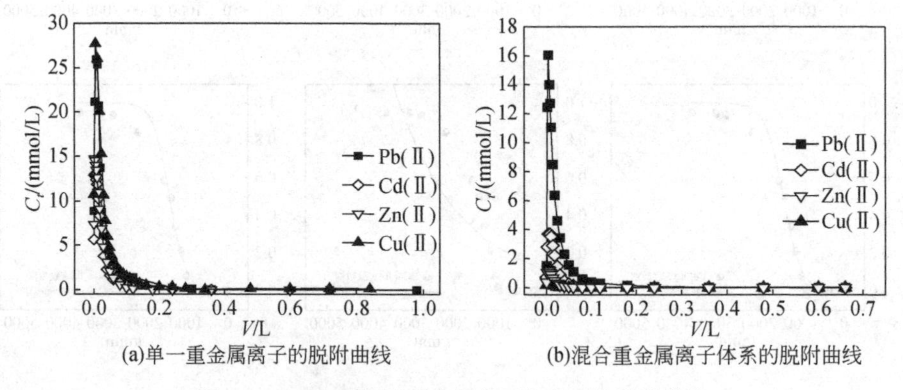

图 6-18　EDAR 吸附重金属离子饱和后的脱附曲线

重金属离子脱附曲线中，最大的脱附浓度都比 MBR 的单一重金属离子脱附浓度要大，这说明 EDAR 在动态吸附中的吸能力较强。图 6-18（b）用同样的 HCl 溶液脱附的 EDAR 和 MBR 吸附的混合金属体系，单一重金属离子体系的脱附中某时刻最大的溶液浓度仍然大于 MBR，原因是混合重金属离子体系中单一重金属离子的吸附量的值小于单组分溶液中的值。

6.3　松香基三烯丙酯交联聚合树脂吸附剂对重金属离子的吸附

6.3.1　松香基三烯丙酯交联聚合树脂的制备

将 10.5 g 的马来松香溶解在 40 mL 丙酮中，依次加入 13.1 g 碳酸钾和 4.3 g 碘化钾，搅拌 10 min 使其完全溶解，然后将 13.4 g 氯丙烯溶于 20 mL 丙酮中并用恒压滴液漏斗缓慢加入到反应体系中，在机械搅拌速率为 100 r/min 条件下加热 65 ℃恒温反应 12 h，待冷却后进行萃取和旋转蒸发，得到纯化的马来松香基三烯丙酯（TAMP）。以 TAMP 为交联剂，采用悬浮聚合法制备新型马来松香基三烯丙酯交联聚合树脂（TAMPA）。其中水相的制备为将一定量的聚乙烯醇、十二烷基苯磺酸钠和磷酸钙溶于 100 mL 蒸馏水中搅拌分散 0.5 h。油相的制备为取一定量的丙烯酸溶于四氢呋喃，加入交联剂 TAMP、致孔剂甲苯和引发剂过氧化二苯甲酰混匀在 100 ℃下预聚合 3 h；聚合反应为将水相和油相以一定质量比进行搅拌混合，在氮气保护下加热到 70 ℃反应 6 h，之后升温至 90 ℃老化 2 h。产物用稀 HCl 浸渍、过滤、纯水洗至中性、真空干燥、筛分，得到乳白色固体球形颗粒，即得成品 TAMPA，图 6-19 为 TAMPA 合成路线图。

6.3.2　TAMPA 的表征

图 6-20（a）是扫描电镜图，结果表明，TAMPA 表面为多孔球状，内部结构均一，有利于 Pb(Ⅱ)、Cd(Ⅱ)和 Cu(Ⅱ)等离子的自由扩散，提高了重金属离子与 TAMPA 活性位点的结合机会。TAMP 交联剂和 TAMPA 的 FTIR 图谱如图 6-20(b)所示，TAMP 在 3080 cm^{-1} 和 1647 cm^{-1} 分别为烯烃 C═C—H 和 C═C 伸缩振动的特征吸收峰，TAMP 与丙烯酸共聚后得到的 TAMPA 在 3441 cm^{-1} 处出

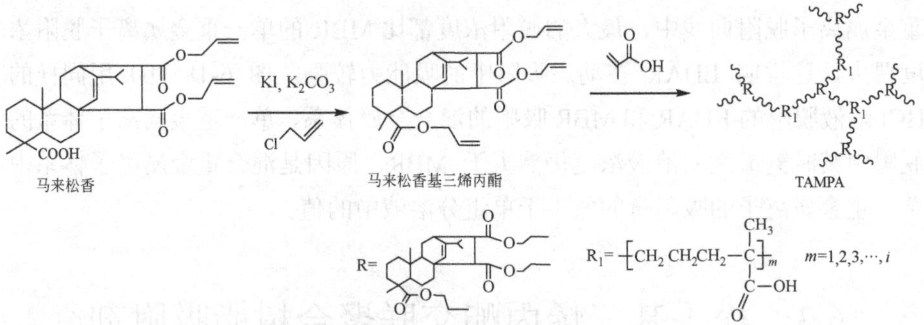

马来松香　KI, K_2CO_3　马来松香基三烯丙酯　TAMPA

R=　$R_1 = -[CH_2CH_2CH_2-C(CH_3)(COOH)]_m-$　m=1,2,3,…,i

图 6-19　TAMPA 的合成路线图

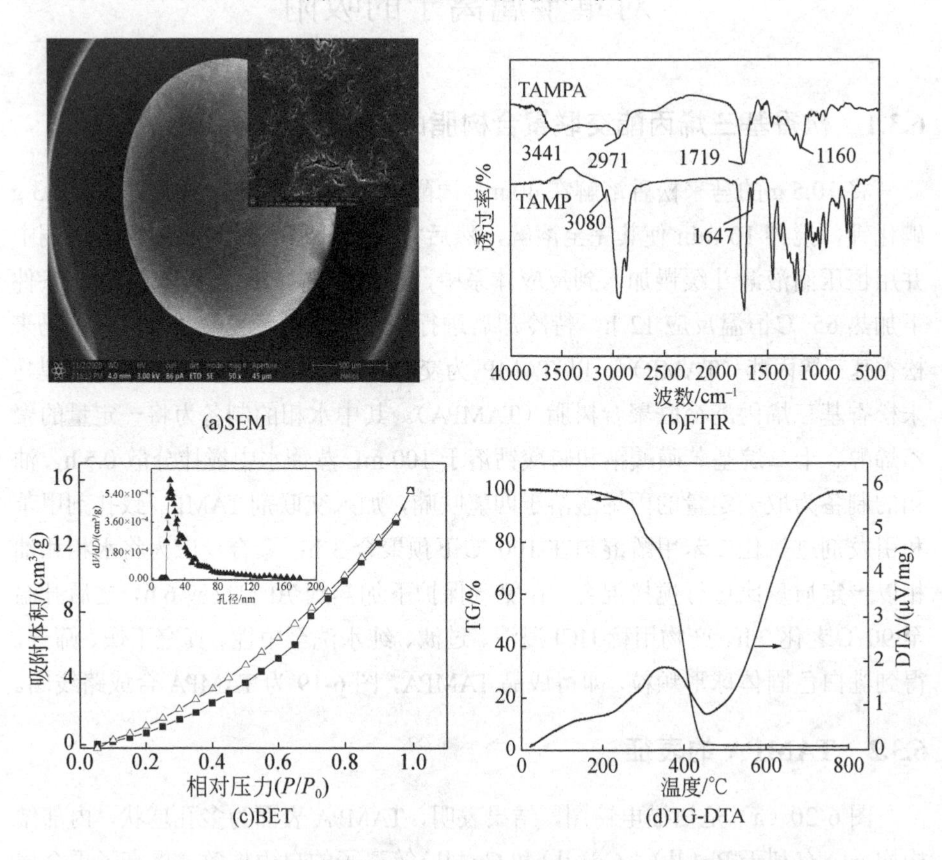

图 6-20　TAMPA（a）扫描电镜图、（b）FTIR 图谱、（c）N_2 吸附-脱附等温线和（d）热重-差热曲线

现了羧基特征峰，而前体的不饱和碳氢特征峰消失。N_2 吸附-脱附等温线如图 6-20（c）所示，结果表明平均孔径为 107.1 nm，表明孔隙大多是中孔和大

孔；同时，由它们的分布曲线可以看出，它们相对集中，大小约为 50 nm。采用差热-差热联用仪对 TAMPA 的热稳定进行分析，结果如图 6-20（d）所示。当温度上升到 268 ℃时，TAMPA 的质量损失约为 5.0%，其失重主要源自 TAMPA 脱水和其中挥发性物质的分解，当温度上升到 287 ℃时快速分解。当温度达到 434 ℃时，之后趋于平稳，说明大部分已完全分解，由此可知，TAMPA 热稳定良好且完全满足水处理生产的要求。

6.3.3 吸附特性

（1）TAMPA 投加量的影响

本研究考察了 TAMPA 不同投加量（0.2～2.0 g/L）对 Pb(Ⅱ)、Cd(Ⅱ)和 Cu(Ⅱ)吸附效果的影响。由图 6-21（a）可知，当 TAMPA 的投加量小于 1.0 g/L 时，随着投加量的增大，吸附剂的吸附量减小，然而去除率显著增大[图 6-21(b)]。当 TAMPA 投加量达到 1.0 g/L 时，对 Pb(Ⅱ)和 Cu(Ⅱ)去除率大于 96 %，Cd(Ⅱ)的去除率则约为 85 %。当投加量进一步增加，TAMPA 对 Pb(Ⅱ)和 Cu(Ⅱ)吸附量和去除率无显著变化，仅对 Cd(Ⅱ)的去除率有小幅度提高。基于去除率及经济成本综合考虑，TAMPA 的投加量为 1.0 g/L 时其对上述 3 种重金属离子的吸附效果最佳。

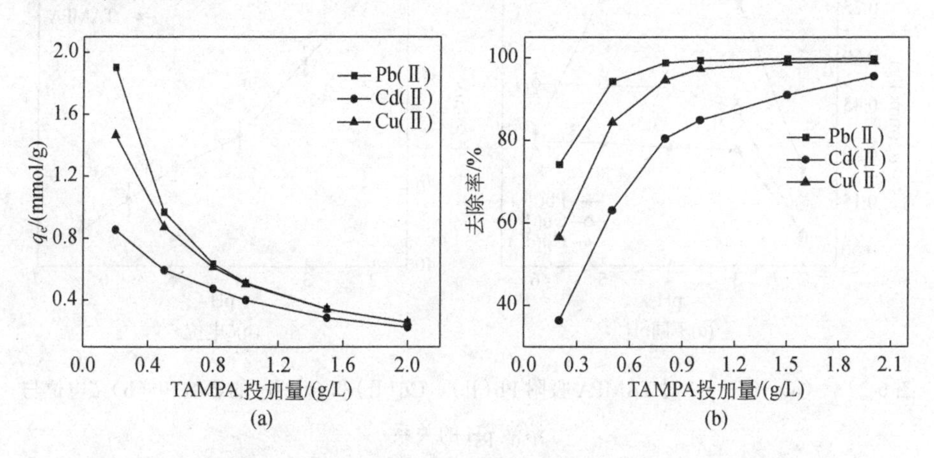

图 6-21　TAMPA 投加量对水中重金属离子（a）吸附量和（b）去除率的影响

（2）pH 的影响

在 Pb(Ⅱ)、Cd(Ⅱ)和 Cu(Ⅱ)的初始浓度为 0.5 mmol/L 时，pH 在 2.0～6.0

内考察了不同 pH 对 TAMPA 吸附 3 种重金属离子的影响，结果如图 6-22（a）。pH 从 2.0 到 5.0，TAMPA 对 Pb(Ⅱ)、Cd(Ⅱ)和 Cu(Ⅱ)吸附量呈现出先急剧增大后平缓的趋势，Pb(Ⅱ)的吸附量由 0.25 mmol/g 增加到 0.80 mmol/g，Cd(Ⅱ)的吸附量由 0.051 mmol/g 增加到 0.33 mmol/g，Cu(Ⅱ)的吸附量由 0.035 mmol/g 增加到 0.51 mmol/g。当 pH>5.0 时，Pb(Ⅱ)的吸附量急剧减小，Cd(Ⅱ)和 Cu(Ⅱ)的吸附量基本不变。此现象主要归因于溶液 pH 对 TAMPA 表面电荷以及重金属离子本身在水体中形态影响。pH 较低时，溶液中存在大量的 H^+，而 H^+迁移速率高，比其他 3 种重金属离子更容易被吸附在 TAMPA 结合位点的给体原子上使其质子化，降低了给体原子与重金属离子的配位结合能力。随着 pH 的增加，溶液中 H^+含量降低，处于弱酸性条件下时，TAMPA 结合位点的给体原子质子化趋势降低，给体原子更易于重金属离子发生反应使 TAMPA 对重金属离子的吸附量缓慢增大。但当溶液 pH 继续升高时，部分重金属离子与溶液中的 OH^-生成络合物，导致 TAMPA 对 Pb(Ⅱ)、Cd(Ⅱ)和 Cu(Ⅱ)的吸附量开始降低，如图 6-22（b）可知，TAMPA 的ζ电位在考察的 pH 范围内均呈现出负电位点，且随着 pH 的增大而减小，重金属离子与 TAMPA 表面存在着静电作用。因此，本研究选择初始溶液 pH=5.0 为最佳值并进行下一步实验。

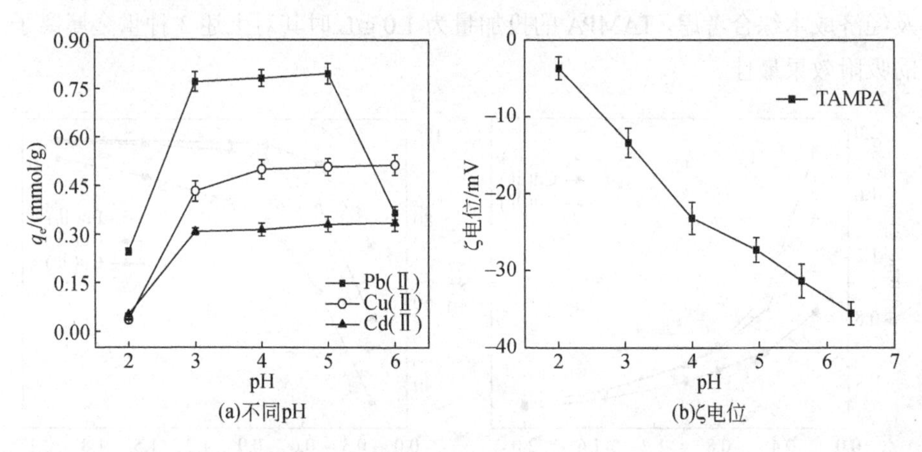

图 6-22 （a）溶液 pH 对 TAMPA 吸附 Pb(Ⅱ)、Cd(Ⅱ)和 Cu(Ⅱ)的影响和（b）ζ电位与溶液 pH 的关系

（3）离子强度的影响

图 6-23 为不同离子强度条件下 TAMPA 对水中 Pb(Ⅱ)、Cd(Ⅱ)和 Cu(Ⅱ)

吸附性能影响。由图可知，当 Na^+浓度低于 0.5 mmol/L 时，随着 Na^+浓度的增加，TAMPA 对 Pb(Ⅱ)和 Cu(Ⅱ)的吸附量有所增加。随即当 Na^+浓度在 0.5～5.0 mmol/L 时，TAMPA 对 Pb(Ⅱ)的吸附量逐渐下降并保持平稳状态。这种现象是由于 Na^+浓度存在影响了 TAMPA 结合位点官能团的解离。同时共存离子浓度增大，共存离子与重金属离子争夺吸附剂中的活性位点，对 TAMPA 吸附重金属离子产生竞争抑制作用，在一定程度上降低了 TAMPA 对重金属离子的吸附性能，此结果与已发表文献的结论相一致[37]。

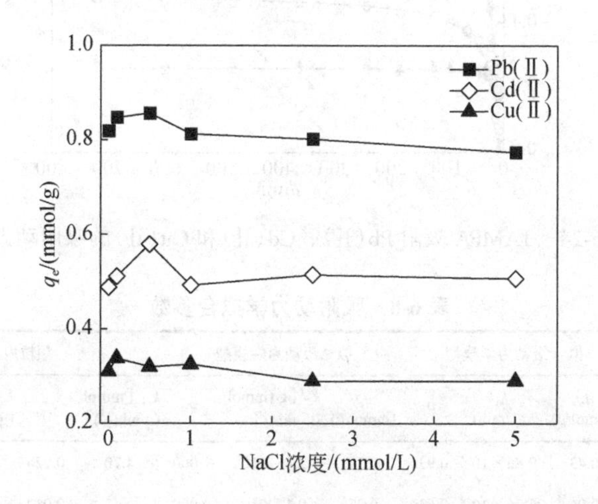

图 6-23　离子强度对 TAMPA 吸附 Pb(Ⅱ)、Cd(Ⅱ)和 Cu(Ⅱ)的影响

(4) 吸附动力学

图 6-24 为初始浓度为 0.5 mmol/L，pH 为 5.0，TAMPA 投加量为 1.0 g/L 条件下，吸附时间对 Pb(Ⅱ)、Cd(Ⅱ)和 Cu(Ⅱ)吸附效果的影响。由图可见，在 30 min 内，3 种重金属离子的吸附量随着吸附时间的增加而快速增加。这是因为 TAMPA 表面存在大量的吸附位点，推动吸附质与吸附剂表面的反应位点快速结合，吸附速率快，吸附量显著增加。随着吸附时间的增长，TAMPA 的吸附量接近饱和，吸附速率趋缓。单一体系中 TAMPA 吸附 Pb(Ⅱ)、Cd(Ⅱ)和 Cu(Ⅱ)达到吸附平衡时间短，仅需 100 min 左右，满足水处理要求。

为进一步研究水体中 Pb(Ⅱ)、Cd(Ⅱ)和 Cu(Ⅱ)在 TAMPA 上的吸附速率大小，使用拟一级动力学模型、拟二级动力学模型和颗粒内扩散模型拟合实验数据，具体参数如表 6-8 所示。拟二级动力学模型的相关系数均大于 0.999，从而较好地描述了 TAMPA 对 Pb(Ⅱ)、Cd(Ⅱ)和 Cu(Ⅱ)的表面吸附和内扩散等吸附全过程，TAMPA 对 3 种重金属离子均为物理吸附。

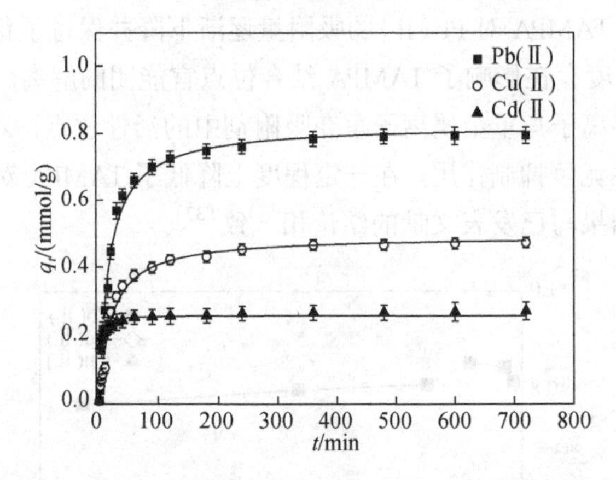

图 6-24 TAMPA 吸附 Pb(Ⅱ)、Cd(Ⅱ)和 Cu(Ⅱ)的吸附动力学

表 6-8 吸附动力学拟合参数

重金属离子	$q_{e,exp}$/(mmol/g)	拟一级动力学模型			拟二级动力学模型			颗粒内扩散模型				
		q_e/(mmol/g)	k_1/(1/min)	R^2	q_e/(mmol/g)	k_2/[g/(mmol·min)]	R^2	k_{p1}/[mmol/(g·min$^{0.5}$)]	C_{p1}	k_{p2}/[mmol/(g·min$^{0.5}$)]	C_{p2}	R^2
Pb(Ⅱ)	0.83	0.43	9.86×10^{-3}	0.934	0.79	2.45×10^{6}	1.000	4.70	0.024	0.71	0.004	0.846
Cd(Ⅱ)	0.26	0.06	6.26×10^{-4}	0.639	0.27	9.17×10^{6}	0.999	0.17	0.012	0.24	0.001	0.940
Cu(Ⅱ)	0.49	3.57	8.66×10^{-3}	0.888	0.47	4.36×10^{6}	0.999	0.15	0.027	0.38	0.004	0.830

（5）吸附等温线

分别考察了 20 ℃、30 ℃、40 ℃和 50 ℃条件下 TAMPA 对不同初始浓度的 Pb(Ⅱ)、Cd(Ⅱ)和 Cu(Ⅱ)的吸附效果的影响。从图 6-25（a）和图 6-25（c）可知，温度对 Pb(Ⅱ)和 Cu(Ⅱ)的吸附效果影响较小。随着温度升高，TAMPA 对 Cd(Ⅱ)的吸附量逐渐增大[图 6-25(b)]。考虑 3 种重金属离子的吸附效果，图 6-25（d）为 20 ℃时 TAMPA 的吸附等温线，随着重金属离子的初始浓度增加，TAMPA 对其吸附量不断增加。当 Pb(Ⅱ)、Cd(Ⅱ)和 Cu(Ⅱ)初始浓度大于 1.5 mmol/L 时，TAMPA 对 3 种重金属离子的吸附量趋于平衡。

Pb(Ⅱ)、Cd(Ⅱ)和 Cu(Ⅱ)在 TAMPA 上的等温吸附数据通过 Langmuir 和 Freundlich 等温模型进行拟合，结果见表 6-9。Langmuir 和 Freundlich 等温模型数学表达式分别见第 2 章公式（2-14）和式（2-17），由 Langmuir 等温模型拟

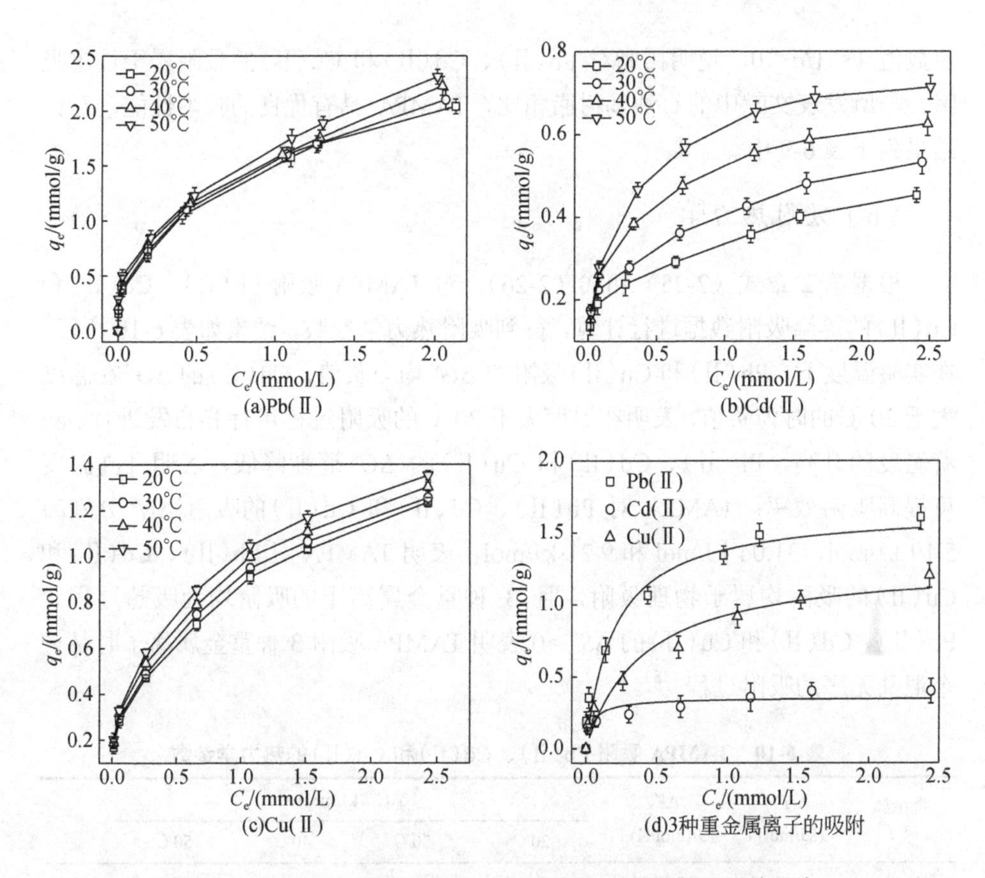

图 6-25　TAMPA 吸附 Pb(Ⅱ)、Cd(Ⅱ)和 Cu(Ⅱ)的吸附等温线

表 6-9　Langmuir 和 Freundlich 等温模型拟合 TAMPA 吸附 Pb(Ⅱ)、Cd(Ⅱ)和 Cu(Ⅱ)的吸附等温线

重金属离子	Langmuir 拟合			Freundlich 拟合		
	q_{max}/(mmol/g)	K_L/(L/mmol)	R^2	K_F/[(mmol/g)(L/mmol)$^{1/n}$]	1/n	R^2
Pb(Ⅱ)	1.9	3.63	0.928	1.39	0.350	0.999
Cd(Ⅱ)	0.4	10.69	0.739	0.34	0.251	0.983
Cu(Ⅱ)	1.4	1.94	0.936	0.86	0.397	0.995

合参数计算得到 $0<R_L<1$，说明吸附过程属于物理吸附。Freundlich 等温模型相较于 Langmuir 等温模型的相关系数 R^2 值更趋近于 1，说明 Freundlich 等温模型更加适合描述 Pb(Ⅱ)、Cd(Ⅱ)和 Cu(Ⅱ)在 TAMPA 上的吸附过程，其中

参数值 1<1/*n*<0，说明树脂对 Pb(Ⅱ)、Cd(Ⅱ)和 Cu(Ⅱ)的吸附属于优惠吸附。与所发表文献中的石油基树脂相比，TAMPA 具有优良的吸附性能，对比结果列于表 6-9 中。

（6）吸附热力学

根据第 2 章式（2-25）和式（2-26），对 TAMPA 吸附 Pb(Ⅱ)、Cd(Ⅱ)和 Cu(Ⅱ)的等温吸附数据进行计算，得到吸附热力学参数，结果如表 6-10 所示。在实验温度下，Pb(Ⅱ)和 Cu(Ⅱ)吸附的 ΔG^o 均为负值，Cd(Ⅱ)的 ΔG^o 在温度大于 20 ℃的时为负值，表明在温度大于 20 ℃的吸附过程可行和自发进行。随着温度的升高，Pb(Ⅱ)、Cd(Ⅱ)和 Cu(Ⅱ)的 ΔG^o 逐渐降低，表明升高温度可提高吸附效率。TAMPA 对 Pb(Ⅱ)、Cd(Ⅱ)和 Cu(Ⅱ)的吸附 ΔH^o 分别为 5.19 kJ/mol、31.04 kJ/mol 和 9.21 kJ/mol，表明 TAMPA 对 Pb(Ⅱ)、Cd(Ⅱ)和 Cu(Ⅱ)的吸附均属于物理吸附，且 3 种重金属离子的吸附均为吸热过程。Pb(Ⅱ)、Cd(Ⅱ)和 Cu(Ⅱ)的 $\Delta S^o>0$ 表明 TAMPA 吸附 3 种重金属离子时是一个混乱无序的吸附过程[38]。

表 6-10　TAMPA 吸附 Pb(Ⅱ)、Cd(Ⅱ)和 Cu(Ⅱ)的热力学参数

重金属离子	ΔH^o/(kJ/mol)	ΔS^o/[J/(mol·K)]	ΔG^o/(kJ/mol)				R^2
			20℃	30℃	40℃	50℃	
Pb(Ⅱ)	5.19	29.99	−3.65	−3.84	−4.14	−4.56	0.885
Cd(Ⅱ)	31.04	103.49	0.59	−0.03	−1.50	−2.38	0.963
Cu(Ⅱ)	9.21	36.42	−1.46	−1.81	−2.19	−2.55	0.999

6.3.4 TAMPA 再生

再生能力和吸附量是衡量吸附剂的重要指标。因 TAMPA 对 Pb(Ⅱ)的吸附效果远优于 Cd(Ⅱ)和 Cu(Ⅱ)，故采用 TAMPA 对 Pb(Ⅱ)的吸附效果探究 TAMPA 再生液种类及循环再利用效率的影响。分别以浓度为 0.1 mol/L 的 HCl、EDTA、$NaNO_2$ 和 CH_3COOH 经 3 次吸附-脱附循环再生后对 Pb(Ⅱ)吸附量的变化，结果如图 6-26 所示，以 EDTA 为脱附剂时，对吸附饱和的 TAMPA 脱附效果最佳，从侧面说明 TAMPA 具有很好的再生能力。

为了进一步评价 TAMPA 实际应用性能，研究了 TAMPA 对 Pb(Ⅱ)、Cd(Ⅱ)和 Cu(Ⅱ)的动态吸附穿透曲线［图 6-27（a）］。结果表明，在柱体积为 3600

时吸附逐渐趋于平衡，当柱体积为 4200 时达到吸附平衡。为了检验其再利用的潜力，将吸附 Pb(Ⅱ)饱和的 TAMPA 用 0.1 mol/L EDTA 再生，大部分洗脱的 Pb(Ⅱ)集中在柱体积为 50 内［图 6-27（b)］。当连续 5 次吸附-再生循环后［图 6-27（c)］，动态吸附能力逐渐下降到初始值的 93.9%、90.9%、87.8%和 81.8%。采用 Thomas 模型和 Adams-Bohart 模型对吸附剂吸附体系性能分析，结果发现与 Yoon-Nelson 模型的动态吸附数据非常吻合，Pb(Ⅱ)、Cd(Ⅱ)和 Cu(Ⅱ)的动态吸附容量分别为 1.63 mmol/g、0.34 mmol/g 和 1.28 mmol/g。因此，TAMPA 在实际废水中选择性去除 Pb(Ⅱ)、Cd(Ⅱ)和 Cu(Ⅱ)方面具有良好的应用前景。

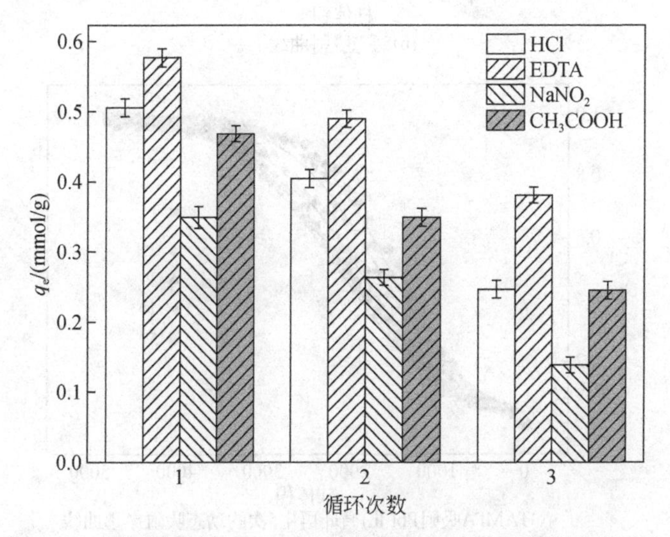

图 6-26　不同脱附剂对 TAMPA 再生后对 Pb(Ⅱ)的吸附效果对比

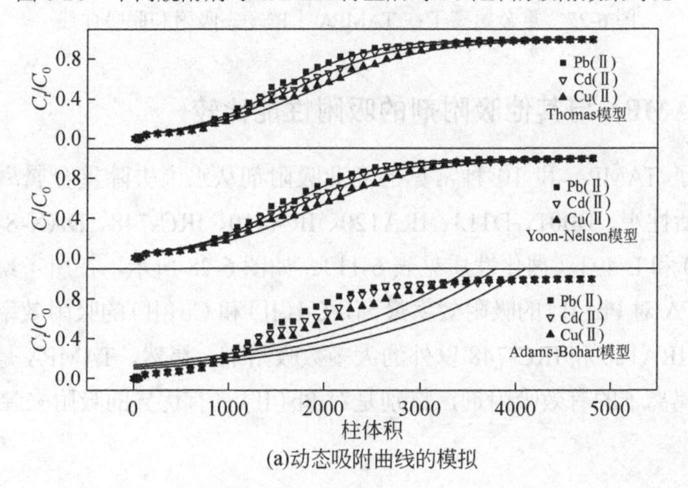

(a)动态吸附曲线的模拟

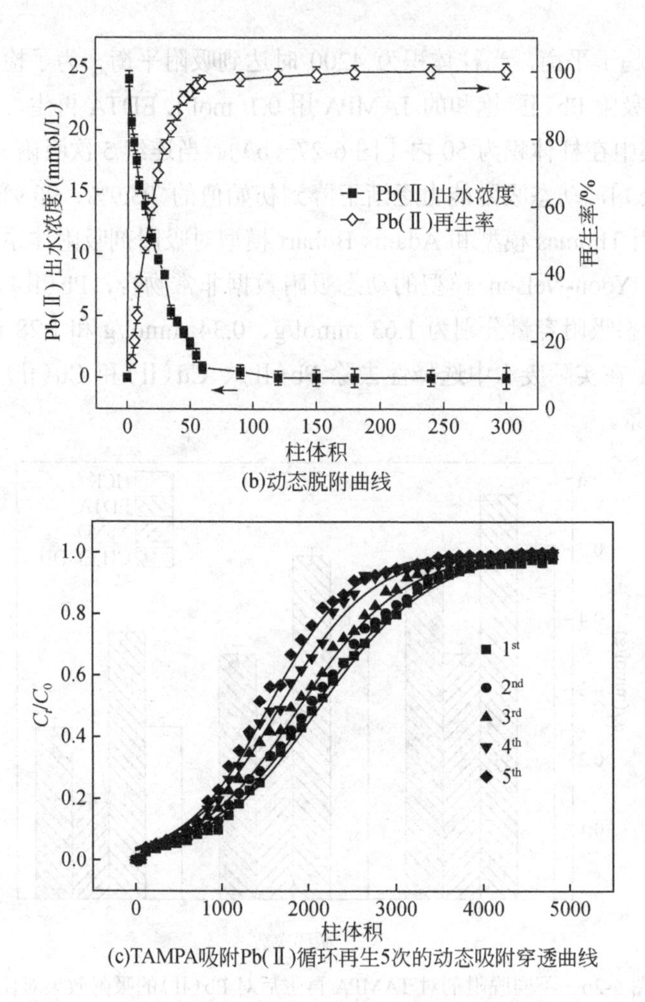

(b)动态脱附曲线

(c)TAMPA吸附Pb(Ⅱ)循环再生5次的动态吸附穿透曲线

图 6-27 重金属离子在 TAMPA 上的动态吸附和脱吸曲线

6.3.5 TAMPA 与其他吸附剂的吸附性能比较

比较了 TAMPA 和 10 种常见的商业吸附剂从水中去除重金属离子的吸附量，包括活性炭、D001、D113、IRA120、IRA410、IRC-748、DAX-8、XAD-4、XAD-1180 和 L-493（理化性质见表 6-11）。如图 6-28 所示，在所考察的吸附剂中，TAMPA 对 Pb(Ⅱ)的吸附效率最高，Cd(Ⅱ)和 Cu(Ⅱ)的吸附效率远远超过除 D001、IRA120 和 IRC-748 以外的大多数吸附剂。显然，TAMPA 是吸附去除水中重金属离子的有效吸附剂，特别是对 Pb(Ⅱ)具有优异的吸附去除效果。

表 6-11　商业吸附剂的理化性质

吸附剂	比表面积/ (m^2/g)	平均孔径/ nm	孔容/ (cm^3/g)	基体结构	官能团
TAMPA	12.48	86.04	0.021	松香基	—COOH
活性炭	680.00	0.35～2.00	0.78	—	—COOH，—OH
D001	—	—	—	聚（苯乙烯-二乙烯基苯）	$—SO_3H$
D113	4.47	37.86	0.52	聚丙烯酸	—COOH
DAX-8	75.8	144.20	0.79	聚甲基丙烯酸甲酯	$—COOCH_3$
IRA 120	800	0.5 mm	—	聚（苯乙烯-二乙烯基苯）	$—SO_3H$
IRA 410	1.306	2.56	0.00076	聚（苯乙烯-二乙烯基苯）	二甲基乙醇胺
IRC-748	19.68	16.21	0.079	聚（苯乙烯-二乙烯基苯）	亚氨基二乙酸
L-493	＞1100	46	1.16	聚（苯乙烯-二乙烯基苯）	—
XAD-1180	≥450	40	—	聚二乙烯基苯	—
XAD-4	＞750	12.5	0.50	聚（苯乙烯-二乙烯基苯）	

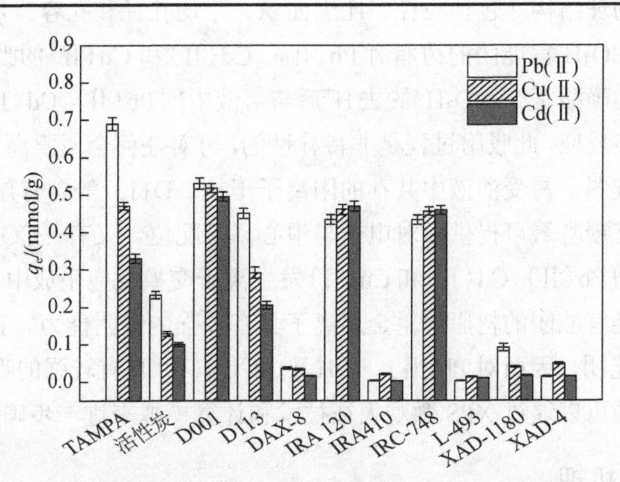

图 6-28　各种吸附剂对 Pb(Ⅱ)、Cd(Ⅱ)和 Cu(Ⅱ)的吸附性能比较

已有文献报道了合成树脂对水中 Pb(Ⅱ)、Cd(Ⅱ)和 Cu(Ⅱ)的吸附量。如王丽苑[39] PS-TETA 吸附 Pb(Ⅱ)，在 2 h 达到平衡，最大吸附量为 0.7 mmol/g；Wang 等[40] 利用 PS-EDTA 为吸附剂来吸附 Pb(Ⅱ)和 Cu(Ⅱ)，吸附在 2 h 达到平衡，最大吸附量分别为 0.15 mmol/g 和 0.66 mmol/g；Chen 等[41] 采用新型聚乙烯四唑接枝树脂为吸附剂来吸附 Pb(Ⅱ)和 Cu(Ⅱ)，吸附在 7 h 达到平衡，最大吸附量分别为 1.52 mmol/g 和 2.65 mmol/g；Chen 等[42] 采用壳聚糖（天冬

氨酸）螯合树脂为吸附剂来吸附 Pb(Ⅱ)，吸附在 8 h 达到平衡，最大吸附量为 0.73 mmol/g；Shaaban 等[43]采用 DTMAN 为吸附剂来吸附 Pb(Ⅱ)和 Cd(Ⅱ)，吸附在 24 h 达到平衡，最大吸附量分别为 1.1 mmol/g 和 1.9 mmol/g；本研究以 TAMPA 为吸附剂对水中 Pb(Ⅱ)、Cd（Ⅱ)和 Cu(Ⅱ)进行吸附，结果表明在 1.6 h 达到吸附平衡，最大吸附量分别为 2.3 mmol/g、0.4 mmol/g 和 1.4 mmol/g。从以上结果可以看出，TAMPA 吸附 3 种重金属离子达到吸附平衡时间最短，吸附速率远快于其他树脂，TAMPA 对 Pb(Ⅱ)吸附量远高于其他合成树脂。结果表明，与文献报道的其他吸附树脂相比，TAMPA 是一种能够快速、有效去除水体中重金属离子的优良吸附剂。

从这些吸附剂的物化结构与吸附量的关系，可以看出含有—COOH 或—SO_3H 官能团的吸附剂（如 TAMPA、D001、IRA 120、IRC-748 等）的吸附效果普遍优于没有该官能团的吸附剂（如 L-493、XAD-1180、XAD-4 等）。说明这些固体吸附剂的化学结构（官能团种类、数量及其空间位置）是影响吸附性能的主要因素，而物理结构（包括粒径、比表面积、平均孔径和孔容）是次要因素。D001 含有—SO_3H 官能团的树脂对 Pb(Ⅱ)、Cd(Ⅱ)和 Cu(Ⅱ)的吸附是通过树脂基体所带的磺酸基(—SO_3H)脱去 H^+后与溶液中的 Pb(Ⅱ)、Cd(Ⅱ)和 Cu(Ⅱ)发生离子交换反应，此吸附过程是非特异性的，可对任何金属阳离子产生作用，专一选择性较弱，易受溶液中共存的阳离子干扰。D113 等含有羧基和羧甲基官能团，既有羰基氧可提供孤对电子与中心离子配位，又有—COOH 脱去 H^+后与溶液中的 Pb(Ⅱ)、Cd(Ⅱ)和 Cu(Ⅱ)发生离子交换反应生成中性的内配盐，因此含有该类官能团的树脂对重金属离子具有较强的吸附能力。TAMPA 含有—COOH 官能团，因而对 Pb(Ⅱ)、Cd(Ⅱ)和 Cu(Ⅱ)具有较强的吸附能力，其主要吸附机理可以通过 XPS 微观表征技术和计算模拟来进一步确证。

6.3.6 吸附机理

（1）FTIR 分析

通过对比 TAMPA 吸附前与脱附后的 FTIR 图谱发现其物化结构没有明显变化（图 6-29），例如，在 1160cm^{-1}、1719cm^{-1}、2971cm^{-1} 和 3441cm^{-1} 处对应羧基特征峰。

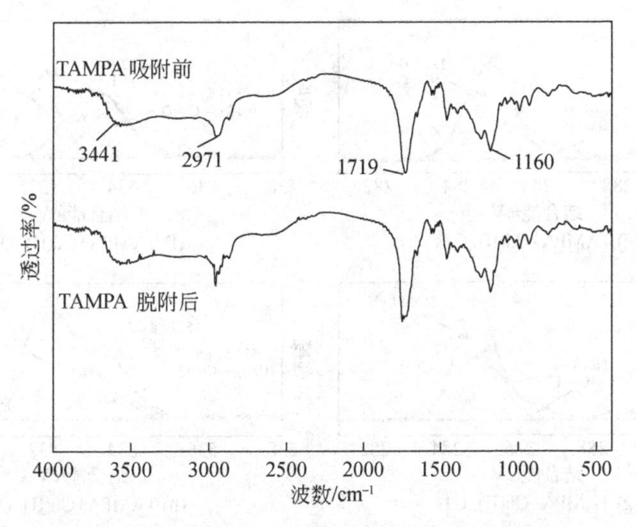

图 6-29　TAMPA 吸附前和脱附后的 FTIR 图谱

（2）XPS 分析

图 6-30 为 TAMPA 吸附 Pb(Ⅱ)、Cd(Ⅱ)和 Cu(Ⅱ)前后的 C1s 和 O1s 能谱图。由图可知，吸附前后 TAMPA 的 C—C、O—C 和 C═O 的 C1s 能谱峰位基本保持不变，说明碳原子没有参与吸附作用。在吸附前 TAMPA 的 O1s 在 531.99 eV、532.93 eV 和 533.35 eV 处的峰值分别对应 C—O、—OH 和 C═O 的结合能，吸附 Pb(Ⅱ)、Cd(Ⅱ)和 Cu(Ⅱ)后 C—O 和—OH 的 O1s 结合能变化不大，但

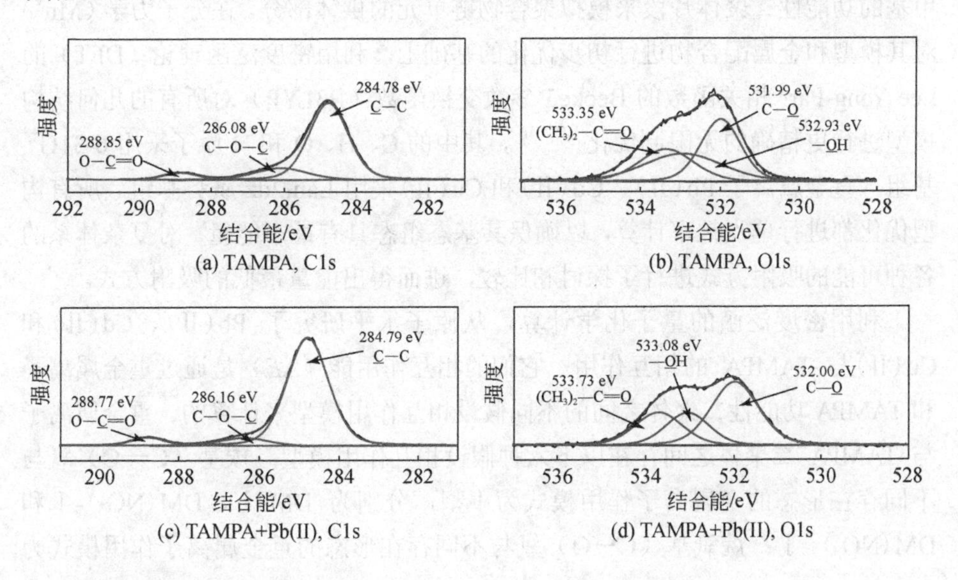

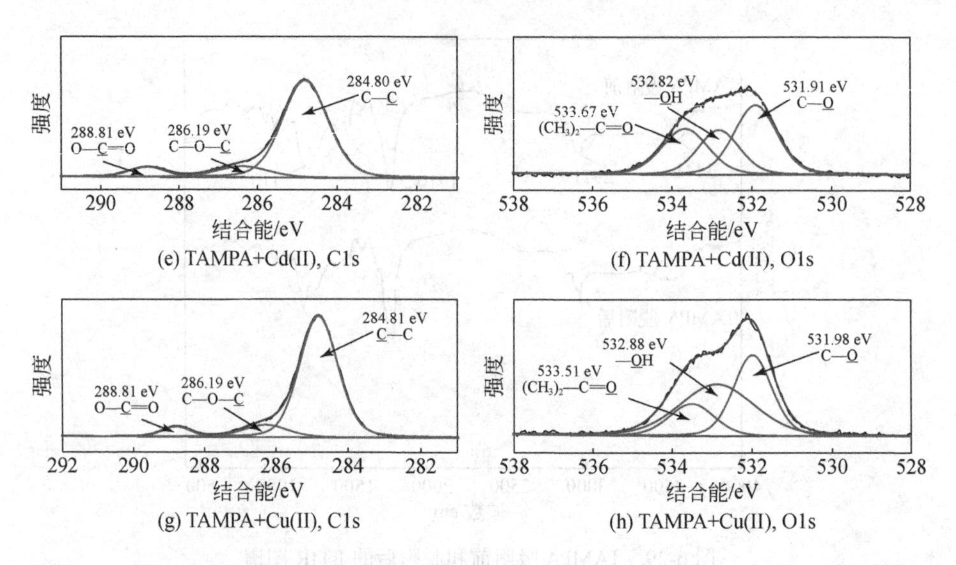

(e) TAMPA+Cd(II), C1s　　(f) TAMPA+Cd(II), O1s

(g) TAMPA+Cu(II), C1s　　(h) TAMPA+Cu(II), O1s

图 6-30　TAMPA 吸附前和吸附 Pb(Ⅱ)、Cd(Ⅱ)和 Cu(Ⅱ)后的 XPS C1s 和 O1s 能谱图

是C═O的O1s结合能发生了明显的位移，分别增大了0.38 eV、0.16 eV和0.32 eV，显然 XPS 微观表征技术说明 TAMPA 上羰基氧 C═O 参与了 Pb(Ⅱ)、Cd(Ⅱ)和 Cu(Ⅱ)的吸附过程。

(3)结合模式

所有的计算均采用高斯（Gaussian）09 软件包进行的[44]。采用两端带有甲基的功能性二聚体片段来模拟聚合物链单元的供体部分。在分子力学（M^{n+}）对其模型和金属配合物进行初步优化的基础上，利用密度泛函理论（DFT）的 Lee-Yang-Parr 相关函数的 Becke3 参数交换函数（B3LYP）对所有的几何结构模型进行更精确的无限制优化[45, 46]，其中的 C、H、O 和 N 原子采用 6-31G** 基组，重金属离子 Pb(Ⅱ)、Cd(Ⅱ)和 Cu(Ⅱ)采用 Lanl2dz 赝势基组。所有构型优化都进行单点频率计算，以确保其基态组态具有最小能量。对复杂体系的各种可能的吸附方式进行了探讨和比较，进而得出能量最低的吸附方式。

利用密度泛函的量子化学计算，从原子水平研究了 Pb(Ⅱ)、Cd(Ⅱ)和 Cu(Ⅱ)与 TAMPA 的相互作用。它们的相互作用能（ΔE）是通过重金属离子和 TAMPA 功能性二聚体之间的不同假设相互作用模型来计算的。重金属离子与 TAMPA 二聚体之间存在以下六种假设相互作用模型：羰基（C═O）氧与不同存在形态的金属离子作用模式为Ⅰ型，分别为 DM-Ⅰ、DM(NO_3)-Ⅰ和 DM(NO_3)$_2$-Ⅰ；烷氧基（C−O）氧与不同存在形态的重金属离子作用模式为

Ⅱ型，分别为 DM-Ⅱ、DM(NO_3)-Ⅱ和 DM$(NO_3)_2$-Ⅱ。计算结果发现，在这些相互作用模型中，只有结合能为负值的 DM$(NO_3)_2$-Ⅰ和 DM$(NO_3)_2$-Ⅱ是合理的（表 6-12）。DM$(NO_3)_2$-Ⅰ模型中 Pb(Ⅱ)、Cd(Ⅱ)和 Cu(Ⅱ)的结合能均大于 DM$(NO_3)_2$-Ⅱ模型，表明羰基氧作为给体原子的Ⅰ型是它们最可能的相互作用模型，即理论计算结果支持 C═O···M 是吸附的结合位点，结果与 XPS 分析结果一致。所以量子化学计算和实验结果都支持了重金属离子与 TAMPA 上羰基氧结合的机理。

表 6-12　不同吸附结合模式及其相应的结合能　（单位：kJ/mol）

	C═O···M 结合位点		
结合模式Ⅰ	DM-Ⅰ	DM(NO_3)-Ⅰ	DM$(NO_3)_2$-Ⅰ
TAMPA-Pb	1450.36	484.81	−78.93
TAMPA-Cd	1519.65	475.19	−152.69
TAMPA-Cu	1599.85	492.64	−54.75
	C═O···M 结合位点		
结合模式Ⅱ	DM-Ⅱ	DM(NO_3)-Ⅱ	DM$(NO_3)_2$-Ⅱ
TAMPA-Pb	1639.08	521.52	−58.12
TAMPA-Cd	1694.02	541.90	−63.86
TAMPA-Cu	1720.35	608.97	−12.71

6.4 小 结

本章对比分析了系列松香基树脂在间歇式和固定床柱系统中单独或混合去除Pb(Ⅱ)、Cd(Ⅱ)和Cu(Ⅱ)的效果，并研究了吸附机理，得到以下结论：

(1) 研制了氨化松香基交联聚合树脂高效去除重金属离子

①通过对EDAR和MBR上的等温吸附实验进行观察，发现混合体系在这两种吸附剂中存在竞争性吸附作用。而在EDAR上，单一重金属离子体系的等温吸附过程符合Freundlich等温模型，并且表现出多分子层吸附特性。然而，在固定床柱动态吸附实验中，EDAR对于多元体系显示出竞争性吸附效果。而无论是单一重金属离子体系还是多元重金属离子体系，在MBR上都表现出较差的吸附效果。

②无论是在间歇式还是固定柱式吸附系统中，EDAR由于引入了氨基，相比于MBR在单一成分和多成分体系中都展现出了更强的重金属离子吸附能力。

③单组分溶液相比多组分混合物具有更高的穿透曲线。柱吸附量的顺序为Pb(Ⅱ)>Cd(Ⅱ)>Cu(Ⅱ)。Thomas模型的非线性分析可适合用来描述EDAR对Pb(Ⅱ)的动态吸附行为。

④在动态吸附过程中，重金属离子的除去效率受到溶液pH、初始进水重金属离子浓度、进样流速和填料层高度的影响。实验结果表明，在酸性环境中，较高的溶液初始浓度、柱高及较小的流速有利于提高EDAR的吸附能力，增加饱和吸附量。

⑤使用0.1 mol/L HCl溶液可以有效地从单一和混合体系中将吸附的重金属离子解吸出来，经过5次再生后，其再生效率可以达到原生吸附剂的64%。

(2) 研制出松香基三烯丙酯交联聚合树脂高效去除重金属离子

①TAMPA对3种重金属离子的吸附量大小次序为Pb(Ⅱ)>Cu(Ⅱ)>Cd(Ⅱ)。动力学吸附数据显示吸附速率Cd(Ⅱ)>Cu(Ⅱ)>Pb(Ⅱ)，吸附过程符合拟二级动力学模型，说明决速步是化学吸附。

②通过静态吸附实验数据发现，TAMPA对3种重金属离子吸附过程符合拟二级动力学模型，其吸附过程均属于物理吸附。等温吸附数据经拟合发现Freundlich模型更加适合描述Pb(Ⅱ)、Cd(Ⅱ)和Cu(Ⅱ)在TAMPA上的吸附过程。

由热力学参数可知，3 种重金属离子在 TAMPA 上的吸附均属于自发吸热过程。

③与其他商业吸附剂和文献报道的吸附树脂对比，TAMPA 对重金属离子［特别是 Pb(Ⅱ)］有良好的吸附去除性能。树脂再生实验表明，TAMPA 具有重复再生能力。树脂再生实验表明，4 种同浓度的脱附剂对树脂再生效果最优的是 EDTA 二钠盐。经过 3 次吸附-脱附循环后，TAMPA 对 Pb(Ⅱ)的吸附量占初始吸附量的 41.73%。

④XPS 和量子化学计算结果都说明了 TAMPA 中的羰基氧原子为重金属离子的吸附提供位点。综上，新型松香基三烯丙酯交联聚合树脂具有吸附性能高，可再生重复利用的环境友好型吸附剂，对水中的重金属离子去除效果显著。

参 考 文 献

［1］陈文. 重金属污染水体危害问题及处理技术进展[J]. 绿色科技，2020（4）：58-59，61.

［2］Chouhan B，Meena P，Poonar N. Effect of heavy metal ions in water on human health[J]. International Journal of Scientific Engineering and Research，2016，4（12）：30-32.

［3］Nriagu J O，Pacyna J M. Quantitative assessment of worldwide contamination of air，water and soils by trace metals[J]. Nature，1988，333：134-139.

［4］中华人民共和国卫生部，中国国家标准化委员会. GB 5749—2022 生活饮用水卫生标准[M]. 北京：中国标准出版社，2022.

［5］El Samrani A G，Lartiges B S，Villiéras F. Chemical coagulation of combined sewer overflow：Heavy metal removal and treatment optimization[J]. Water Research，2008，42（4-5）：951-960.

［6］Sarma G K，Gupta S S，Bhattacharyya K G. Nanomaterials as versatile adsorbents for heavy metal ions in water：A review[J]. Environmental Science and Pollution Research，2019，26：6245-6278.

［7］Aravindhan R，Madhan B，Rao J R，et al. Bioaccumulation of chromium from tannery wastewater：An approach for chrome recovery and reuse[J]. Environmental Science & Technology，2004，38（1）：300-306.

［8］Güçlü K，Apak R. Modeling the adsorption of free and heavy metal complex-bound EDTA onto red mud by a nonelectrostatic surface complexation model[J]. Journal of Colloid and Interface Science，2003，260（2）：280-290.

［9］Solanki K，Subramanian S，Basu S. Microbial fuel cells for azo dye treatment with electricity generation：A review[J]. Bioresource Technology，2013，131：564-571.

［10］Huang L P，Chai X L，Quan X，et al. Reductive dechlorination and mineralization of pentachlorophenol in biocathode microbial fuel cells[J]. Bioresource Technology，2012，111：167-174.

［11］Baes A U, Okuda T, Nishijima W, et al. Adsorption and ion exchange of some groundwater anion contaminants in an amine modified coconut coir[J]. Water Science and Technology，1997，35（7）：89-95.

［12］Sharma D C，Forster C F. Removal of hexavalent chromium using sphagnum moss peat[J]. Water Research，1993，27（7）：1201-1208.

［13］Gode F，Pehlivan E. Removal of Cr(VI) from aqueous solution by two Lewatit-anion exchange resins[J]. Journal of Hazardous Materials，2005，119（1-3）：175-182.

［14］Déon S，Deher J，Lam B，et al. Remediation of solutions containing oxyanions of selenium by ultrafiltration：Study of rejection performances with and without chitosan addition[J]. Industrial & Engineering Chemistry Research，2017，56（37）：10461-10471.

［15］武延坤，刘欢，朱佳，等. 陶瓷膜短流程工艺处理重金属废水的中试研究[J]. 水处理技术，2015，41（8）：92-95.

［16］Lata S，Singh P K，Samadder S R. Regeneration of adsorbents and recovery of heavy metals：A review[J]. International Journal of Environmental Science and Technology，2015，12：1461-1478.

［17］Jin L，Bai R B. Mechanisms of lead adsorption on chitosan/PVA hydrogel beads[J]. Langmuir，2002，18（25）：9765-9770.

［18］Wang L，Wang Y J，Ma F，et al. Mechanisms and reutilization of modified biochar used for removal of heavy metals from wastewater：A review[J]. Science of the Total Environment，2019，668：1298-1309.

［19］Nriagu J O，Pacyna J M. Quantitative assessment of worldwide contamination of air，water and soils by trace metals[J]. Nature，1988，333：134-139.

［20］Chen Y Q，Yu W J，Zheng R Y，et al. Magnetic activated carbon（MAC）mitigates contaminant bioavailability in farm pond sediment and dietary risks in aquaculture products[J]. Science of the Total Environment，2020，736：139185.

［21］Xu R，Zhou G Y，Tang Y H，et al. New double network hydrogel adsorbent：Highly efficient removal of Cd(II) and Mn(II) ions in aqueous solution[J]. Chemical Engineering Journal，2015，275：179-188.

［22］张全兴，李爱民，潘丙才. 离子交换与吸附树脂的发展及在工业废水处理与资源化中的应用[J]. 高分子通报，2015（9）：21-43.

［23］李鹏飞，雷福厚，严瑞萍，等. 松香基功能高分子对 Cu(II) 吸附性能的研究[J]. 离子

交换与吸附，2010，26（6）：533-541.
［24］Li P F，Wang T，Lei F H，et al. Rosin-based molecularly imprinted polymers as the stationary phase in high-performance liquid chromatography for selective separation of berberine hydrochloride[J]. Polymer International，2014，63（9）：1699-1706.
［25］雷福厚，卢建芳，李鹏飞，等. 一种松香基功能高分子及其制备方法：CN101319036［P］. 2008-12-10.
［26］Bayramoglu G，Yavuz E，Senkal B F，et al. Glycidyl methacrylate grafted on p（VBC）beads by SI-ATRP technique：Modified with hydrazine as a salt resistance ligand for adsorption of invertase[J]. Colloids and Surfaces A：Physicochemical and Engineering Aspects，2009，345（1-3）：127-134.
［27］Cui J J，Niu C G，Wang X Y，et al. Facile preparation of magnetic chitosan modified with thiosemicarbazide for adsorption of copper ions from aqueous solution[J]. Journal of Applied Polymer Science，2017，134（9）.
［28］Wang T，Liu W，Xiong L，et al. Influence of pH，ionic strength and humic acid on competitive adsorption of Pb（Ⅱ）, Cd（Ⅱ）and Cr（Ⅲ）onto titanate nanotubes[J]. Chemical Engineering Journal，2013，215：366-374.
［29］Sheindorf C H，Rebhun M，Sheintuch M. A Freundlich-type multicomponent isotherm[J]. Journal of Colloid and Interface Science，1981，79（1）：136-142.
［30］Nieboer E，Richardson D H S. The replacement of the nondescript term ‘heavy metals’ by a biologically and chemically significant classification of metal ions[J]. Environmental Pollution Series B，Chemical and Physical，1980，1（1）：3-26.
［31］Wang X S，Miao H H，He W，et al. Competitive adsorption of Pb（Ⅱ），Cu（Ⅱ），and Cd（Ⅱ）ions on wheat-residue derived black carbon[J]. Journal of Chemical & Engineering Data，2011，56（3）：444-449.
［32］Jin L，Bai R B. Mechanisms of lead adsorption on chitosan/PVA hydrogel beads[J]. Langmuir，2002，18（25）：9765-9770.
［33］Chastain J，King Jr R C. Handbook of X-ray photoelectron spectroscopy[J]. Perkin-Elmer Corporation，1992，40：221.
［34］Lim S F，Zheng Y M，Zou S W，et al. Characterization of copper adsorption onto an alginate encapsulated magnetic sorbent by a combined FT-IR，XPS，and mathematical modeling study[J]. Environmental Science & Technology，2008，42（7）：2551-2556.
［35］Liu S G，Li Z Y，Diao K S，et al. Direct identification of Cu（Ⅱ）species adsorbed on

rosin-derived resins using electron paramagnetic resonance（EPR）spectroscopy[J]. Chemosphere，2018，210：789-794.

[36] Nuić I，Trgo M，Perić J，et al. Analysis of breakthrough curves of Pb and Zn sorption from binary solutions on natural clinoptilolite[J]. Microporous and Mesoporous Materials，2013，167：55-61.

[37] 杨岚清，张世熔，彭雅茜，等. 4 种农业废弃物对废水中 Cd^{2+}和 Pb^{2+}的吸附特征[J]. 生态与农村环境学报，2020，36（11）：1468-1476.

[38] Baraka A，Hall P J，Heslop M J. Preparation and characterization of melamine-formaldehyde-DTPA chelating resin and its use as an adsorbent for heavy metals removal from wastewater[J]. Reactive and Functional Polymers，2007，67（7）：585-600.

[39] 王丽苑. 苯乙烯系氮配位螯合树脂对水中重金属离子吸附性能的研究[D]. 兰州：兰州大学，2011.

[40] Wang L Y，Yang L Q，Li Y F，et al. Study on adsorption mechanism of Pb（Ⅱ）and Cu（Ⅱ）in aqueous solution using PS-EDTA resin[J]. Chemical Engineering Journal，2010，163（3）：364-372.

[41] Chen Y N，He M F，Wang C Z，et al. A novel polyvinyltetrazole-grafted resin with high capacity for adsorption of Pb（Ⅱ），Cu（Ⅱ）and Cr（Ⅲ）ions from aqueous solutions[J]. Journal of Materials Chemistry A，2014，2（27）：10444-10453.

[42] Chen X J，Cai J C，Zhang Z H，et al. Investigation of removal of Pb（Ⅱ）and Hg（Ⅱ）by a novel cross-linked chitosan-poly（aspartic acid）chelating resin containing disulfide bond[J]. Colloid and Polymer Science，2014，292：2157-2172.

[43] Shaaban A F，Fadel D A，Mahmoud A A，et al. Synthesis and characterization of dithiocarbamate chelating resin and its adsorption performance toward Hg（Ⅱ），Cd（Ⅱ）and Pb（Ⅱ）by batch and fixed-bed column methods[J]. Journal of Environmental Chemical Engineering，2013，1（3）：208-217.

[44] Frisch M J，Trucks G W，Schlegel H B，et al. Gaussian 09，Revision B.01[M]. Wallingford：Gaussian Inc，2009.

[45] Becke A D. A new mixing of Hartree-Fock and local density-functional theories[J]. The Journal of Chemical Physics，1993，98（2）：1372-1377.

[46] Chen T P，Liu F Q，Ling C，et al. Insight into highly efficient coremoval of copper and p-nitrophenol by a newly synthesized polyamine chelating resin from aqueous media：Competition and enhancement effect upon site recognition[J]. Environmental Science & Technology，2013，47（23）：13652-13660.

第7章　松香基吸附树脂去除水中酚类化合物的特性和机理

酚类化合物是指苯环上含有羟基以及其他取代基的一类化合物，其化学和物理性质都比较稳定，具有较强的毒性和持久性，广泛应用于煤气、炼油、冶金、医药和农药等工业生产中[1]。根据官能团的不同，常见的酚类化合物主要有苯酚、硝基酚、烷基酚、氨基酚等[2]。酚类化合物多属于高毒有机污染物，有潜在致癌性，其中苯酚的毒性最大。含酚废水主要来源于石油化工、煤化工、塑料、制药等化工生产过程，具有来源广泛、产量大且累积性较强等特点，对环境及各类生物都具有极其严重的危害[3, 4]。研究发现，部分酚类化合物，如双酚 A、壬基酚、辛基酚等属于内分泌干扰物，在人体内会干扰机体内分泌系统平衡[7]。因此，如何有效地去除水中的酚类化合物一直是环境领域关注的问题[8]。

目前，去除废水中酚类化合物的方法有膜分离、吸附、离子交换、化学氧化等。其中，吸附法由于其简单性和高效率，成为一种有效的处理方法。常用的吸附剂包括活性炭[9-11]、膨润土[12]、生物吸附剂[13, 14]、壳聚糖[15, 16]和聚合物树脂[17]等，它们已被广泛用于去除水中酚类化合物。树脂吸附作为一种高效的处理技术，在含酚废水处理领域具有广阔的应用前景。但目前成熟的商业吸附树脂用于处理水中的酚类污染物时，普遍存在吸附效率和选择性低等缺点。虽然由于其高孔隙率、大比表面积和化学稳定性，基于苯乙烯、丙烯酸和 4-乙烯基吡啶合成树脂已被开发为各种水中有机和无机污染物的有效吸附剂[15, 20]，但采用的交联剂如二乙烯基苯和 4-乙烯基吡啶等具有潜在的毒性[21]，容易造成二次污染。因此开发吸附量大、吸附选择性好、绿色安全的新型酚类吸附树脂，一直是含酚废水处理研究的热点和关键问题。

7.1　EDAR 吸附酚类化合物

本节研究了 EDAR 对水中酚类化合物的去除，对 5 种不同酚类化合物的吸附性能进行了定量比较。考察了吸附剂剂量、溶液 pH、离子强度、温度和共存离子等因素的影响，测定了动力学和热力学参数，评价了 EDAR 对 4-硝基苯酚（4-NP）和苯酚（Ph）的相对选择性，并利用光谱技术和量子化学计算相结合的方法对吸附机理进行了探讨。

7.1.1　EDAR 对酚类化合物吸附的选择性

EDAR 对各种酚类化合物在室温条件下的吸附等温线如图 7-1 所示，这些酚类化合物吸附更符合 Langmuir 等温模型（R^2＞0.99），表明 EDAR 吸附这些化合物都是单分子层吸附，并由拟合得到其最大吸附量如表 7-1 和图 7-2。它们的吸附量差别较大，其顺序为 4-NP（82.2 mg/g）＞2,4-二氯苯酚（2,4-DCP，44.7 mg/g）＞对氯苯酚（4-CP，9.4 mg/g）＞Ph（8.8 mg/g）＞4-甲基苯酚（4-MP，4.8 mg/g），与活性炭吸附的顺序类似。特别是 4-NP 中的硝基作为强吸电子基团，这使得其与 EDAR 易形成比其他 4 种化合物更强的给体-受体复合物，故 EDAR 对 4-NP 的吸附能力最强。

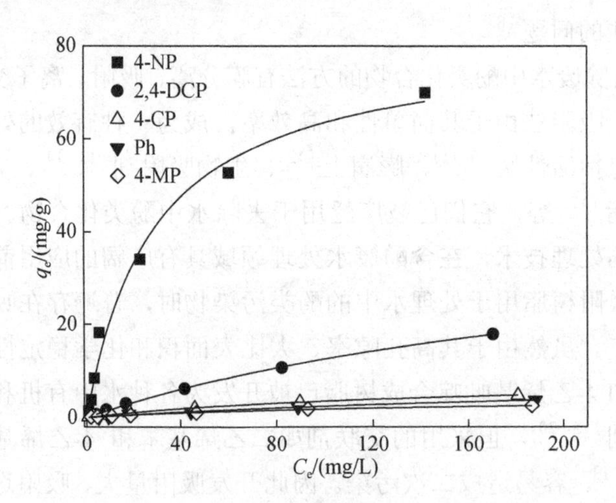

图 7-1　不同酚类化合物在 EDAR 上的吸附等温线

表 7-1　酚类化合物的等温模型拟合参数

酚类化合物	Langmuir 拟合			Freundlich 拟合		
	q_{max}/(mg/g)	K_L/(L/mg)	R^2	K_F/［(mg/g)(L/mg)$^{1/n}$］	1/n	R^2
4-NP	82.2	3.4×10^{-2}	0.991	6.87	2.09	0.967
2,4-DCP	44.7	3.94×10^{-3}	0.999	0.36	1.31	0.998
4-CP	9.4	3.74×10^{-3}	0.992	0.07	1.29	0.985
Ph	8.8	7.07×10^{-3}	0.997	0.17	1.54	0.993
4-MP	4.8	6.72×10^{-3}	0.992	0.08	1.50	0.982

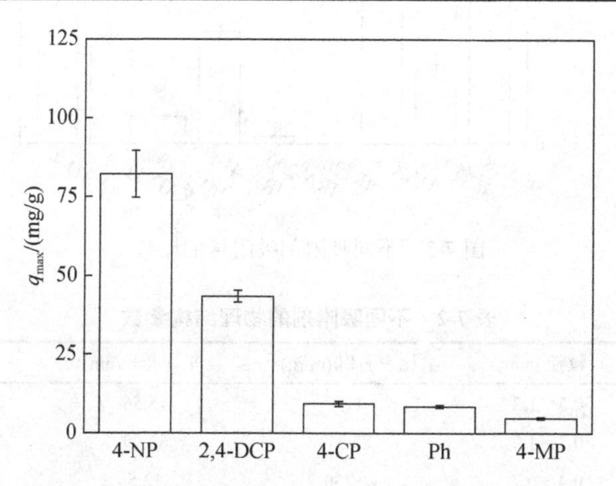

图 7-2　EDAR 对不同酚类化合物的最大吸附量

7.1.2　EDAR 与其他吸附剂吸附 4-NP 研究

将 EDAR 与常见商业吸附剂吸附 4-NP 的性能做了对比实验。结果发现，EDAR 的最大吸附量为 82.2 mg/g，未胺化的基体树脂 MBR 的最大吸附量为 0.7 mg/g。EDAR 的吸附量是 MBR 的 109 倍（图 7-3），远远大于未胺化的 MBR，氨基官能团对 EDAR 吸附 4-NP 的影响非常显著。说明引进的氨基是主要的作用位点，氨基可以作为氢键给体也可以作为氢键受体。所考察的吸附剂对 4-NP 的吸附性能顺序为 DAX-8＞EDAR＞XAD-4＞IRA-410＞XAD-1180＞活性炭＞IRC-748＞IR120＞IRA-200。一般来说，吸附剂的比表面积与吸附量成正比。但是，比表面积小很多的 EDAR 对 4-NP 的吸附量都大于除 DAX-8 以外的其他吸附剂，例如最大吸附量 EDAR＞IR120，而比表面积却是 EDAR（119 m^2/g）＜IR120（800 m^2/g）（表 7-2），实验结果表明比表面积不是决定吸附量的唯一因素，吸附剂的吸附量还与其表面作用位点类型即官能团等其他因素有很大关系。

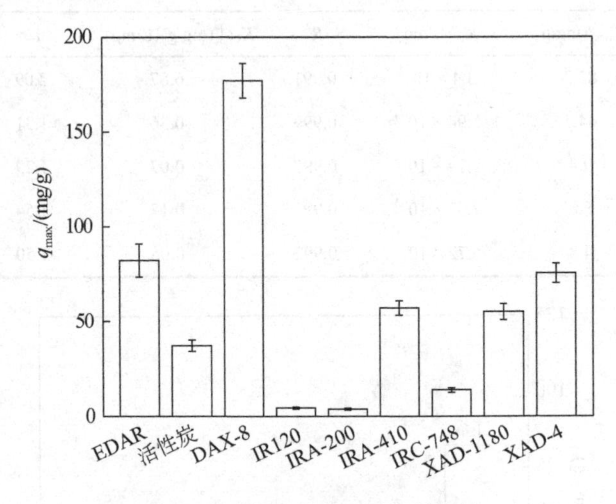

图 7-3　不同吸附剂吸附量的比较

表 7-2　不同吸附剂的物理结构参数

吸附剂	粒径/mm	比表面积/(m^2/g)	平均孔径/nm	孔容积/(cm^3/g)
EDAR	0.5～1.2	119	15.56	0.465
MBR	0.5～1.2	85.51	53.99	0.22
XAD-4	0.4～0.7	＞750	12.5	0.50
活性炭		680		0.78
IRC-748	0.4～0.7	19.68	16.21	0.079
IR 120	0.27～1.00	800	0.5 mm	—
DAX-8	0.24～0.32	75.8	144.2	—
IRA-200	0.25～0.83	41	28.7	0.29
IRA-410	0.25～0.83	—	—	—

7.2　影响 EDAR 吸附 4-硝基苯酚的因素

7.2.1　pH 的影响

溶液 pH 对 EDAR 吸附 4-NP 的影响见图 7-4。随着溶液 pH 增加（pH 为 2.0～6.0），4-NP 在 EDAR 上的吸附量呈现增加的趋势，在中性和碱性条件下变化不显著。主要原因是 EDAR 活性基团的形态和 4-NP 的存在形态对溶液的 pH 有依赖性，在 pH＜4.0 条件下，4-NP 的羟基和 EDAR 的氨基都被质子化，二者的氢键受体原子都被质子占据，相互之间难以形成氢键作用[22]，所以吸附量很低。另外，在低 pH 时 EDAR 的表面正电荷电势大，而质子化了的 4-NP 也带正电荷，此时吸附质和吸附剂表面都是正电势，形成了电荷互斥状态，也不利于吸附过程。随着 pH 的增加，质子化程度降低，EDAR 上中性的氨基和酚羟基形态的 4-NP 含量逐渐增多，而氨基与羟基互为氢键给体与受体，使相互之间的氢键作用逐渐增强，所以吸附量随之增加。尽管此时 EDAR 表面的正电势依然比较大，还存在较大的电荷互斥力，但对氢键主导的吸附作用影响很小。EDAR 的 pH_{PZC} 约为 10，此时 EDAR 表面电荷为零，不存在静电作用。但是 EDAR 仍具有较大的吸附量，这反过来佐证了静电作用不是吸附的主要推动力。从 pH≥10 以后，4-NP 主要以酚氧负离子形式存在，而酚氧负离子是更好的氢键受体，也有助于提高吸附量。

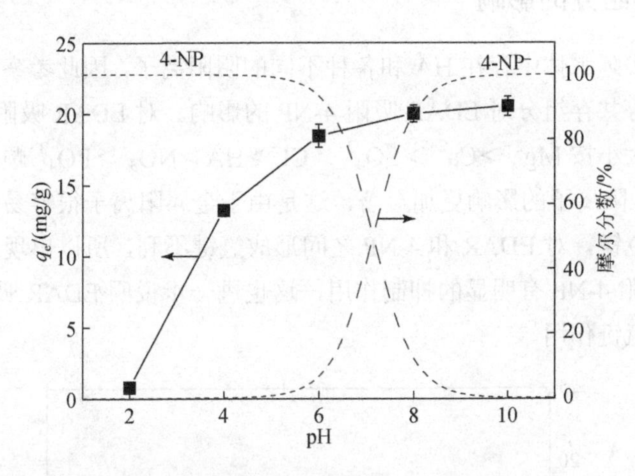

图 7-4　pH 对 EDAR 吸附 4-NP 的影响

7.2.2　离子强度的影响

EDAR 的吸附性能随着 4-NP 溶液中离子强度，即 NaCl 浓度增加而有所降低（图 7-5），这可能是由于 $4\text{-}NP^-$ 和 Cl^- 对树脂上离子交换位点之间的竞争所致，但是即使在较高的 NaCl 浓度条件下，EDAR 的吸附性能仍处于可接受的范围。

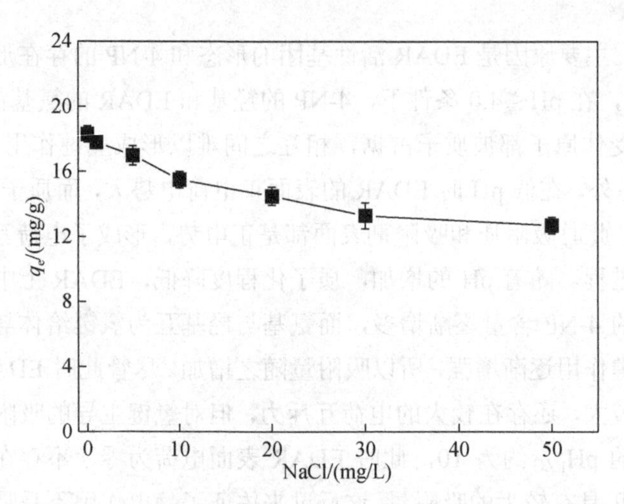

图 7-5 离子强度对 EDAR 吸附 4-NP 的吸附量的影响

7.2.3 共存组分的影响

考虑到实际水体中存在 HA 和各种不同的阴阳离子，因此考察了 HA 和不同阴阳离子等共存组分对 EDAR 吸附 4-NP 的影响。对 EDAR 吸附 4-NP 的吸附性能影响大小按 Mg^{2+}＞Ca^{2+}＞SO_4^{2-}＞Cl^-＞HA＞NO_3^-＞PO_4^{3-}顺序减弱（图 7-6）。显然，阳离子的影响更加显著，这是由于金属阳离子很容易与酚羟基或氨基形成配位键，对 EDAR 和 4-NP 之间形成氢键不利，所以出现金属阳离子对 EDAR 吸附 4-NP 有明显的抑制作用，这也进一步说明 EDAR 吸附 4-NP 主要作用力是氢键作用。

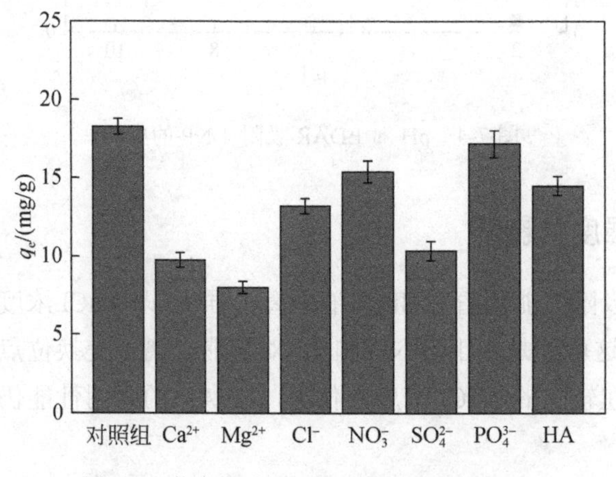

图 7-6 共存组分对 EDAR 吸附 4-NP 影响

7.3 EDAR 吸附 4-硝基苯酚的动力学和热力学

7.3.1 吸附动力学

将初始浓度分别为 5 mg/L、10 mg/L 和 20 mg/L 的 4-NP，调节 pH 为 6.0，置于恒温 20 ℃的恒温摇床上以 150 r/min 的转速振荡 24 h，在不同的时间内，取样测定 4-NP 浓度。EDAR 吸附 4-NP 过程的动力学曲线见图 7-7。在 100 min 内 4-NP 在吸附剂上的吸附属于快速吸附阶段，已接近平衡值，吸附 200 min 以后吸附量基本不再变化。主要是因为在吸附初始阶段，EDAR 的表面存在大量的胺基，可与 4-NP 形成氢键，而到了后期，未吸附的胺基数量减少，导致吸附活性位点减少，从而导致树脂与 4-NP 形成的氢键数量相应减少。另外，开始阶段 4-NP 的浓度较大，此时扩散传质推动力强，因而前期吸附量快速增加，随着 4-NP 的浓度降低，传质推动力减弱，导致吸附速率下降。采用拟二级动力学模型对实验数据进行拟合，相应的参数计算出后列于图中。4-NP 的吸附动力学符合拟二级动力学模型（R^2>0.99）（图 7-7 和表 7-3）。

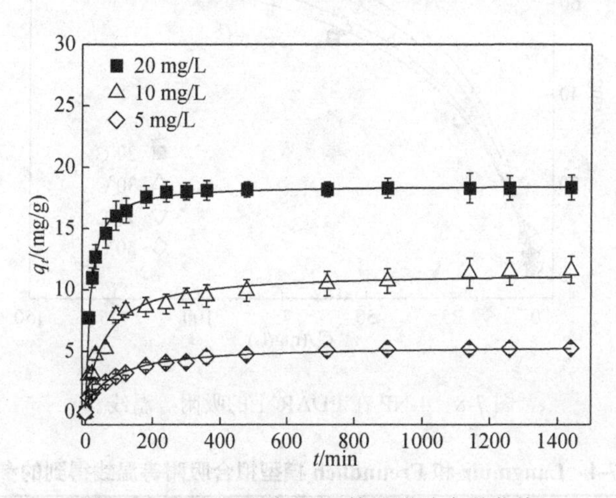

图 7-7　EDAR 吸附 4-NP 的吸附动力学曲线

7.3.2 吸附等温线

进行吸附等温线实验时，在不同锥形瓶中分别加入 50 mL 初始浓度为 2～200 mg/L 的 4-NP 溶液和 0.04 g 的 EDAR，然后放置在恒温摇床中，温度分别设置为 20 ℃、30 ℃、40 ℃和 50 ℃，振荡吸附 24 h 后测定 4-NP 浓度。对于 4-NP 和 Ph 的二元体系，将 0.08 g EDAR 加入到 100 mL 的含有 0.072～0.712 mmol/L 不同混合浓度溶液中，24 h 后测定浓度。

表 7-3　吸附动力学拟合参数

模型	参数	5 mg/L	10 mg/L	20 mg/L
拟二级动力学模型	$q_{e,cal}$/(mg/g)	5.5	11.8	18.5
	k_2/[g/(mg·min)]	2.97×10^{-3}	1.45×10^{-2}	5.09×10^{-2}
	R^2	0.997	0.996	0.999

采用的 Langmuir 和 Freundlich 两种等温模型对 4-NP 进行吸附研究（图 7-8）。吸附量随温度的增加而增加（图 7-8 和表 7-4），表明吸附过程是吸热的。通过拟合结果，EDAR 对 4-NP 的吸附更符合 Langmuir 等温模型，为单分子层吸附，相关系数 R^2=0.991，计算得到在 20 ℃的最大吸附量为 82.2 mg/g。

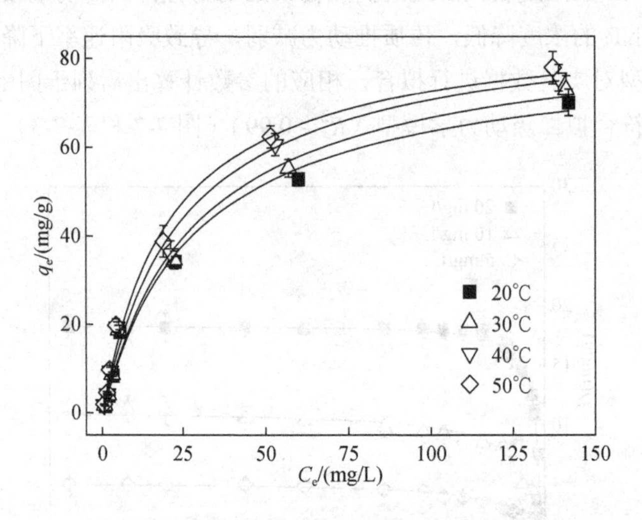

图 7-8　4-NP 在 EDAR 上的吸附等温线

表 7-4　Langmuir 和 Freundlich 模型拟合吸附等温线得到的参数

T/℃	Langmuir 拟合			Freundlich 拟合		
	q_{max}/(mg/g)	K_L/(L/mg)	R^2	K_F/[(mg/g)(L/mg)$^{1/n}$]	n	R^2
20	82.2	0.034	0.991	6.87	2.09	0.967
30	86.3	0.033	0.987	7.36	2.13	0.968
40	86.7	0.039	0.986	8.67	2.22	0.957
50	88.1	0.047	0.991	9.81	2.31	0.958

7.3.3　吸附热力学

根据吸附热力学公式，对不同温度（20 ℃、30 ℃、40 ℃和 50 ℃）下 EDAR 吸附 4-NP 过程的热力学参数进行了计算，得出 ΔG^o、ΔH^o 和 ΔS^o 等热力学参数，列在表 7-5 中。计算得到的 ΔG^o 都在−20～0 kJ/mol 之间，表明 4-NP 在 EDAR 上的吸附是自发的物理吸附过程[25]。而 ΔH^o 为 8.57 kJ/mol，正值表明吸附是吸热的过程，但是环境温度足以提供很小吸附热，因此吸附过程不用提供活化能的额外能耗，非常适合用于环境污染物的处理。此外，ΔH^o 的绝对值在氢键作用力或偶极-偶极作用力的范围（2～40 kJ/mol）内，吸附热力学数据进一步证实 EDAR 吸附 4-NP 的主要驱动力为氢键作用和偶极作用等物理吸附[26]。

表 7-5　EDAR 吸附 4-NP 的热力学参数

吸附质	ΔG^o/(kJ/mol)				ΔH^o/(kJ/mol)	ΔS^o/[kJ/(mol·K)]	R^2
	20 ℃	30 ℃	40 ℃	50 ℃			
4-NP	−2.45	−2.77	−3.22	−3.55	8.57	37.58	0.987

7.3.4　脱附再生与重复利用

采用 0.2 mol/L NaOH、0.2 mol/L HCl、乙醇∶HCl（1∶1）、乙醇∶NaOH（1∶1）、甲醇∶H_2O（1∶1）和 H_2O 为脱附剂对吸附 4-NP 的 EDAR 进行解吸性能研究[图 7-9（a）]，实验结果发现脱附效果最好的是 0.2 mol/L HCl[图 7-9（a）]。

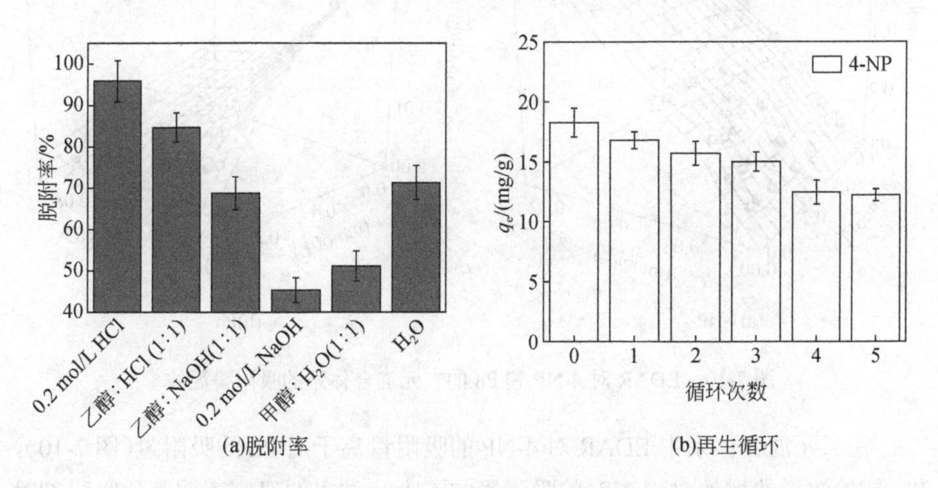

图 7-9　（a）不同脱附剂的脱附对比；（b）0.2 mol/L HCl 对 EDAR 吸附 4-NP 的再生循环

在最优吸附工艺条件下对 EDAR 进行多次吸附和脱附实验，结果如图 7-9（b）所示。结果表明在 5 次重复使用过程中，EDAR 对 4-NP 的吸附量下降约 30%。说明该树脂具有很好的重复使用性能。物理吸附的一大特征是可逆，树脂吸附了 4-NP 后能脱附再生，说明吸附是可逆吸附，也确证了吸附过程属于物理吸附而不属于化学吸附。

7.3.5　4-NP 和 Ph 混合溶液的吸附特性

图 7-10 为 4-NP 和 Ph 的二元混合体系中竞争吸附的结果。由于 4-NP 和 Ph 符合 Langmuir 单分子层吸附模型，二元混合体系的平衡数据可用 Langmuir 竞争吸附模型分析[27]，该模型可表达为

$$q_{e,N} = \frac{q_{max,N}(K_N C_{e,N})}{(1 + K_N C_{e,N} + K_N C_{e,P})} \tag{7-1}$$

$$q_{e,P} = \frac{q_{max,P}(K_P C_{e,P})}{(1 + K_P C_{e,P} + K_N C_{e,N})} \tag{7-2}$$

式中，N 和 P 分别代表 4-NP 和 Ph；$q_{max,N}$ 和 $q_{max,P}$ 分别为 4-NP 和 Ph 的最大吸附量；K_N 和 K_P 分别为 4-NP 和 Ph 在二元混合体系中的 Langmuir 常数；$C_{e,N}$ 和 $C_{e,P}$ 分别为 4-NP 和 Ph 在二元混合体系中的平衡浓度（mg/L）。

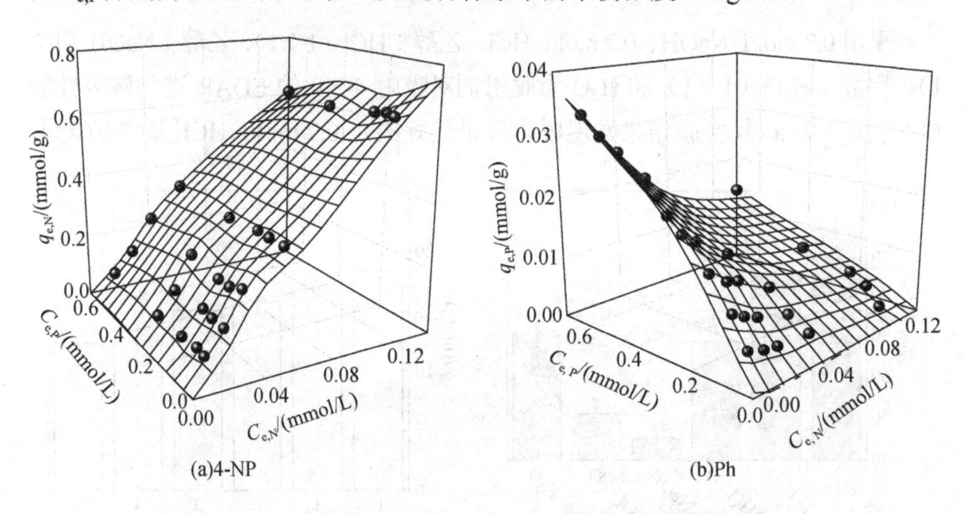

图 7-10　EDAR 对 4-NP 和 Ph 的二元混合体系的吸附等温线

在二元混合体系中 EDAR 对 4-NP 的吸附量高于对 Ph 的吸附量（图 7-10），Ph 初始浓度的增加对 4-NP 的吸附影响不大。过去的研究表明其他吸附剂对

4-NP 的吸附量高于 Ph，例如活性炭[28]、聚合树脂[15, 27, 28]和天然有机/无机吸附剂[12, 29]。

为了确定图 7-10 中的表观预测是否精确地描述了平衡，对吸附的计算值 $q_{e,cal}$ 和实验值 $q_{e,exp}$ 解释进行了比较，得到 4-NP 和 Ph 的方程分别为 $q_{e,cal}=0.969q_{e,exp}+0.013\times10^{-5}$（$R^2$=0.998）和 $q_{e,cal}=1.038q_{e,exp}+0.124\times10^{-5}$（$R^2$=0.974）。并且，两种酚类化合物平衡浓度（$C_{e,N}$ 和 $C_{e,P}$）的实验数据接近于三维吸附等温面［图 7-10（a）和图 7-10（b）］。

对于二元混合体系 4-NP/Ph，用理想吸附溶液理论（IAST）模型[30]计算了摩尔比为 1∶1 的吸附选择性，从单个溶质实验扩展到预测多溶质稀溶液吸附平衡，可用等式（7-3）描述。

$$\text{选择性}=\frac{z_N / x_N}{z_P / x_P}=\frac{q_N C_{e,P}}{q_P C_{e,N}} \tag{7-3}$$

式中，z_N 和 z_P 分别是吸附剂中 4-NP 和 Ph 的摩尔分数；x_N 和 x_P 分别是溶液中 4-NP 和 Ph 的摩尔分数；q_N 和 q_P 分别为 4-NP 和 Ph 的吸附量；$C_{e,N}$ 和 $C_{e,P}$ 分别为 4-NP 和 Ph 的平衡浓度。用 IAST 模型计算出 4-NP/Ph 的选择性如图 7-11，EDAR 对 4-NP 的选择性随浓度的增大而增大，结果表明 EDAR 对 4-NP 的选择性高于苯酚，并且混合溶液浓度越高对 4-NP 选择性越好，效果比 IAST 模型预测的 4-NP/Ph 混合物在 NH_2-MOFs（胺化金属-有机框架）上的吸附选择性更好[29]。

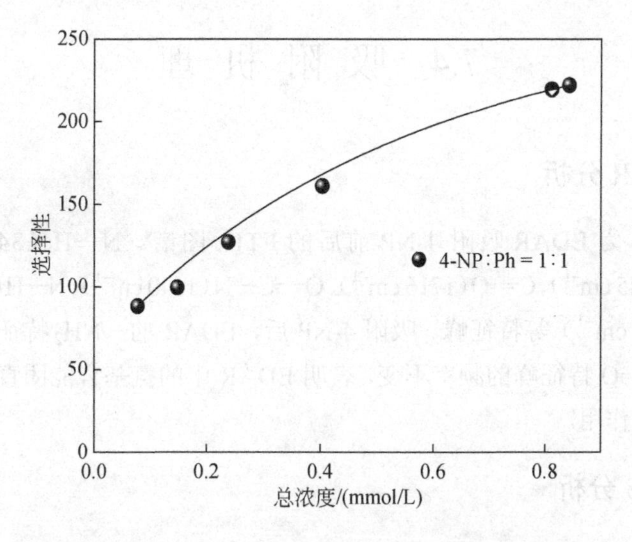

图 7-11　EDAR 对二元混合体系中 4-NP 和 Ph 的选择性

7.3.6 EDAR 在实际水样的应用

为了考察 EDAR 的实际应用情况，分别考察了 EDAR 在纯水和实际水样中对 4-NP、2,4-DCP 和 Ph（20 mg/L 的 4-NP、2,4-DCP 和 Ph 单独或者混合加入两种水样中）吸附性能，结果如图 7-12 所示。虽然单一组分和多组分体系的吸附量有明显差异，但同体系下在河水中的吸附结果仅略低于纯水。因此，这些实验结果证明了该树脂在微污染源水处理方面具有广阔的应用前景。

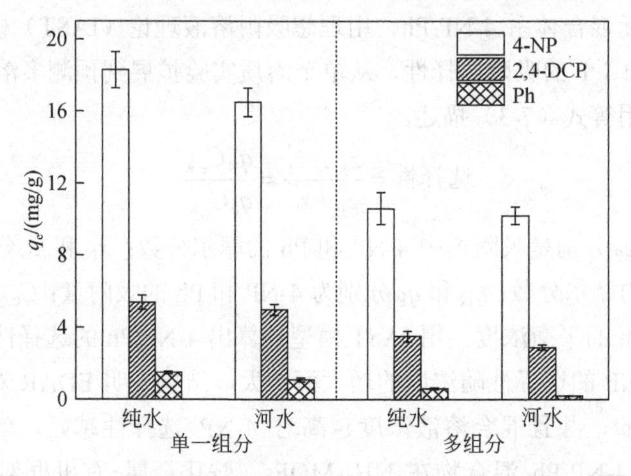

图 7-12 EDAR 吸附剂对纯水和河水中酚类化合物的吸附性能

7.4 吸 附 机 理

7.4.1 FTIR 分析

图 7-13 为 EDAR 吸附 4-NP 前后的 FTIR 图谱。N—H（3406 cm^{-1}）、—CH_2—(2945 cm^{-1})、C═O(1716 cm^{-1})、O═C—N(1640 cm^{-1})、N—H(1554 cm^{-1})、C—O（1185 cm^{-1}）等特征峰。吸附 4-NP 后，EDAR 的—NH_2 特征峰向低波数移动，而 C═O 特征峰的频率不变，表明 EDAR 中的氨基官能团直接参与了与 4-NP 的相互作用。

7.4.2 XPS 分析

为进一步研究 EDAR 吸附剂吸附 4-NP 的机理，吸附前后的吸附剂采用

XPS 分析。吸附前后吸附剂的 C1s 和 O1s 结合能区的变化可以忽略不计，这可能是由于树脂结构框架中大量的 C 和 O 原子掩盖了与 4-NP 的官能团相互作用的影响。然而，在吸附 4-NP 后，N1s 光谱的组分峰的能量略有移动，EDAR 的 N1s XPS 谱在 399.50 eV、400.70 eV 和 401.40 eV 处出现三个峰（图 7-14），分别对应于中性胺（R—NH_2 或 R—NH—）、O═C—NH_2 和质子化胺（R—NH_3^+ 或 R—NH_2^+—）中的氮原子。吸附后，—NH_3^+ 峰移到 401.60 eV，进一步说明了是氨基与 4-NP 产生了相互作用。

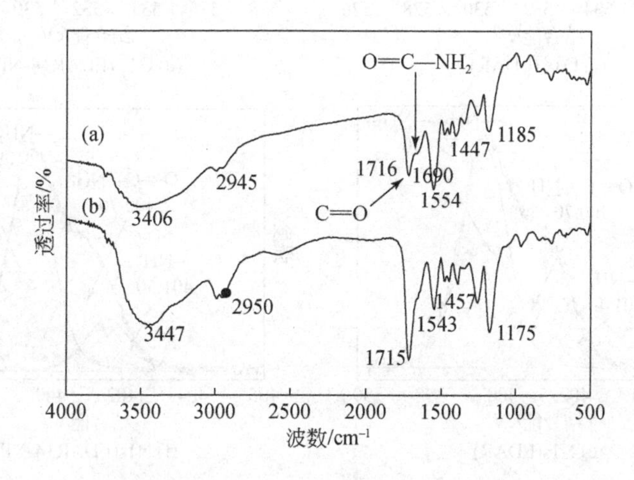

图 7-13　EDAR 吸附 4-NP（a）前和（b）后的 FTIR 光谱图

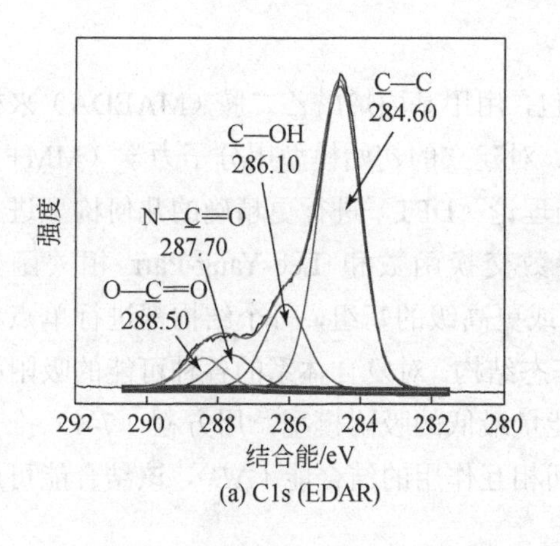

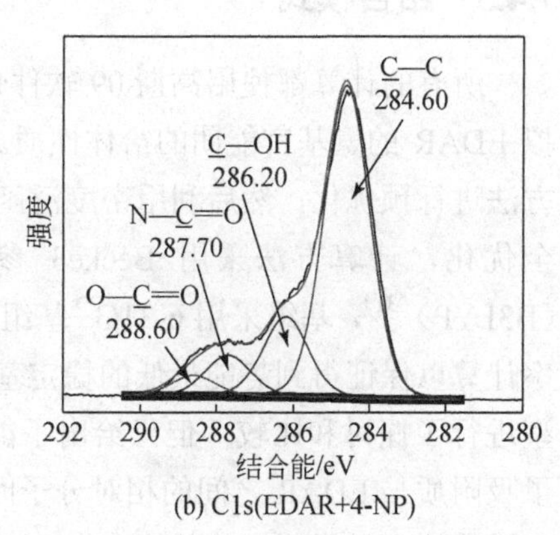

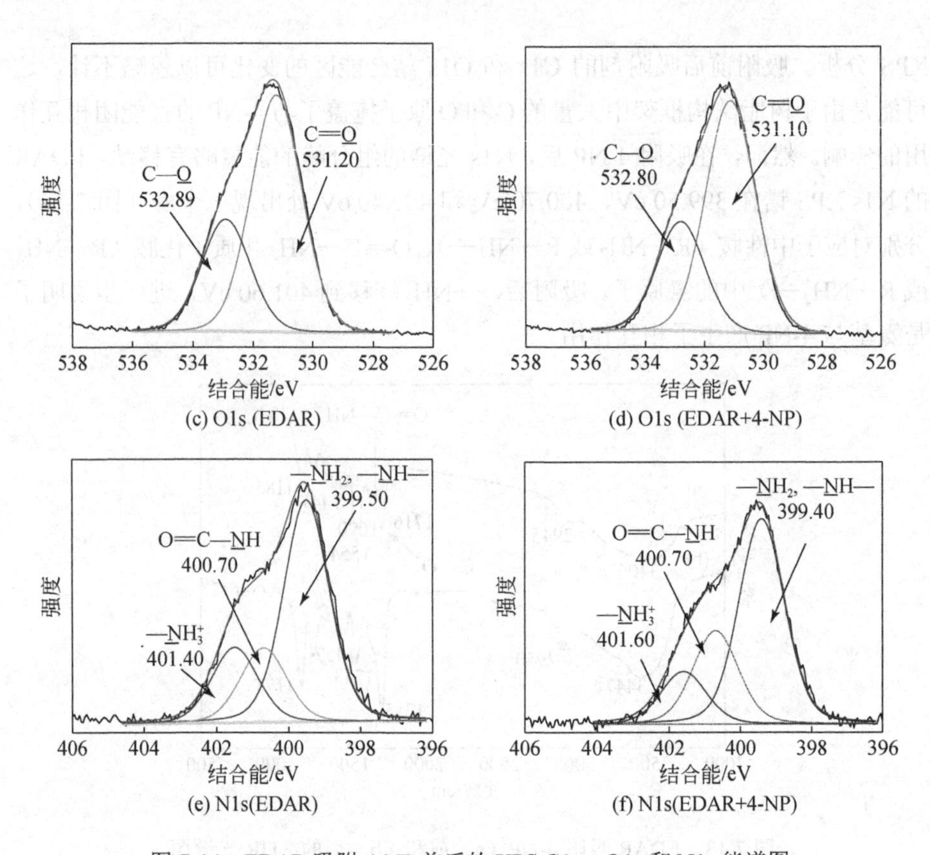

图 7-14　EDAR 吸附 4-NP 前后的 XPS C1s、O1s 和 N1s 能谱图

7.4.3　结合模式

所有的计算都使用高斯 09 软件包，用甲基丙烯酰乙二胺（MAEDA）来模拟 EDAR 的氨基官能团的给体性质。对建立的初始模型用分子力学（MM+）方法进行预优化，然后利用密度泛函理论（DFT）进行更精确的几何构型进行全优化，计算方法采用 Becke3 参数交换函数和 Lee-Yang-Parr 相关函数（B3LYP）[31]，基组采用 6-31G**基组或更高级的基组，每个结构都进行单点频率计算以保证得到势能最低的稳定基态结构。对复合体系的各种可能的吸附模型进行了探讨和比较，但只给出了能量最低的吸附模型，用方程（7-4）推导了吸附质与 EDAR 之间的相对分子间相互作用的结合能（ΔE），该结合能可用于描述给定酚类化合物的络合。

$$\Delta E=E(\text{complex})-[E(\text{EDAR})+E(\text{phenols})] \tag{7-4}$$

由于未胺化树脂对 4-NP 的吸附量可忽略不计，说明是 EDAR 的氨基极大地参与了吸附过程，其结果与先前报道的光谱结果一致。此外，4-NP 的吸附量与 Ph、4-CP 和 4-MP 相比有很大差异，表明在吸附过程中硝基的重要性。4-NP 的硝基是氢键受体，而酚羟基可以作为氢键受体也可以作为氢键给体。因此，涉及 EDAR 与 4-NP 之间的吸附机理可能跟这两个基团都有关。

为了确定 EDAR 吸附 4-NP 的各种机理的相对重要性，利用量子化学计算确定了酚类化合物与 EDAR 之间各种相互作用的氢键能。对 4-NP 与 EDAR 之间在中性 pH 时的相互作用，基于 4-NP 上最高电子势的 4 个假设模型（图 7-15），通过计算优化得到了树脂的作用基团片段分子与 4-NP 形成配合物的 3 种作用模式图（图 7-16）。

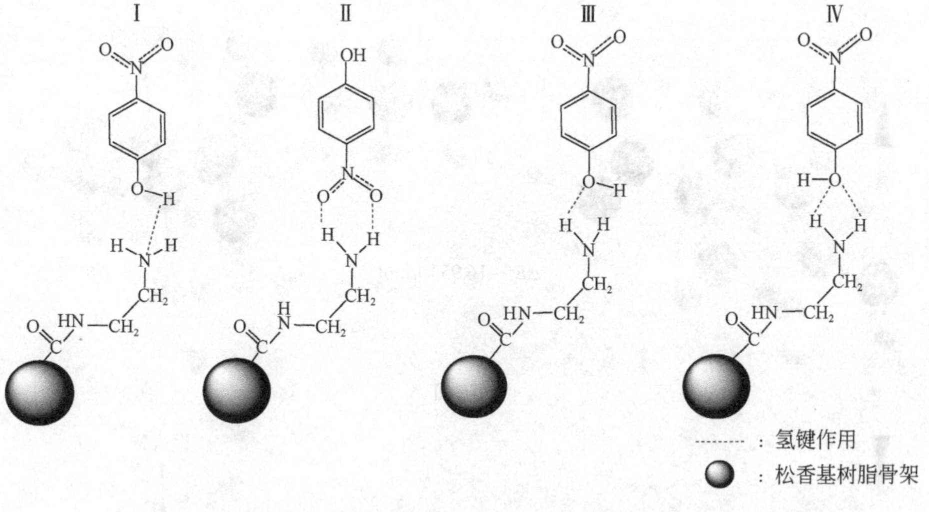

图 7-15　EDAR 吸附剂和 4-NP 之间相互作用的假设模型（pH = 6.0）

氢键作用是一个相对弱的相互作用，其强度在几到 100 kJ/mol 之间变化，并由氢键给体（D）和受体（A）间酸性常数的差异ΔpK_a［pK_a（D-H）－ pK_a（$A-H^+$）］决定[32,33]。量子化学计算了模型Ⅰ、Ⅱ和Ⅲ的结合能分别为–70.02 kJ/mol、–16.95 kJ/mol 和–21.71 kJ/mol，显然模型Ⅰ的结合能最大，是 EDAR 吸附 4-NP 的最可能的相互作用模式。

理论上的结合能是负值表明二者之间有相互吸引的作用力，而且结合能的绝对值越大，相互吸引的作用力越强。如果计算得到的结合能是正值，则表明二者之间不存在相互吸引的作用力。各种酚类化合物相互作用能的绝对值依次

4-NP＞2,4-DCP＞4-CP＞Ph＞4-MP，EDAR 官能团片段分子与不同酚类的结合能大小顺序与吸附实验得到的吸附量大小顺序一致。

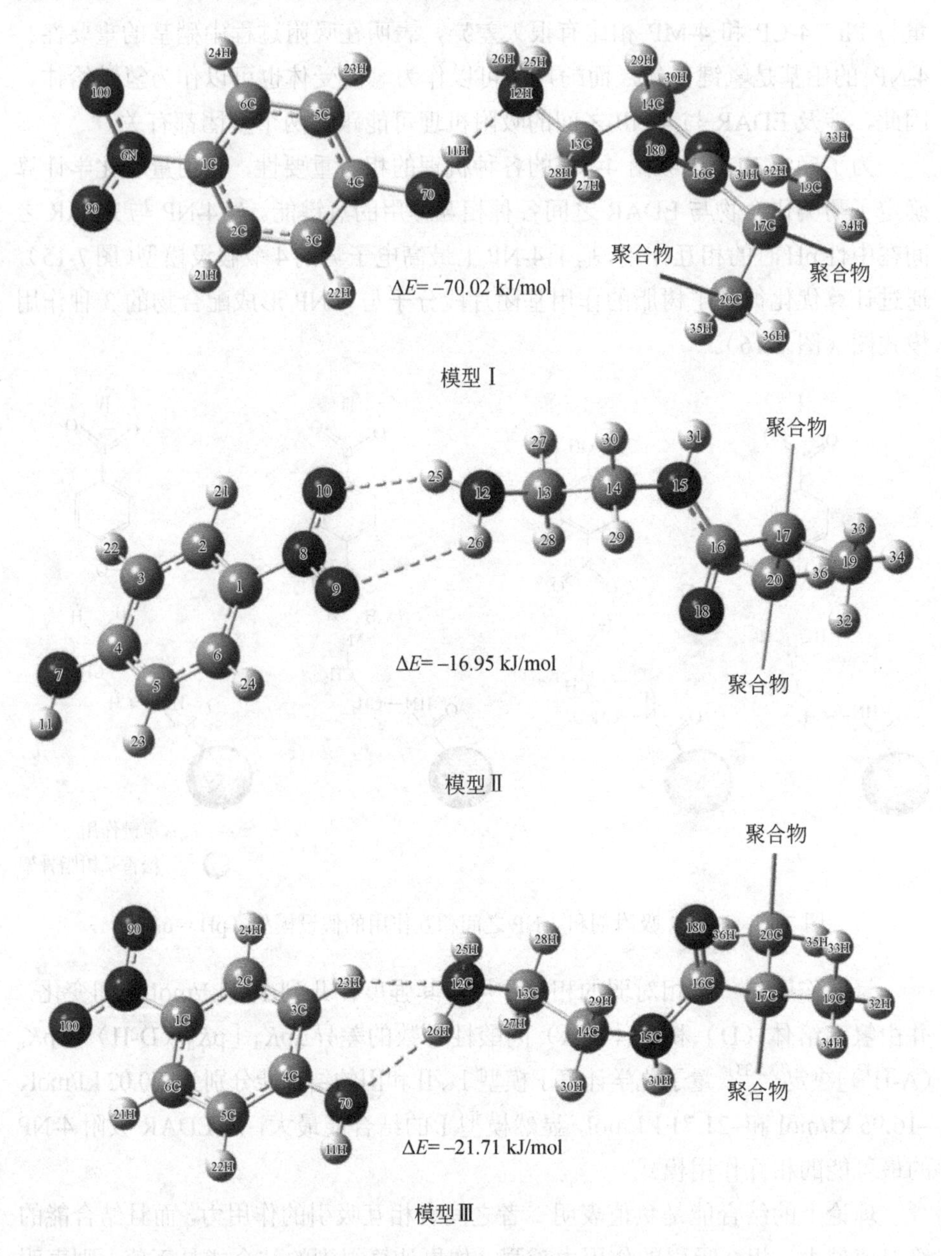

图 7-16　4-NP 和 EDAR 3 种模型之间氢键的优化结构和结合能

在低 pH 条件下，EDAR 氨基中的氮原子和 4-NP 硝基和酚羟基中的氧原子都被质子化，相互之间不存在氢键作用，只存在静电作用，降低了吸附能力。同时在低 pH 条件下，质子化后的分子作用模型进行计算得到的结合能为 228.77 kJ/mol，是正值，说明强酸性条件下 EDAR 和 4-NP 之间很难有相互吸引的作用力，符合在强酸性条件下吸附量极低的吸附实验结果（见图 7-4）。在中性条件时，没有质子化，二者相互之间的结合能为−70.02 kJ/mol。在 pH＞7.15 的碱性条件下，4-NP 是去质子化的，根据 4-NP 氧原子上的最高电子势能，4-NP 与 EDAR 的相互作用有两个模型（图 7-17）。在这种情况下，虽然（4-NP）$O^{-}\cdots NH_2$（EDAR）（−66.60 kJ/mol）略优于（4-NP）$NO_2\cdots NH_2$（EDAR）（−56.58 kJ/mol），这是在 pH≥10 时 EDAR 仍具有好吸附效果的原因。可见在中性或偏碱性条件下，EDAR 和 4-NP 之间的结合能都是负值，理论上相应的作用方式都是可以自发进行的。

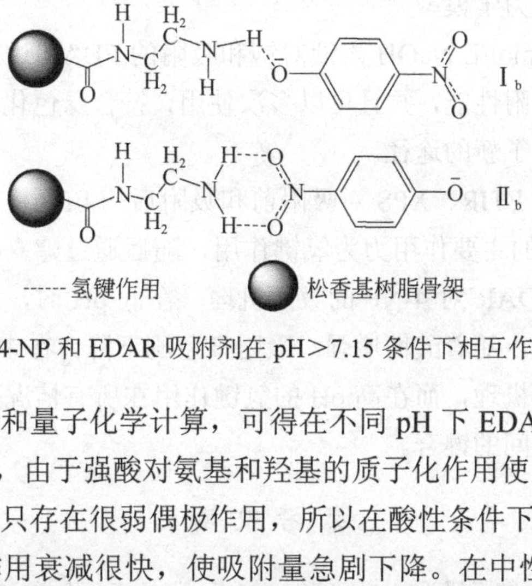

------ 氢键作用　松香基树脂骨架

图 7-17　4-NP 和 EDAR 吸附剂在 pH＞7.15 条件下相互作用的模型

结合实验数据和量子化学计算，可得在不同 pH 下 EDAR 对 4-NP 的吸附机理。在低 pH 时，由于强酸对氨基和羟基的质子化作用使 EDAR 和 4-NP 之间难于形成氢键，只存在很弱偶极作用，所以在酸性条件下，随着酸性增强，二者之间弱相互作用衰减很快，使吸附量急剧下降。在中性 pH 时，强氢键（4-NP）$O—H\cdots NH_2$（EDAR）的形成是吸附的主要机理，而在高 pH 的氢键作用（4-NP）$O^{-}\cdots NH_2$（EDAR）和（4-NP）$NO_2\cdots NH_2$（EDAR）有相似的能量。在所有情况下，EDAR 的 NH_2 基团都参与了分子间的键合，这与 XPS 电子能谱结果一致（图 7-14），但是除了在高 pH 时，4-NP 的 NO_2 基团很少直接参与 4-NP 与 EDAR 分子间的相互作用。

7.5 小 结

（1）本章在综述水中酚类化合物吸附技术的研究进展基础上，采用 EDAR 作为吸附剂，系统进行了吸附特性和吸附机理的研究。EDAR 的最大吸附量为 82.2 mg/g，性能优于大多数活性炭和商业树脂，氨基化得到的 EDAR 吸附性能是未氨基化的 MBR 的 109 倍，说明氨基是其主要作用位点，氨基可以与被吸附物质形成氢键，完成吸附。

（2）EDAR 的吸附性能在中性或碱性条件下最佳，并且受到 NaCl 的浓度影响而降低。实际水体中金属阳离子对吸附性能影响最大，通过对其热力学参数的计算得知，吸附过程是自发的，极小的吸附热保证了吸附过程的可逆性，侧面印证了 EDAR 吸附 4-NP 主要作用力为氢键作用。EDAR 对 4-NP 的吸附过程符合拟二级动力学模型。

（3）使用 0.2 mol/L NaOH 溶液对饱和吸附的 EDAR 进行脱附再生。树脂仍能保持出色的吸附性能，并且可以多次使用，符合绿色化工的理念，为无害处理含酚废水提供了新的途径。

（4）通过使用 FTIR、XPS 对吸附前和吸附后的 EDAR 进行结构分析，证实了其吸附 4-NP 的主要作用力为氢键作用，随后通过建立模型拟合计算总结出在不同 pH 下 EDAR 对 4-NP 的吸附机理。在低 pH 时，难以形成氢键，只存在很弱偶极作用，随着酸性增强，吸附量急剧下降。在中性 pH 时，强氢键形成是吸附的主要机理，而在高 pH 的氢键作用在所有情况下，EDAR 的 NH_2 基团都参与了分子间的键合。

参 考 文 献

［1］刘万鹏. 酚类化合物降解新方法研究[D]. 杭州：浙江工业大学，2012.

［2］Panigrahy N，Priyadarshini A，Sahoo M M，et al. A comprehensive review on eco-toxicity and biodegradation of phenolics：Recent progress and future outlook[J]. Environmental Technology & Innovation，2022，27：102423.

［3］Said K A M，Ismail A F，Karim Z A，et al. A review of technologies for the phenolic compounds recovery and phenol removal from wastewater[J]. Process Safety and Environmental Protection，2021，151：257-289.

［4］Mohammadi S，Kargari A，Sanaeepur H，et al. Phenol removal from industrial wastewaters：

A short review[J]. Desalination and Water Treatment，2015，53（8）：2215-2234.

[5] 张燕. 天然水体中 pH 对酚类污染物光解的影响[D]. 大连：大连理工大学，2009.

[6] Chauhan A，Chakraborti A K，Jain R K. Plasmid-encoded degradation of *p*-nitrophenol and 4-nitrocatechol by *Arthrobacter protophormiae*[J]. Biochemical and Biophysical Research Communications，2000，270（3）：733-740.

[7] Kang J H，Aasi D，Katayama Y. Bisphenol A in the aquatic environment and its endocrine-disruptive effects on aquatic organisms[J]. Critical Reviews in Toxicology，2007，37（7）：607-625.

[8] Monfared A L，Salati A P. Histomorphometric and biochemical studies on the liver of rainbow trout（*Oncorhynchus mykiss*）after exposure to sublethal concentrations of phenol[J]. Toxicology and Industrial Health，2013，29（9）：856-861.

[9] Streat M，Patrick J W，Perez M J C. Sorption of phenol and para-chlorophenol from water using conventional and novel activated carbons[J]. Water Research，1995，29（2）：467-472.

[10] Yang G D，Tang L，Zeng G M，et al. Simultaneous removal of lead and phenol contamination from water by nitrogen-functionalized magnetic ordered mesoporous carbon[J]. Chemical Engineering Journal，2015，259：854-864.

[11] Zhou Y Y，Liu X C，Tang L，et al. Insight into highly efficient co-removal of *p*-nitrophenol and lead by nitrogen-functionalized magnetic ordered mesoporous carbon：Performance and modelling[J]. Journal of Hazardous Materials，2017，333：80-87.

[12] Banat F A，Al-Bashir B，Al-Asheh S，et al. Adsorption of phenol by bentonite[J]. Environmental Pollution，2000，107（3）：391-398.

[13] Achak M，Hafidi A，Ouazzani N，et al. Low cost biosorbent "banana peel" for the removal of phenolic compounds from olive mill wastewater：Kinetic and equilibrium studies[J]. Journal of Hazardous Materials，2009，166（1）：117-125.

[14] Ahmaruzzaman M，Gayatri S L. Activated neem leaf：A novel adsorbent for the removal of phenol，4-nitrophenol，and 4-chlorophenol from aqueous solutions[J]. Journal of Chemical & Engineering Data，2011，56（7）：3004-3016.

[15] Chen K F，Lyu H，Hao S L，et al. Separation of phenolic compounds with modified adsorption resin from aqueous phase products of hydrothermal liquefaction of rice straw[J]. Bioresource Technology，2015，182：160-168.

[16] Li J M，Meng X G，Hu C W，et al. Adsorption of phenol，*p*-chlorophenol and *p*-nitrophenol onto functional chitosan[J]. Bioresource Technology，2009，100（3）：1168-1173.

[17] Huang J H，Yan C，Huang K L. Removal of *p*-nitrophenol by a water-compatible hypercrosslinked resin functionalized with formaldehyde carbonyl groups and XAD-4 in aqueous solution：A comparative study[J]. Journal of Colloid and Interface Science，2009，332（1）：60-64.

[18] Lin S H，Juang R S. Adsorption of phenol and its derivatives from water using synthetic resins and low-cost natural adsorbents：A review[J]. Journal of Environmental Management，2009，90（3）：1336-1349.

[19] Pan B C，Zhang Q X，Meng F W，et al. Sorption enhancement of aromatic sulfonates onto an aminated hyper-cross-linked polymer[J]. Environmental Science & Technology，2005，39（9）：3308-3313.

[20] Sun Q Y，Yang L Z. The adsorption of basic dyes from aqueous solution on modified peat-resin particle[J]. Water Research，2003，37（7）：1535-1544.

[21] Brunnemann K D，Rivenson A，Cheng S C，et al. A study of tobacco carcinogenesis XLVⅡ. Bioassys of vinylpyridines for genotoxicity and for tumorigenicity in A/J mice[J]. Cancer Letters，1992，65（2）：107-113.

[22] Von Oepen B，Kördel W，Klein W. Sorption of nonpolar and polar compounds to soils：Processes，measurements and experience with the applicability of the modified OECD-Guideline 106[J]. Chemosphere，1991，22（3-4）：285-304.

[23] Jin L，Bai R B. Mechanisms of lead adsorption on chitosan/PVA hydrogel beads[J]. Langmuir，2002，18（25）：9765-9770.

[24] Yang G D，Tang L，Zeng G M，et al. Simultaneous removal of lead and phenol contamination from water by nitrogen-functionalized magnetic ordered mesoporous carbon[J]. Chemical Engineering Journal，2015，259：854-864.

[25] Liu Q S，Zheng T，Wang P，et al. Adsorption isotherm，kinetic and mechanism studies of some substituted phenols on activated carbon fibers[J]. Chemical Engineering Journal，2010，157（2-3）：348-356.

[26] Von Oepen B，Kördel W，Klein W. Sorption of nonpolar and polar compounds to soils：Processes，measurements and experience with the applicability of the modified OECD-Guideline 106[J]. Chemosphere，1991，22（3-4）：285-304.

[27] Weber W J，DiGiano F A. Process dynamics in environmental systems[M]. New York：Wiley-Interscience，1996.

[28] Kumar A，Kumar S，Kumar S，et al. Adsorption of phenol and 4-nitrophenol on granular

activated carbon in basal salt medium：Equilibrium and kinetics[J]. Journal of Hazardous Materials，2007，147（1-2）：155-166.

［29］Liu B J，Yang F，Zou Y X，et al. Adsorption of phenol and p-nitrophenol from aqueous solutions on metal-organic frameworks：Effect of hydrogen bonding[J]. Journal of Chemical & Engineering Data，2014，59（5）：1476-1482.

［30］Myers A L，Prausnitz J M. Thermodynamics of mixed-gas adsorption[J]. AIChE Journal，1965，11（1）：121-127.

［31］Becke A D. A new mixing of Hartree–Fock and local density-functional theories[J]. The Journal of Chemical Physics，1993，98（2）：1372-1377.

［32］Deshmukh M M，Gadre S R. Estimation of N—H···O═C intramolecular hydrogen bond energy in polypeptides[J]. The Journal of Physical Chemistry A，2009，113（27）：7927-7932.

［33］Thar J，Kirchner B. Hydrogen bond detection[J]. The Journal of Physical Chemistry A，2006，110（12）：4229-4237.

第 8 章 松香基吸附树脂去除水中抗生素的吸附特性和机理

本章讲述了抗生素的污染状况及处理技术，通过探究吸附剂的吸附特性、分析其吸附机理，开展对松香基吸附树脂吸附去除水中抗生素污染物的研究。

8.1 抗生素的污染状况及处理技术

8.1.1 抗生素的污染状况

抗生素是由微生物或高等动植物在生长过程中所产生的具有抗病原体或其他活性的一类次级代谢产物，它能干扰细胞的发育[1, 2]。自 1928 年青霉素发现以来，目前已知的抗生素不下万种，常用于临床医疗的抗生素也达到几百种。抗生素主要分为磺胺类、四环素类、喹诺酮类、青霉素类和大环内酯类。抗生素在控制感染性疾病和防治动植物病虫害方面非常重要。

四环素类（如土霉素）[3]、磺胺类（如磺胺嘧啶）[4, 5]、大环内酯类（如红霉素）[6, 7]和喹诺酮类（如诺氟沙星）[8]等亲水性且难生物降解的有机物在全球多种环境介质中被频繁检测到，尤其是水体环境中的残留量呈显著上升趋势[9-13]。近年来，在水和土壤环境中频繁检测到抗生素。在 2005～2016 年间，我国的 7 条主要河流和 4 个海域的水体和沉积物样本中共检测出 94 种抗生素[14]。这些抗生素主要通过医用和农用兽药的使用进入环境中造成污染。医用抗生素分为医源性和家庭自医药物。医源性抗生素主要应用于医院，它使用较频繁，通过医院废水集中排放。家庭自医药物主要随排泄物进入生活废水。农用兽药抗生素主要用于动物疾病的预防和治疗，或长期添加于动物的饲料中进行喂养，可促进动物生长、增加产值[15]。饲料中的抗生素会随着动物排泄物或农场清洗废水排放到污水中。若污水处理厂的处理能力较差，未被处理掉的抗生素会随着出厂水排入受纳水体中。因此，此类废水排放会造成地下水、地表水和农田土壤的污染。

研究表明，抗生素摄入体内后只有少部分被消化道吸收，85%以上的抗生素以原药或代谢物的形式经病人和动物的粪便和尿液排入环境中[16]。人类排泄物直接进入城市废水或作为肥料播撒在农田中，对土壤、地表水和地下水资源以及生态系统中的生物产生危害。水中残留的抗生素可通过食物链对全球生态系统产生毒害作用，影响动植物和微生物的正常活动，并最终影响人类健康，引起急性或慢性疾病等不可预测的后果[17]。抗生素废水是一种难降解的、高浓度的有机废水，含有抗生素药物和大量的胶体物质。现有的传统水处理技术已无法完全处理这些药用抗生素废水，因此急需开发安全高效的抗生素去除技术[18, 19]。

8.1.2　处理技术

抗生素能够抗菌、杀菌，具有疗效强、使用方便等特点，应用广泛。残留在环境中的抗生素作为一种微量污染物，有可能对人体及生态环境产生危害。抗生素进入环境后，如果含抗生素的污水处理不彻底，未被清除的抗生素可能进入水体，也可能存在于海水和周围的土壤中，导致地表水、地下水和土壤遭受严重抗生素污染，对人们的健康构成威胁。因此，处理残留抗生素的技术变得至关重要。

抗生素作为新兴有机污染物，对水中残留的抗生素处理方法通常包括化学氧化法、物理化学法和生物处理法。化学氧化法是通过氧化剂（O_3和 $KMnO_4$等）与抗生素反应，产生羟基自由基等将抗生素氧化降解，这种方法几乎可以降解处理所有的有机污染物[20–24]。生物处理法[25]利用微生物分解氧化有机物的功能，采用一定的人工措施，创造有利于微生物生长繁殖的环境，使微生物大量增殖，以提高其分解氧化有机物的能力。物理化学法主要分为混凝法[26, 27]、膜分离法[28–31]、光降解法[32–35]、吸附法[36–39]和电化学法[40–43]等。

目前，用来吸附抗生素的树脂主要包括 XAD-8、IRC-748、L-493、XRD-4、DAX-8、XAD-180。吸附法广泛应用于抗生素废水处理。天然吸附剂包括土壤[44, 45]、海洋沉积物[46]、腐殖酸[47, 48]和黏土矿物[49–51]等，合成吸附剂包括活性炭[52]、碳纳米管[53, 54]、石墨[52]、氧化硅、活性氧化铝[55, 56]等。与化学法和生物法相比，吸附法具有高效、经济的优点，无毒无害并且处理量大，无二次污染。虽然氧化法具有稳定和高效的优点，但其反应条件苛刻、运行成本高、可能产生二次污染，因此吸附法作为去除水中抗生素的技术被广泛应用。本章将着重研究松香基树脂吸附剂对水中抗生素的去除性能。

8.2　松香基吸附树脂处理喹诺酮类抗菌药污染的研究

本节针对水中的喹诺酮类抗生素的典型代表，即诺氟沙星(NOR)(图 8-1)，利用第 6 章制备的 EDAR 吸附水中的诺氟沙星，研究其对诺氟沙星的吸附行为和机理，以及水溶液环境条件（pH、离子强度以及干扰物质）对诺氟沙星的吸附影响。

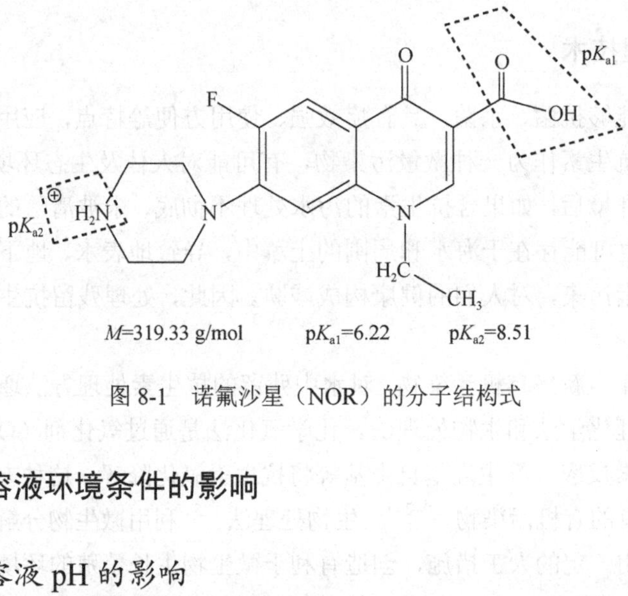
O
O
OH
pK_{a1}
F
H_2N
N
N
pK_{a2}
H_2C
CH_3
M=319.33 g/mol
pK_{a1}=6.22
pK_{a2}=8.51

图 8-1　诺氟沙星（NOR）的分子结构式

8.2.1　水溶液环境条件的影响

（1）溶液 pH 的影响

图 8-2 分别为 pH 对 NOR 在 EDAR 上吸附量以及其ζ电位的影响。由图可知，当 pH 由 2.0 增加到 6.0，吸附量由 0.01 mg/g 增加至 5.7 mg/g。而 pH 由 6.0 增加到 10.0，吸附量有所下降。

如图 8-1 所示，NOR 的 pK_{a1} 和 pK_{a2} 分别为 6.22 和 8.51[57]。当 pH 小于 6.22 时，NOR 以 NOR^+（阳离子形式）存在为主［图 8-3（a)］；当溶液 pH 介于 6.22～8.51 之间时，NOR 主要则以 NOR^0（中性分子形式）存在为主［图 8-3（b)］；当 pH 大于 8.51 时，NOR 以 NOR^-（阴离子形式）存在为主[58]［图

8-3（c）]。EDAR 的零电荷点 pH_{PZC}=9.8 附近（图 8-2），pH 小于 pH_{PZC} 越多则 EDAR 表面正电荷越强，pH 大于 pH_{PZC} 则 EDAR 表面负电荷增强。当溶液 pH 小于 2.0 时，EDAR 表面的氨基会被质子化而带正电荷，与带正电荷的 NOR［图 8-3（a）］之间产生静电斥力，阻止它们相互接触，而且二者都没有氢键受体，导致几乎没有 NOR 分子吸附在树脂上[57]。随着 pH 的升高，静电斥力逐渐减弱，NOR 分子中的氨基或羧基［图 8-3（b）］都能与 EDAR 表面的氨基互为氢键给体和受体，因而扩散的 NOR 分子很容易通过氢键与氨基作用吸附在树脂表面。在碱性条件下，虽然带负电荷的 EDAR 与 NOR^-之间存在静电斥力，但 NOR^-的氟、杂环氮和羧基等负离子［图 8-3（c）］仍然是良好的氢键受体，使 EDAR 在 pH 为 10.0 条件下还具有较好的吸附能力，进一步说明氢键在吸附过程中起主要作用。

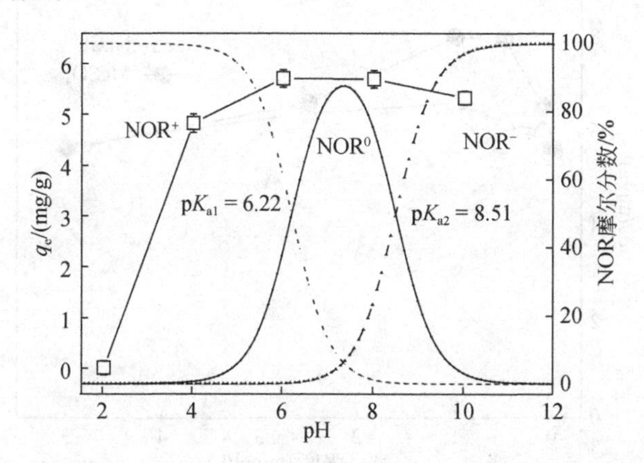

图 8-2　溶液 pH 对 EDAR 吸附 NOR 吸附性能的影响

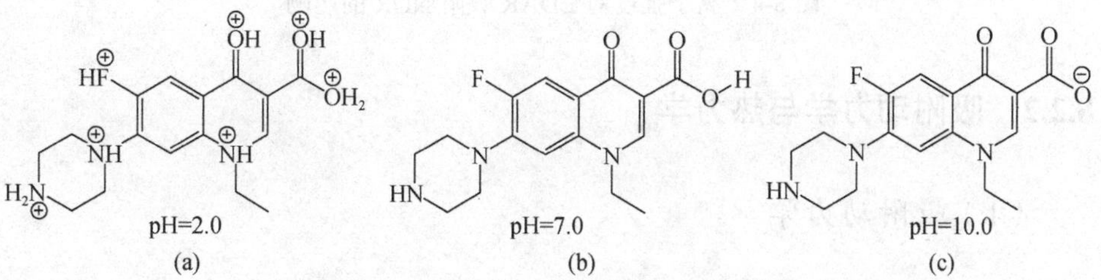

pH=2.0　(a)　　pH=7.0　(b)　　pH=10.0　(c)

图 8-3　在不同 pH 下 NOR 的形态

（2）离子强度的影响

通过向 NOR 溶液中添加 NaCl 和 $MgSO_4$（吸附条件：100 mL 浓度为 20 mg/L

NOR 溶液中投加 100 mg 吸附剂，控制溶液 pH 为 6.0，在温度为 20 ℃和转速为 150 r/min 的恒温摇床中吸附 24 h)，以考察 EDAR 对 NOR 吸附性能随离子强度的变化情况（图 8-4)。由图可知，当离子强度小于 1.0 mmol/L 时，NOR 的吸附量随着离子浓度的升高而增加；当离子强度大于 1.0 mmol/L 时，吸附量随着离子浓度增大而有所减少。这是由于水溶液的介电常数随离子强度的增加而呈现火山形变化趋势[58]，导致 NOR 有机分子在水中的溶解度随离子强度的增加而呈现 U 形变化趋势，EDAR 表面疏水基团的分配作用推动 NOR 的吸附量先增加后减小。两种电解质的存在对 EDAR 去除 NOR 的行为总体上表现为促进作用，而 $MgSO_4$ 较于 NaCl 对 NOR 的吸附影响表现出更强的促进作用，其原因可能是前者对水溶液介电常数的影响及 NOR 与水形成的氢键的破坏作用均大于后者[59]。

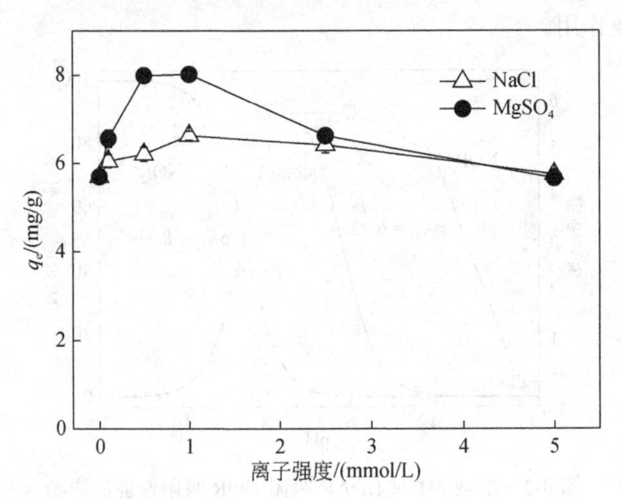

图 8-4　离子强度对 EDAR 吸附 NOR 的影响

8.2.2　吸附动力学与热力学

（1）吸附动力学

图 8-5 为 EDAR 吸附不同浓度 NOR 的吸附动力学（吸附条件：0.1 g EDAR 加入装有 100 mL 浓度为 20 mg/L NOR 溶液的三角瓶中，调节初始 pH 为 6.0，在温度为 20 ℃进行吸附)。从图中可看出，在 60 min 内 NOR 在 EDAR 上的吸附属于快速吸附阶段，60 min 时已接近吸附平衡，吸附 100 min 以后吸附量基本不再变化，继续延长吸附时间对吸附效果的增加不明显。相关动力学模型的

拟合参数见表 8-1，从表中可见，与拟一级动力学模型相比，拟二级动力学模型对实验数据的拟合相关性系数较高（R^2>0.99），并且计算得到的 $q_{e,cal}$ 值和由实验确定的吸附值比较接近。所以，拟二级动力学模型能更好地描述 EDAR 对水中 NOR 的吸附过程。由颗粒内扩散模型的拟合参数可知，颗粒内扩散模型不通过原点，说明吸附过程受其他吸附阶段的共同控制。

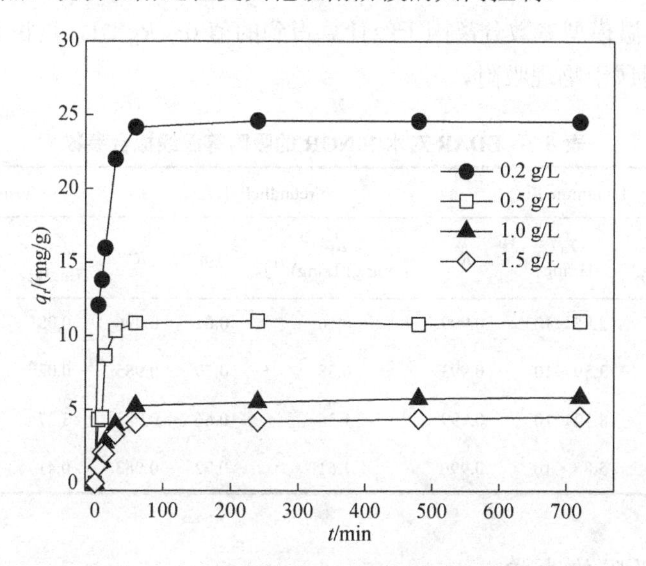

图 8-5　EDAR 对 NOR 的吸附动力学曲线

表 8-1　吸附动力学模型参数

动力学模型	参数	投加量/(g/L)		
		0.5	1.0	1.5
拟一级动力学模型	$q_{e,cal}$/(mmol/g)	5.3	16.3	7.3
	k_1/(1/min)	7.81×10^{-3}	7.48×10^{-2}	7.87×10^{-3}
	R^2	0.506	0.935	0.897
拟二级动力学模型	$q_{e,cal}$/(mmol/g)	11.1	6.0	4.6
	k_2/［g/(mmol·min)］	1.51×10^{-2}	9.00×10^{-3}	1.49×10^{-2}
	R^2	0.999	0.999	0.998
颗粒内扩散模型	k_{p1}/［mmol/(g·min$^{0.5}$)］	1.98	0.63	0.56
	c_1	−0.23	-7.39×10^{-2}	6.45×10^{-3}
	R^2	0.844	0.856	0.918

（2）吸附等温线

配制初始浓度为 0.5～200 mg/L 的 NOR 溶液，温度分别设定为 20 ℃、30 ℃、

40 ℃和 50 ℃。等温实验数据分别采用 Langmuir、Freundlich 和 Temkin 等温模型来拟合[60]，结果见表 8-2。EDAR 对 NOR 的单位吸附量随反应温度的增加而增加，这说明温度越高越有利于 EDAR 对水中 NOR 的吸附。

表 8-2 表明，吸附过程更加符合 Langmuir 等温模型，R^2 值均在 0.99 以上，说明 Langmuir 等温模型常用于描述单分子层吸附为主或稀溶液中的吸附类型。Langmuir 等温模型参数分离因子经计算得到的值 $0<R_L<1$，这说明 EDAR 对 NOR 的吸附属于物理吸附。

表 8-2　EDAR 对水中 NOR 的吸附等温线拟合参数

T/℃	Langmuir 拟合			Freundlich 拟合			Temkin 拟合		
	q_{max}/(mg/g)	K_L/(L/mg)	R^2	K_F/[(mg/g)(L/mg)$^{1/n}$]	$1/n$	R^2	K_T/(mg/g)	B	R^2
20	30.3	2.85×10^{-3}	0.999	0.16	0.81	0.996	0.08	0.064	0.904
30	58.6	3.59×10^{-3}	0.993	0.38	0.79	0.985	0.02	0.17	0.881
40	66.8	8.12×10^{-3}	0.999	1.36	0.66	0.985	3.27	0.35	0.992
50	125.9	5.88×10^{-3}	0.996	1.61	0.72	0.983	0.41	0.58	0.999

（3）吸附热力学

通过不同温度下的吸附实验可以计算吸附过程的 ΔG^o、ΔH^o 和 ΔS^o 等吸附的相关热力学参数。由表 8-3 可知，不同反应温度条件下计算得到的 ΔG^o 为负值，随着温度升高呈减少趋势，表明吸附过程是自发进行。ΔH^o 为 48.65 kJ/mol 进一步表明了该吸附属于吸热过程。ΔS^o 值为正，表明 NOR 分子吸附到 EDAR 表面后增加了固液界面上物质的混乱度。通常认为 ΔH^o 在−40～20 kJ/mol 范围内属于物理吸附为主，而 ΔG^o 在−20～0 kJ/mol 范围内时也是物理吸附的重要特征之一[61]。说明 EDAR 对 NOR 的吸附过程是以物理吸附为主。

表 8-3　EDAR 吸附 NOR 的热力学参数

ΔH^o/(kJ/mol)	ΔS^o/[J/(mol·K)]	ΔG^o/(kJ/mol)				R^2
		20 ℃	30 ℃	40 ℃	50 ℃	
48.65	200.14	−9.84	−12.20	−14.08	−15.86	0.992

8.2.3 脱附再生和重复使用

为了考察 EDAR 的再生效果，分别采用 0.1 mol/L NaOH、0.1 mol/L HCl、水、乙醇和甲醇对其脱附特性进行评价。其中，0.1 mol/L HCl 脱附剂对 EDAR 的再生效果最佳。这是因为在酸性条件下吸附剂和吸附质的氮、氧原子都被质子化带正电荷，形成电荷互斥体系，同时质子化的氮、氧不能作为氢键受体而破坏了相互间形成的氢键作用，因而容易被酸性溶液洗脱下来，进一步证实了氢键在吸附中的主导作用。图 8-6 表示 NOR 在 EDAR 上 5 次连续循环使用的吸附量，第 1 次吸附量为 5.3 mg/g，第 2 次吸附量下降到 5.0 mg/g，随后的重复循环中，对 NOR 依然保持相对稳定的吸附量。因此，EDAR 可再生循环使用，具备实际应用的潜力。而吸附的可逆性也是物理吸附的一大特征，结果与热力学、动力学实验一致。

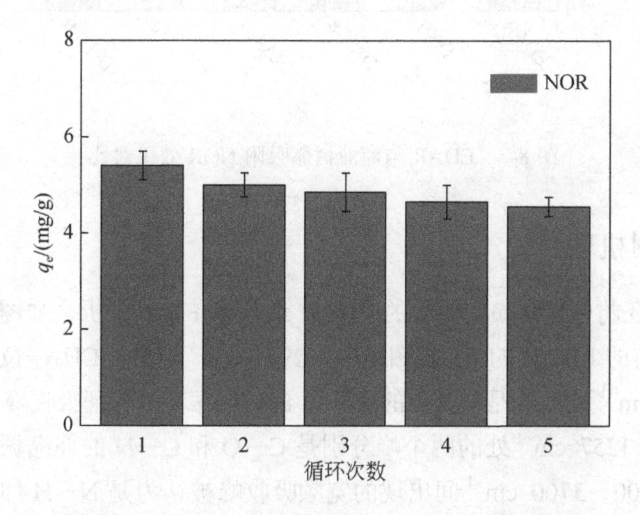

图 8-6 0.1 mol/L HCl 脱附剂对 EDAR 的再生效果

8.2.4 与商业树脂吸附 NOR 性能的对比

实验对比了 5 种商业树脂与自制的 EDAR 对水中的 NOR 的吸附性能（吸附条件：0.1 g 各种树脂吸附剂加入在锥形瓶中，再加入 100 mL 浓度为 20 mg/L 的 NOR 溶液，调节初始 pH 为 6.0，在温度 20℃条件下进行吸附 24 h）。由图 8-7 可知，对 NOR 的吸附量大小顺序为 D001＞EDAR＞XAD-1180＞DAX-8＞IRA410＞IRC-748。结果表明，EDAR 对 NOR 吸附去除效果都优于除 D001 之外的其他树脂。有趣的是，EDAR 对 4-硝基酚和 NOR 都有良好的吸附去除效果，而 DAX-8 对水中 4-硝基酚具有优异的吸附性能，但对水中的 NOR 效果就差很多（图 8-7）。显然，EDAR 对这些类型的污染物具有普适性。

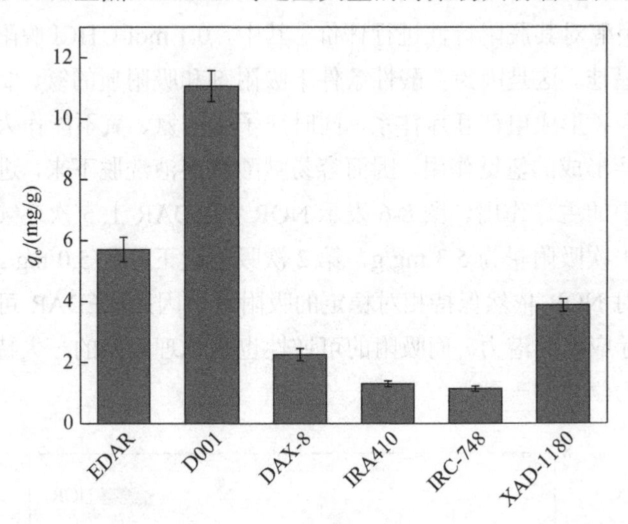

图 8-7　EDAR 与商业树脂吸附 NOR 效果对比

8.2.5　吸附机理

本研究还将吸附 NOR 前后的 EDAR 进行了 FTIR 分析，如图 8-8 所示。吸附 NOR 前的 EDAR 的 FTIR 图谱中，2951 cm^{-1} 处是—CH_2—拉伸特征峰，位于 1715 cm^{-1} 处的峰是酯基中的 C═O 的伸缩振动的特征吸收峰[62]。而位于 1174 cm^{-1} 和 1257 cm^{-1} 处的两个峰分别是 C—O 和 C—N 的伸缩振动的特征吸收峰。在 3100～3700 cm^{-1} 间出现的宽频吸收峰被认为是 N—H 伸缩振动吸收峰[7, 63]，并且在 1633 cm^{-1} 和 1540 cm^{-1} 处的吸收分别为伯胺和仲胺的 N—H 的特征吸收峰，这也证明了氨基官能团已经成功引入到树脂的骨架上。对比 EDAR 吸附 NOR 后的 FTIR 图谱，发现 C═O 特征吸收峰变强并且伯胺 N—H 的特征峰吸收减弱，说明 NOR 在 EDAR 上的作用位点集中于伯胺基团。

综上所述，EDAR 吸附 NOR 过程中涉及主要作用力包括氢键作用和静电作用，如图 8-9 所示。①氢键作用：在酸性条件下，吸附质与吸附剂所含氨基的氮原子的孤对电子易与质子结合，使氨基的氮原子失去了氢键受体的作用，互相间形成的氢键能力减弱，导致 EDAR 在酸性条件下对 NOR 的吸附能力大大下降；中性附近 EDAR 的氨基与 NOR 的仲胺基团和羧基互为氢键给体与受体，此时吸附能力最强；碱性时 NOR 的羧基负离子和氨基仍是良好的氢键受体，使 EDAR 还有良好吸附能力。此外，脱附再生要在酸性条件下进行等。这些实验事实都说明氢键作用是 EDAR 吸附 NOR 的主要作用方式。②静电作用：在中性或碱性溶液中，EDAR 的正电荷与 NOR 的负电荷相互吸引形成静电作用力，促使吸附质分子向 EDAR 表面扩散。

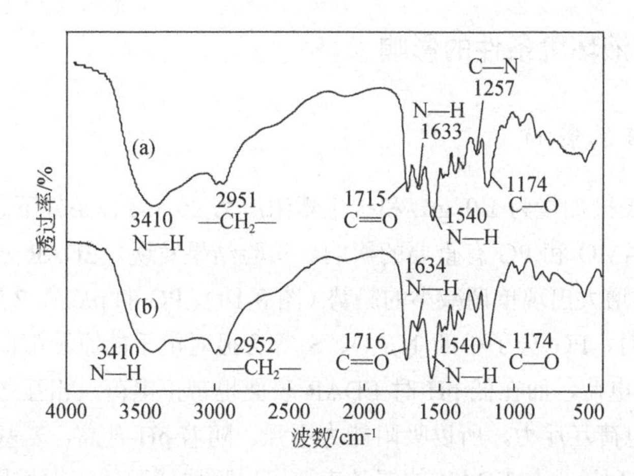

图 8-8　（a）EDAR 和（b）EDAR 吸附 NOR 后的 FTIR 图谱

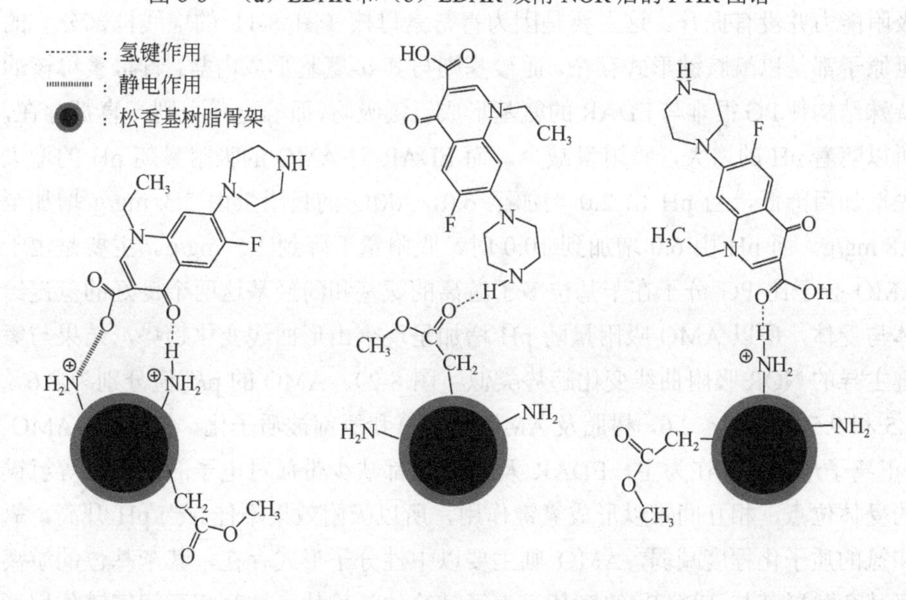

图 8-9　EDAR 与 NOR 分子作用力

8.3 松香基吸附树脂处理青霉素类抗菌药污染的研究

以青霉素类抗菌药中最常用的羟胺苄青霉素［阿莫西林（AMO）］和苄青霉素［青霉素 G（PG）］为吸附质，考察 EDAR 处理青霉素类抗菌药的性能。

8.3.1 水溶液环境条件的影响

（1）pH 的影响

在 EDAR 投加量为 1.0 g/L 和抗生素浓度为 20 mg/L 条件下，溶液 pH 对 EDAR 吸附 AMO 和 PG 有重要的影响。实验结果发现，EDAR 对 PG 的吸附量随着 pH 的增大出现单调减小的趋势（图 8-10），PG 的 pK_a 在 2.5～3.1 之间。当 pH＜3.1 时，PG 分子中的 N、O、S 等含孤对电子的原子都被质子化，使 PG 主要带正电荷，而在低 pH 时 EDAR 表面也带正电荷，相互之间不能形成氢键又存在电荷互斥力，所以吸附能力不强。随着 pH 升高，氨基和羧基趋于游离的状态，理论上与 EDAR 的氨基应该可以形成较强的氢键作用，但是实际吸附能力并没有提升。这主要是因为青霉素母核（图 8-11 的虚线框部分）的氮原子都是以酰胺键形式存在，而羧基则与其 α-氨基形成内盐，青霉素母核的特殊结构使 PG 很难与 EDAR 的氨基形成氢键吸附，而静电斥力则一直都存在，所以随着 pH 的增大，吸附量减少。而 EDAR 对 AMO 的吸附量随 pH 的增大先增加后降低，当 pH 由 2.0 增加至 6.0，AMO 的吸附量由 2.3 mg/g 增加至 4.8 mg/g。而 pH 由 6.0 增加到 10.0 时，吸附量下降到 1.5 mg/g。主要是由于 AMO 分子比 PG 分子在苄基位多了游离的氨基和酚羟基这两个良好的氢键给体与受体，所以 AMO 吸附量随 pH 增加呈现火山形曲线变化趋势，结果与氢键主导的 NOR 吸附曲线变化趋势类似（图 8-2）。AMO 的 pK_a 值分别为 2.6、7.5 和 9.5，当 pH＜2.6，树脂及 AMO 上的氧和氮都被质子化，AMO 以 AMO^+（正离子形式）存在为主，EDAR 及 AMO 都缺少带孤对电子的氮或氧等氢键的受体位点，相互间难以形成氢键作用，所以吸附效果不佳。当 pH 升高，氧和氮的质子化程度减弱，AMO 则主要以中性分子形式存在，其苄基位的游离氨基和酚羟基与 EDAR 的氨基互为氢键给体与受体，这时相互间氢键作用增强，溶液 pH 增加至 6 时的吸附效果最佳。当 pH＞7.5 时 AMO 中的—COOH

变成—COO⁻（负离子形式），当 pH 为 9.0 时酚羟基 ArOH 也变成了 ArO⁻（负离子形式），因此随着 pH 的增加，AMO 分子中相继缺少了—COOH 和—OH 这两种氢键给体，作用位点减少，使其与 EDAR 相互间的氢键作用力降低，吸附性能变差。而且，在强碱时 AMO 以 AMO⁻（负离子形式）存在为主，EDAR 表面也是负电荷，不利于吸附。

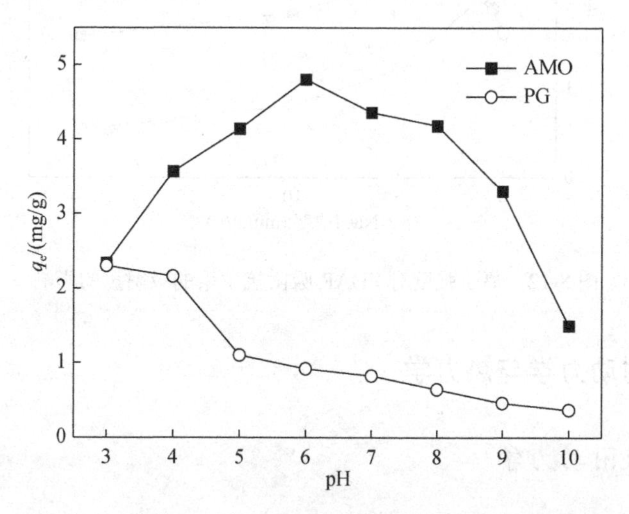

图 8-10　溶液 pH 对 EDAR 吸附抗生素的吸附量的影响

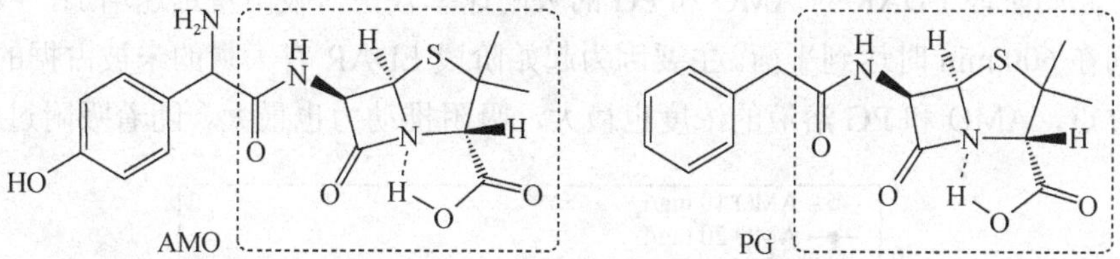

图 8-11　AMO 和 PG 的分子结构

（2）离子强度的影响

图 8-12 为 EDAR 随着离子强度变化（以 NaCl 为计）对 AMO 和 PG 吸附效果。由图可知，当离子强度小于 1.0 mmol/L 时，AMO 和 PG 的吸附量随着离子强度的升高而增加。当离子强度大于 1.0 mmol/L 时，吸附量随着离子强度增大而有所减少。具体也是由于增加电解质浓度对水溶液介电常数的影响是呈火山形变化趋势，造成污染物分子在水中分配系数变化［同 8.2.1（1）］。由此可得，低的离子强度对 EDAR 去除 AMO 和 PG 有一定的促进作用。

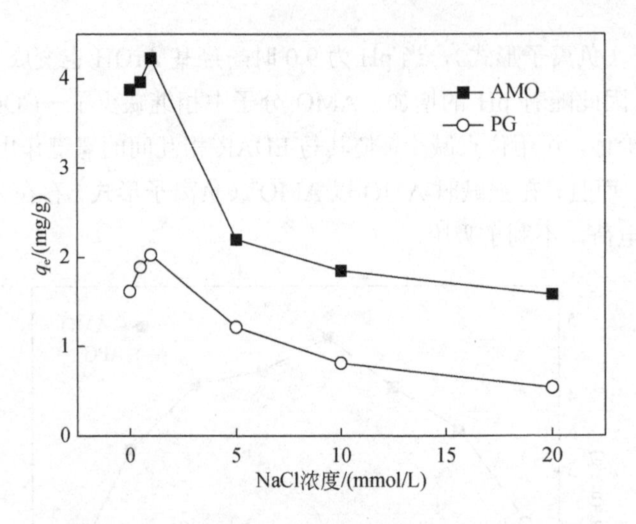

图 8-12　离子强度对 EDAR 吸附抗生素的吸附量的影响

8.3.2　吸附动力学与热力学

（1）吸附动力学

图 8-13 为不同浓度条件下 AMO 和 PG 在 EDAR 上的吸附动力学。由图可见，起始阶段 EDAR 对 AMO 和 PG 的吸附速率较快，吸附量迅速增加，吸附时间在 600 min 时达到平衡。主要因为起始阶段 EDAR 有大量的未被占据的吸附位点，AMO 和 PG 溶液的浓度也最大，吸附推动力也最大。随着吸附过程

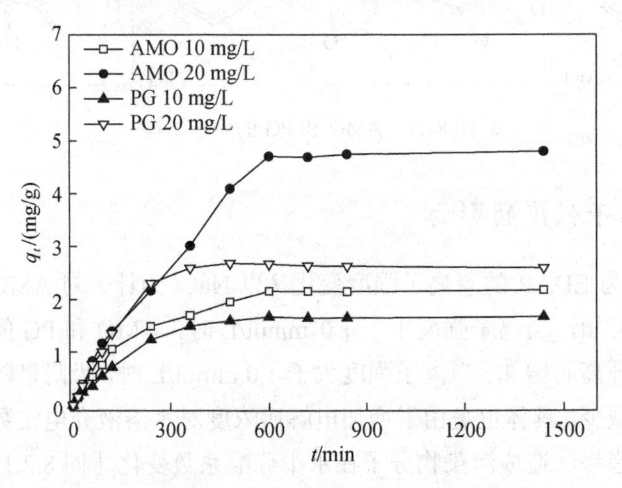

图 8-13　EDAR 对抗生素的吸附动力学曲线

的进行，可用于吸附的活性位点逐渐被占据，并且 AMO 和 PG 溶液的浓度也逐渐变小，导致吸附推动力变弱，吸附变缓慢并最终达到平衡。

为了进一步研究 EDAR 对 AMO 和 PG 的吸附动力学，采用拟一级动力学模型、拟二级动力学模型拟合吸附动力学实验数据[64]，表达式见第 2 章公式（2-11）和式（2-12）。由表 8-4 的拟合参数可以看出，EDAR 对 AMO 和 PG 的吸附更符合拟二级动力学模型。

表 8-4　EDAR 对 AMO 和 PG 的吸附动力学模型的参数

模型	参数	AMO		PG	
		10 mg/L	20 mg/L	10 mg/L	20 mg/L
拟一级动力学模型	$q_{e,cal}$/(mg/g)	2.3	6.6	1.8	1.3
	k_1/(1/min)	6.1×10^{-3}	5.7×10^{-3}	6.8×10^{-3}	3.2×10^{-3}
	R^2	0.915	0.941	0.808	0.546
拟二级动力学模型	$q_{e,cal}$/(mg/g)	2.5	6.7	1.9	3.0
	k_2/［g/(mg·min)］	2.7×10^{-3}	3.6×10^{-4}	3.6×10^{-3}	2.6×10^{-3}
	R^2	0.977	0.832	0.970	0.963

（2）吸附等温线

图 8-14 是 AMO 和 PG 在 EDAR 上的吸附等温线（吸附条件：0.1 g EDAR 加入 100 mL 抗生素溶液中，调节初始 pH 为 6.0，在 20 ℃摇床中以 150 r/min 的转速进行吸附 24 h）。可以看出，单位吸附量随体系温度的升高而增加，这

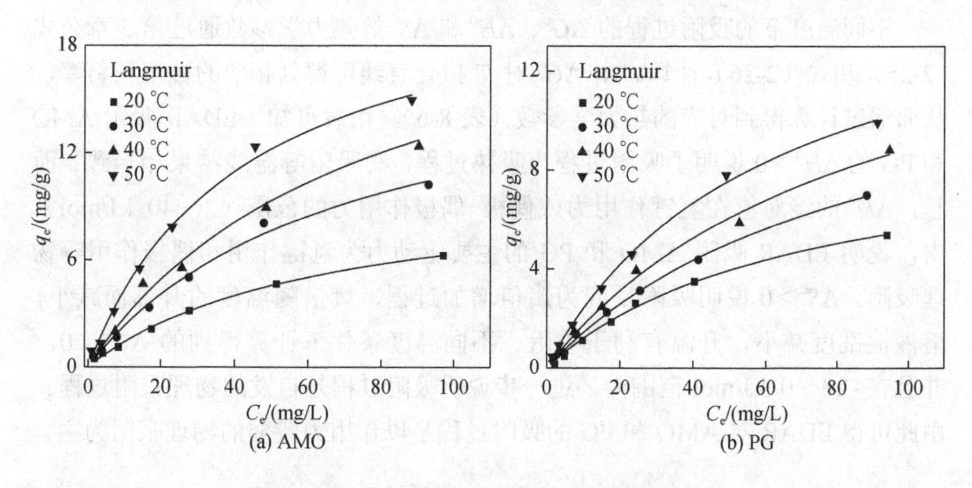

图 8-14　AMO 和 PG 在 EDAR 上的吸附等温线

说明该吸附过程是吸热的，即提高温度有利于 EDAR 对水中 AMO 和 PG 的吸附。等温数据分别采用 Langmuir 和 Freundlich 等温模型进行拟合[65]，结果见表 8-5。由表可知，Langmuir 等温模型拟合得到的相关系数都比 Freundlich 等温模型更大。因此，EDAR 对 AMO 和 PG 的吸附行为更符合 Langmuir 等温模型，吸附主要以单层吸附为主。

表 8-5　EDAR 对 AMO 和 PG 的吸附等温线拟合参数

抗生素	温度/（℃）	Langmuir 拟合			Freundlich 拟合		
		q_{max}/(mg/g)	K_L/(L/mg)	R^2	K_F/[(mg/g)(L/mg)$^{1/n}$]	$1/n$	R^2
AMO	20	10.3	1.59×10^{-2}	0.998	0.377	0.621	0.988
	30	18.2	1.44×10^{-2}	0.996	0.559	0.653	0.972
	40	21.1	1.53×10^{-2}	0.992	0.681	0.649	0.985
	50	22.6	2.35×10^{-2}	0.994	1.193	0.577	0.966
PG	20	9.3	1.49×10^{-3}	0.995	0.287	0.653	0.971
	30	13.7	1.16×10^{-2}	0.997	0.312	0.698	0.991
	40	16.4	1.18×10^{-2}	0.994	0.387	0.688	0.980
	50	16.5	1.69×10^{-2}	0.998	0.591	0.635	0.940

（3）吸附热力学

不同温度下的吸附过程的 ΔG^o、ΔH^o 和 ΔS^o 等热力学参数通过第 2 章公式（2-25）和式（2-26）计算。由 ΔG^o 对 T 拟合直线可得到相应的截距和斜率，从而通过计算得到对应的热力学参数（表 8-6）。由表可知，EDAR 吸附 AMO 和 PG 的 $\Delta H^o>0$ 说明了吸附过程为吸热过程，与吸附等温线结果相一致。而且，ΔH^o 的绝对值在氢键作用力或偶极-偶极作用力的范围（2～40 kJ/mol）内，说明 EDAR 吸附 AMO 和 PG 的主要驱动力为氢键作用和偶极作用等物理吸附。$\Delta S^o>0$ 说明吸附反应为熵值增加过程，熵值随温度的升高而减小，溶液混乱度减小，升温有利于吸附。不同温度条件下计算得到的 $\Delta G^o<0$，并且在−20～0 kJ/mol 范围内，进一步说明吸附过程是自发的物理吸附过程。由此可得 EDAR 对 AMO 和 PG 的吸附过程是以作用力较弱的物理吸附为主。

表 8-6　EDAR 吸附 AMO 和 PG 热力学参数

抗生素	ΔH^{o}/(kJ/mol)	ΔS^{o}/[kJ/(mol·K)]	ΔG^{o}/(kJ/mol)				R^2
			20 ℃	30 ℃	40 ℃	50 ℃	
AMO	30.52	144.46	−11.72	−13.32	−14.90	−15.99	0.985
PG	17.78	99.48	−11.37	−12.39	−13.26	−14.40	0.993

8.3.3　脱附再生与重复利用

将 0.1 g 吸附饱和后的 EDAR 置于 100 mL 浓度为 0.1 mol/L 的脱附剂中（NaOH、HCl、水、乙醇和甲醇），在温度为 25 ℃和转速为 150 r/min 的条件下振荡脱附 12 h，以确定最优脱附剂及浓度。将经过脱附再生的 EDAR 继续进行多次重复“脱附-再生-吸附”实验，考察 EDAR 的再生使用性能。为了考察 EDAR 的再生效果，分别考察了采用 0.1 mol/L NaOH、0.1 mol/L HCl、水、乙醇和甲醇对其脱附性能进行评价。结果发现与其他脱附剂相比，0.1 mol/L NaOH 脱附剂对 EDAR 的脱附再生效果最佳（96.8%）。

图 8-15 为 AMO 和 PG 在 EDAR 上 5 次连续循环使用的吸附量，结果表明在 3 次重复吸附内对 EDAR 仍然保持相对稳定的吸附量。因此，EDAR 可再生循环使用，具备实际应用的潜力。

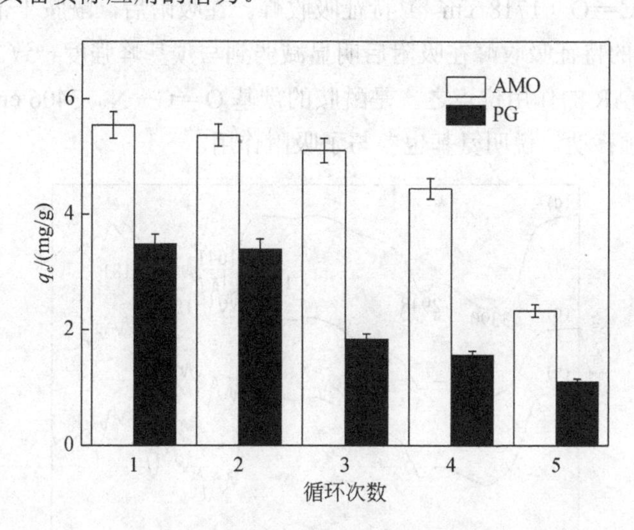

图 8-15　0.1 mol/L NaOH 脱附剂对 EDAR 的再生性能的比较

8.3.4 吸附机理

从 EDAR 对 AMO 吸附能力的 pH 的依赖性来看，在酸性条件下吸附剂和吸附质上含孤对电子的 N 和 O 等是容易质子化而失去形成氢键的受体原子，导致酸性条件下 EDAR 对 AMO 和 PG 的吸附能力大大下降。在碱性条件下吸附质 AMO 的羧基和酚羟基会变成负离子而失去 AMO 的氢键给体原子，也会导致 EDAR 的吸附能力降低，由此可证明氢键在整个吸附过程当中起了主要作用。上述研究结果表明 EDAR 对 AMO 的吸附去除效果都要优于 PG，因为 AMO 在苄基上比 PG 多了一个氨基和一个酚羟基的氢键给体与受体的作用位点（图 8-11），这也是氢键在 EDAR 吸附 AMO 和 PG 过程起主要作用的一个佐证。综上所述，EDAR 与 AMO 作用力以氢键作用为主，相互之间能形成氢键的位点。PG 吸附量随 pH 增加呈单调降低趋势，说明 EDAR 吸附 PG 的主要作用力不是氢键作用。

EDAR 吸附 AMO 和 PG 前后的 FTIR 图谱如图 8-16。EDAR 的 FTIR 图谱中存在氨基的 N—H（3390 cm^{-1}）、—CH_2—（2948 cm^{-1}）、C═O（1718 cm^{-1}）、酰胺Ⅰ带 O═C—N（1641 cm^{-1}）、酰胺Ⅱ带 O═C—N（1540 cm^{-1}）、C—O（1251 cm^{-1} 和 1181 cm^{-1}）等特征峰。在吸附前，酰胺Ⅰ带 O═C—N（1641 cm^{-1}）的特征吸收峰强于 C═O（1718 cm^{-1}）特征吸收峰。在吸附后，酰胺Ⅰ带 O═C—N（1641 cm^{-1}）的特征吸收峰在吸附后明显减弱到与羰基峰强度一致。由此可知，抗生素与 EDAR 的作用位点之一是酰胺的羰基 O═C—N。3406 cm^{-1} 处 N—H 吸收峰向低频移动，说明氨基也参与了吸附作用。

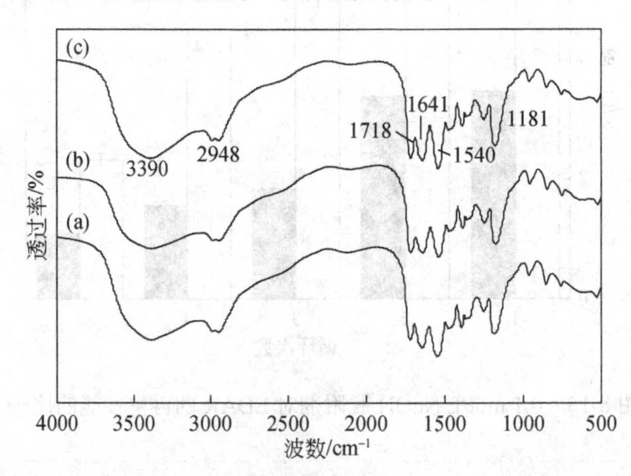

图 8-16　（a）EDAR、（b）EDAR 吸附 PG 后和（c）EDAR 吸附 AMO 后的 FTIR 图谱

8.3.5　与商业树脂吸附青霉素类污染物的比较

在 $C_0 = 20$ mg/L 和 pH=6.0 条件下，对比考察了 5 种商业树脂（如 DAX-8、IRC-748、L-493、XRD-4、XAD-1180）与 EDAR 及 MBR 对水中的 AMO 和 PG 的吸附性能。结果发现 EDAR 的吸附能力远大于 MBR（图 8-17），说明在基体树脂引进氨基对吸附能力有很大的提升，这也确证了树脂上的氨基是吸附 AMO 和 PG 的主要位点。除了低于 IRC-748 树脂之外，EDAR 对 AMO 具有较好的吸附去除效果。相比功能单体主要来源于苯乙烯系的其他树脂，EDAR 在环境水处理领域有潜在的应用价值和前景。有意义的是，EDAR 对 4-硝基酚（图 7-3）、NOR（图 8-7）、AMO 和 PG（图 8-17）都有比较好的吸附去除效果，说明 EDAR 在吸附抗生素类污染物具有普适性。

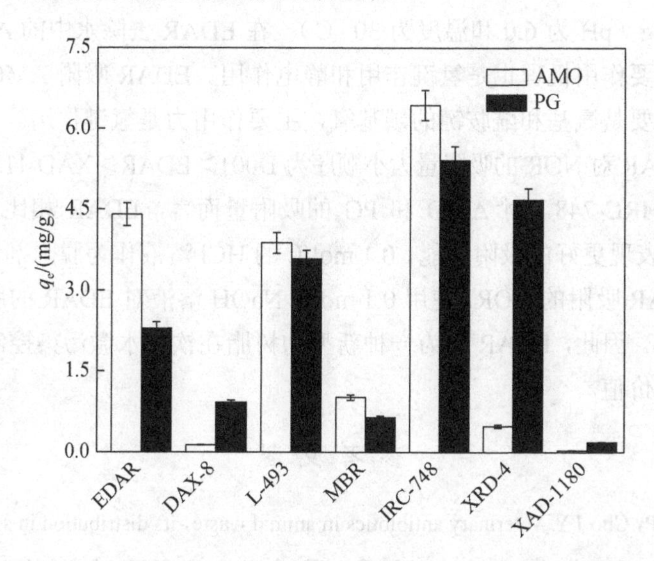

图 8-17　EDAR 和 MBR 与商业树脂吸附 AMO 和 PG 的效果比较

8.4　小　结

本章探究了 EDAR 对水中的 AMO、PG 和 NOR 的吸附去除，研究其对抗生素的吸附特性包括离子强度、吸附动力学、吸附等温线、吸附热力学等，分析其吸附机理、重复使用性、商业树脂与抗生素吸附，得到的研究结果如下：

（1）EDAR 对水中 AMO、PG 和 NOR 等抗生素类污染物具有较好的吸附能力和亲和能力，具有普适性。pH 是影响吸附的一个重要因素，其中 pH 为 6.0 时对 AMO 吸附效果最好，若需要吸附的物质为 PG 时，应控制 pH 小于 3.1。pH 在 6.0～8.0 区间时对 NOR 的吸附效果最好。当总离子浓度小于 1.0 mmol/L 时，共存离子的存在总体上有利于 EDAR 吸附水中抗生素。

（2）EDAR 吸附速率较快，在 90 min 内可达到平衡，EDAR 吸附 NOR、AMO 和 AG 吸附动力学均符合拟二级动力学模型。由粒子内扩散模型可知，颗粒内扩散为吸附速率的主要控速步骤。

（3）Langmuir 等温模型能够很好地拟合 NOR、AMO 和 AG 在 DAAO 吸附等温线，对 NOR 的最大平衡吸附量为 30.3 mg/g（pH 为 6.0 和温度为 20 ℃），吸附过程为吸热的物理过程。在 EDAR 去除水中的 NOR 过程中的作用机理主要是氢键作用和静电作用。对 AMO 和 PG 的最大平衡吸附量分别为 18.2mg/g 和 13.7 mg/g（pH 为 6.0 和温度为 30 ℃）。在 EDAR 去除水中的 AMO 和 PG 过程中的主要作用机理也是氢键作用和静电作用。EDAR 吸附 AMO 与 PG 的作用位点主要是氨基和酰胺键的羰基氧，主要作用力是氢键作用。

（4）EDAR 对 NOR 的吸附量大小顺序为 D001＞EDAR＞XAD-1180＞DAX-8＞IRA410＞IRC-748。对 AMO 和 PG 的吸附量而言，EDAR 相比 DAX-8 和 XAD-1180 表现更好的吸附性能。0.1 mol/L 的 HCl 溶液作为脱附剂，可以有效地脱附 EDAR 吸附的 NOR。使用 0.1 mol/L NaOH 溶液对 EDAR 的脱附再生效率高达 96%。因此，EDAR 作为一种新型的树脂在饮用水微污染控制领域具有潜在的应用价值。

参考文献

[1] Tasho R P，Cho J Y. Veterinary antibiotics in animal waste，its distribution in soil and uptake by plants：A review[J]. Science of the Total Environment，2016，563-564：366-376.

[2] Li B，Zhang T. Biodegradation and adsorption of antibiotics in the activated sludge process[J]. Environmental Science & Technology，2010，44（9）：3468-3473.

[3] Richardson B J，Lam P K S，Martin M. Emerging chemicals of concern：Pharmaceuticals and personal care products（PPCPs）in Asia，with particular reference to Southern China[J]. Marine Pollution Bulletin，2005，50（9）：913-920.

[4] Wang J L，Wang S Z. Microbial degradation of sulfamethoxazole in the environment[J]. Applied Microbiology and Biotechnology，2018，102：3573-3582.

[5] Aydin S，Ince B，Cetecioglu Z，et al. Combined effect of erythromycin，tetracycline and

sulfamethoxazole on performance of anaerobic sequencing batch reactors[J]. Bioresource Technology，2015，186：207-214.

［6］王建强，马淑涛. 16 元大环内酯类抗生素的研究进展[J]. 中国药学杂志，2006（24）：1841-1844.

［7］DeBoer C，Meulman P A，Wnuk R J，et al. Geldanamycin，a new antibiotic[J]. The Journal of Antibiotics，1970，23（9）：442-447.

［8］Van Doorslaer X，Dewulf J，Van Langenhove H，et al. Fluoroquinolone antibiotics：An emerging class of environmental micropollutants[J]. Science of the Total Environment，2014，500-501：250-269.

［9］Kümmerer K. Antibiotics in the aquatic environment：A review-part I[J]. Chemosphere，2009，75（4）：417-434.

［10］Zhou L J，Ying G G，Liu S，et al. Occurrence and fate of eleven classes of antibiotics in two typical wastewater treatment plants in South China[J]. Science of the Total Environment，2013，452-453：365-376.

［11］Hoa P T P，Managaki S，Nakada N，et al. Antibiotic contamination and occurrence of antibiotic-resistant bacteria in aquatic environments of northern Vietnam[J]. Science of the Total Environment，2011，409（15）：2894-2901.

［12］Zhang R J，Tang J H，Li J，et al. Occurrence and risks of antibiotics in the coastal aquatic environment of the Yellow Sea，North China[J]. Science of the Total Environment，2013，450-451：197-204.

［13］Zuccato E，Castiglioni S，Bagnati R，et al. Source，occurrence and fate of antibiotics in the Italian aquatic environment[J]. Journal of Hazardous Materials，2010，179（1-3）：1042-1048.

［14］周启星，罗义，王美娥. 抗生素的环境残留、生态毒性及抗性基因污染[J]. 生态毒理学报，2007（3）：243-251.

［15］Heberer T，Reddersen K，Mechlinski A. From municipal sewage to drinking water：Fate and removal of pharmaceutical residues in the aquatic environment in urban areas[J]. Water Science and Technology，2002，46（3）：81-88.

［16］Boxall A B A，Kolpin D W，Halling-Sørensen B，et al. Peer reviewed：Are veterinary medicines causing environmental risks?[J]. Environmental Science & Technology，2003，37（15）：286A-294A.

［17］Schmitt H，Stoob K，Hamscher G，et al. Tetracyclines and tetracycline resistance in agricultural soils：Microcosm and field studies[J]. Microbial Ecology，2006，51：267-276.

［18］Pérez S，Eichhorn P，Aga D S. Evaluating the biodegradability of sulfamethazine，sulfamethoxazole，sulfathiazole，and trimethoprim at different stages of sewage treatment[J]. Environmental Toxicology and Chemistry，2005，24（6）：1361-1367.

［19］Ternes T A，Joss A，Siegrist H. Peer reviewed：Scrutinizing pharmaceuticals and personal care products in wastewater treatment[J]. Environmental Science & Technology，2004，38（20）：392A-399A.

［20］Britto J M，Rangel M C. Advanced oxidation process of phenolic compounds in industrial wasterwater[J]. Química Nova，2008，31（1）：114-122.

［21］Arslan-Alaton I，Caglayan A E. Ozonation of Procaine Penicillin G formulation effluent Part I：Process optimization and kinetics[J]. Chemosphere，2005，59（1）：31-39.

［22］Dantas R F，Contreras S，Sans C，et al. Sulfamethoxazole abatement by means of ozonation[J]. Journal of Hazardous Materials，2008，150（3）：790-794.

［23］Balcıoğlu I A，Ötker M. Treatment of pharmaceutical wastewater containing antibiotics by O_3 and O_3/H_2O_2 processes[J]. Chemosphere，2003，50（1）：85-95.

［24］Lange F，Cornelissen S，Kubac D，et al. Degradation of macrolide antibiotics by ozone：A mechanistic case study with clarithromycin[J]. Chemosphere，2006，65（1）：17-23.

［25］Xu W H，Zhang G，Li X D，et al. Occurrence and elimination of antibiotics at four sewage treatment plants in the Pearl River Delta（PRD），South China[J]. Water Research，2007，41（19）：4526-4534.

［26］Stackelberg P E，Gibs J，Furlong E T，et al. Efficiency of conventional drinking-water-treatment processes in removal of pharmaceuticals and other organic compounds[J]. Science of the Total Environment，2007，377（2-3）：255-272.

［27］Zwiener C. Occurrence and analysis of pharmaceuticals and their transformation products in drinking water treatment[J]. Analytical and Bioanalytical Chemistry，2007，387：1159-1162.

［28］Gholami M，Mirzaei R，Kalantary R R，et al. Performance evaluation of reverse osmosis technology for selected antibiotics removal from synthetic pharmaceutical wastewater[J]. Iranian Journal of Environmental Health Science & Engineering，2012，9：1-10.

［29］Zhao C W，Fan W H，Wang T，et al. The effects of operating parameters on spiramycin removal by nanofiltration membrane[J]. Water Science and Technology，2013，68（7）：1512-1519.

[30] Dolar D，Vuković A，Ašperger D，et al. Effect of water matrices on removal of veterinary pharmaceuticals by nanofiltration and reverse osmosis membranes[J]. Journal of Environmental Sciences，2011，23（8）：1299-1307.

[31] Lipp P，Sacher F，Baldauf G. Removal of organic micro-pollutants during drinking water treatment by nanofiltration and reverse osmosis[J]. Desalination and Water Treatment，2010，13（1-3）：226-237.

[32] Trovó A G，Nogueira R F P，Agüera A，et al. Photodegradation of sulfamethoxazole in various aqueous media：Persistence，toxicity and photoproducts assessment[J]. Chemosphere，2009，77（10）：1292-1298.

[33] Van Doorslaer X，Demeestere K，Heynderickx P M，et al. UV-A and UV-C induced photolytic and photocatalytic degradation of aqueous ciprofloxacin and moxifloxacin：Reaction kinetics and role of adsorption[J]. Applied Catalysis B：Environmental，2011，101（3-4）：540-547.

[34] López - Peñalver J J，Sánchez - Polo M，Gómez - Pacheco C V，et al. Photodegradation of tetracyclines in aqueous solution by using UV and UV/H_2O_2 oxidation processes[J]. Journal of Chemical Technology & Biotechnology，2010，85（10）：1325-1333.

[35] Kanakaraju D，Glass B D，Oelgemöller M. Titanium dioxide photocatalysis for pharmaceutical wastewater treatment[J]. Environmental Chemistry Letters，2014，12：27-47.

[36] Shi Y J，Wang X H，Qi Z，et al. Sorption and biodegradation of tetracycline by nitrifying granules and the toxicity of tetracycline on granules[J]. Journal of Hazardous Materials，2011，191（1-3）：103-109.

[37] Haham H，Oren A，Chefetz B. Insight into the role of dissolved organic matter in sorption of sulfapyridine by semiarid soils[J]. Environmental Science & Technology，2012，46（21）：11870-11877.

[38] Peng H B，Pan B，Wu M，et al. Adsorption of ofloxacin and norfloxacin on carbon nanotubes：hydrophobicity-and structure-controlled process[J]. Journal of Hazardous Materials，2012，233：89-96.

[39] Rakshit S，Sarkar D，Elzinga E J，et al. Mechanisms of ciprofloxacin removal by nano-sized magnetite[J]. Journal of Hazardous Materials，2013，246：221-226.

[40] Guinea E，Garrido J A，Rodríguez R M，et al. Degradation of the fluoroquinolone enrofloxacin by electrochemical advanced oxidation processes based on hydrogen peroxide electrogeneration[J]. Electrochimica Acta，2010，55（6）：2101-2115.

[41] Dirany A，Sirés I，Oturan N，et al. Electrochemical treatment of the antibiotic sulfachloropyridazine：kinetics，reaction pathways，and toxicity evolution[J]. Environmental Science & Technology，2012，46（7）：4074-4082.

[42] Dirany A，Sirés I，Oturan N，et al. Electrochemical abatement of the antibiotic sulfamethoxazole from water[J]. Chemosphere，2010，81（5）：594-602.

[43] Daghrir R，Drogui P，Delegan N，et al. Electrochemical degradation of chlortetracycline using N-doped Ti/TiO_2 photoanode under sunlight irradiations[J]. Water Research，2013，47（17）：6801-6810.

[44] Sassman S A，Lee L S. Sorption of three tetracyclines by several soils：Assessing the role of pH and cation exchange[J]. Environmental Science & Technology，2005，39（19）：7452-7459.

[45] Carrasquillo A J，Bruland G L，Mackay A A，et al. Sorption of ciprofloxacin and oxytetracycline zwitterions to soils and soil minerals：Influence of compound structure[J]. Environmental Science & Technology，2008，42（20）：7634-7642.

[46] Xu X R，Li X Y. Sorption and desorption of antibiotic tetracycline on marine sediments[J]. Chemosphere，2010，78（4）：430-436.

[47] Gu C，Karthikeyan K G，Sibley S D，et al. Complexation of the antibiotic tetracycline with humic acid[J]. Chemosphere，2007，66（8）：1494-1501.

[48] Pils J R V，Laird D A. Sorption of tetracycline and chlortetracycline on K-and Ca-saturated soil clays，humic substances，and clay-humic complexes[J]. Environmental Science & Technology，2007，41（6）：1928-1933.

[49] Aristilde L，Marichal C，Miéhé-Brendlé J，et al. Interactions of oxytetracycline with a smectite clay：A spectroscopic study with molecular simulations[J]. Environmental Science & Technology，2010，44（20）：7839-7845.

[50] Kulshrestha P，Giese R F，Aga D S. Investigating the molecular interactions of oxytetracycline in clay and organic matter：Insights on factors affecting its mobility in soil[J]. Environmental Science & Technology，2004，38（15）：4097-4105.

[51] Figueroa R A，Leonard A，MacKay A A. Modeling tetracycline antibiotic sorption to clays[J]. Environmental Science & Technology，2004，38（2）：476-483.

[52] Ji L L，Chen W，Duan L，et al. Mechanisms for strong adsorption of tetracycline to carbon nanotubes：A comparative study using activated carbon and graphite as adsorbents[J]. Environmental Science & Technology，2009，43（7）：2322-2327.

[53] Ji L L，Chen W，Bi J，et al. Adsorption of tetracycline on single-walled and multi-walled carbon nanotubes as affected by aqueous solution chemistry[J]. Environmental Toxicology and Chemistry，2010，29（12）：2713-2719.

[54] Oleszczuk P，Pan B，Xing B S. Adsorption and desorption of oxytetracycline and carbamazepine by multiwalled carbon nanotubes[J]. Environmental Science & Technology，2009，43（24）：9167-9173.

[55] Gu C，Karthikeyan K G. Interaction of tetracycline with aluminum and iron hydrous oxides[J]. Environmental Science & Technology，2005，39（8）：2660-2667.

[56] Figueroa R A，MacKay A A. Sorption of oxytetracycline to iron oxides and iron oxide-rich soils[J]. Environmental Science & Technology，2005，39（17）：6664-6671.

[57] Tasho R P，Cho J Y. Veterinary antibiotics in animal waste，its distribution in soil and uptake by plants：A review[J]. Science of the Total Environment，2016，563-564：366-376.

[58] Yao N，Chen X，Shen X，et al. An atomic insight into the chemical origin and variation of the dielectric constant in liquid electrolytes[J]. Angewandte Chemie，2021，133（39）：21643-21648.

[59] Li B，Zhang T. Biodegradation and adsorption of antibiotics in the activated sludge process[J]. Environmental Science & Technology，2010，44（9）：3468-3473.

[60] Wang J L，Wang S Z. Microbial degradation of sulfamethoxazole in the environment[J]. Applied Microbiology and Biotechnology，2018，102：3573-3582.

[61] Aydin S，Ince B，Cetecioglu Z，et al. Combined effect of erythromycin，tetracycline and sulfamethoxazole on performance of anaerobic sequencing batch reactors[J]. Bioresource Technology，2015，186：207-214.

[62] 王建强，马淑涛. 16 元大环内酯类抗生素的研究进展[J]. 中国药学杂志，2006（24）：1841-1844.

[63] Van Doorslaer X，Dewulf J，Van Langenhove H，et al. Fluoroquinolone antibiotics：An emerging class of environmental micropollutants[J]. Science of the Total Environment，2014，500-501：250-269.

[64] Fan H T，Shi L Q，Shen H，et al. Equilibrium，isotherm，kinetic and thermodynamic studies for removal of tetracycline antibiotics by adsorption onto hazelnut shell derived activated carbons from aqueous media[J]. RSC Advances，2016，6（111）：109983-109991.

[65] 赵涛，蒋成爱，丘锦荣，等. 皇竹草生物炭对水中磺胺类抗生素吸附性能研究[J]. 水处理技术，2017，43（4）：56-61，65.

第9章　松香酸淀粉酯类吸附剂去除苯系物的特性研究

9.1　淀 粉 概 述

9.1.1　淀粉结构

植物中主要的能量储存物质是淀粉，它是一种天然的高分子碳水化合物，其主要存在于植物的种子、叶、果实、茎以及根部等组织[1]。随着科技的快速发展，淀粉及其衍生物在各个领域中的应用越来越广泛，如造纸、纺织、食品、医药等行业。虽然天然淀粉的种类很多，如谷物淀粉、薯类淀粉、豆类淀粉和其他淀粉（如香蕉等），但是只有谷类作物（如玉米、小麦、大米）和薯类作物（如马铃薯、木薯、甘薯）的淀粉由于含量较高而被广泛地用于工业化生产。由于淀粉是一种丰富、可再生的天然资源，具有可降解并对环境不产生污染的特点，因此世界各国都已开始重视对淀粉研究与开发。

淀粉是葡萄糖分子聚合而成，其化学式为$(C_6H_{10}O_5)_n$，其中n为聚合度。它有直链淀粉和支链淀粉两种不同类型，其分子结构分别如图 9-1 和图 9-2 所示，具体理化参数见表 9-1。

（1）直链淀粉：直链淀粉是 D-葡萄糖基以α-(1,4)糖苷键连接的多糖链，一般有 60～1200 个葡萄糖基，分子量 5×10^5～1×10^6，其平均聚合度为 800～3000。其空间构象卷曲成螺旋形，每一回转为 6 个葡萄糖基[2]。

（2）支链淀粉：支链淀粉是由α-(1,4)糖苷键、α-(1,6)糖苷键连接而成，分子内含 300～400 个葡萄糖基，分子量在 10^7～10^9之间。此外，各分支还呈现卷曲螺旋形态，每个分子含有 300～400 个葡萄糖基[3]。

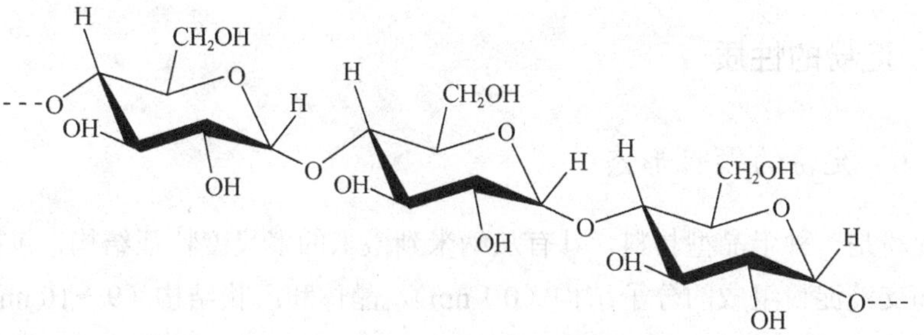

图 9-1　直链淀粉的分子结构图

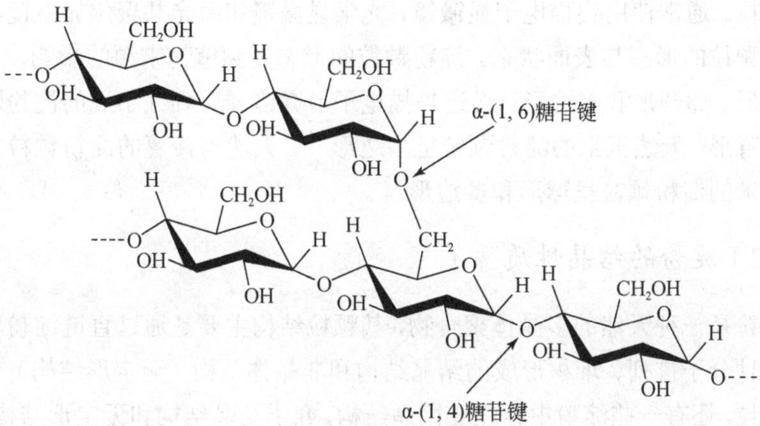

图 9-2　支链淀粉的分子结构图

表 9-1　直链淀粉和支链淀粉的比较

特征	直链淀粉	支链淀粉
淀粉分子中含量（%）	70～90	10～30
连接方式	α-(1,4) 糖苷键	α-(1,4) 糖苷键、α-(1,6) 糖苷键
分子量	5×10^5～1×10^6	10^7～10^9
聚合度	990	7200
α-(1,6) 糖苷键比例	极少	5%
链长	3～1000	3～50
碘液反应	蓝色（$n>45$）	紫红色
溶液稳定性	不稳定	稳定
成膜能力	非常强	中等

9.1.2 淀粉的性质

（1）淀粉的颗粒形态

淀粉是一种半晶型材料，具有从纳米到微米的多尺度特征结构，包括直链淀粉和支链淀粉组成的分子结构（0.1 nm）、晶体和层状结构（9～10 nm）、生长环结构（100～400 nm）和颗粒结构（<1～100 μm）。淀粉在各种谷物、豆类、块茎以及一些根茎中都有很高的比例，它们以离散的颗粒形式存在，称为淀粉颗粒。通常使用扫描电子显微镜、光学显微镜和激光共聚焦显微镜等来观察淀粉颗粒的形态与表面状态。淀粉颗粒的形态受到植物来源的影响，可大致分为圆形、卵圆形和多边形。通过扫描电子显微镜观察到红小豆的淀粉颗粒呈圆形或肾形，天然玉米的淀粉颗粒呈多边形[4]，天然马铃薯的淀粉颗粒为椭圆形，小米的淀粉颗粒呈球形和多边形[5]。

（2）淀粉的结晶性质

淀粉是一种天然的多晶体聚合物，其颗粒结构主要是通过直链淀粉和支链淀粉两种分子排列、堆积形成的结晶结构和非晶体结构（无定形结构）交互组成的颗粒。还有一些淀粉中存在亚微晶结构，介于结晶结构和无定形结构之间。因此，淀粉颗粒的多晶型体系是由结晶结构、亚微晶结构和无定形结构中的一种或多种成分组成的[6]。

（3）淀粉的糊化性质

淀粉分子通常不溶于冷水，而是在水中形成悬浮液。当淀粉悬浮液在过量的水中加热达到一定温度时，淀粉颗粒吸水膨胀，分子间的氢键被破坏，发生不可逆的从有序到无序的相变，这个过程称为糊化[7]。发生这种转变的特征温度范围称为糊化温度。淀粉糊化的典型特征是通过偏振光显微镜可以观察到的淀粉颗粒中双折射的损失，这种现象还表现为结晶度的消失和淀粉糊黏度的增加。淀粉凝胶或糊状物的冷却促进分子重新缔合，使淀粉分子形成有序结构，通常称为回生[8]。

（4）淀粉的热力学性质

淀粉的热力学特性可以通过差示扫描量热仪（DSC）来进行分析。从 DSC

图谱可以得到热力学参数，包括糊化起始温度、峰值温度和终止温度，并通过计算得到糊化焓。糊化焓是用于分析分解淀粉颗粒结构的能量的量度，与淀粉颗粒尺寸和形状以及结晶度等相关[9]。

9.2　淀粉的改性

9.2.1　改性淀粉

天然淀粉在冷水中的溶解性差、糊化温度高、糊化透明度低、黏度大、凝沉性强、稳定性差，并且分子上的大量羟基使其具有极强的亲水性及水溶胀度，不能适应部分工业应用的要求，从而限制了天然淀粉作为可再生材料领域的拓展应用。为了克服上述天然淀粉的不足之处，促使淀粉适用于各种工业领域应用的要求，利用物理、化学或酶解的方法使淀粉分子切断、重排、氧化或在淀粉分子中引入取代基等来改变淀粉的天然结构使其性质在一定程度上得以改善。目前，国内外制备改性淀粉的方法主要有物理、化学和生物技术等，其中化学改性应用最为广泛。

（1）物理法

物理法是利用热、机械力、物理场等物理手段来切断淀粉分子之间的化学键使其颗粒结构或表面形态改变。物理改性主要改变了淀粉的结晶度和反应活性[10]。目前常用的物理预处理法主要有等离子体改性技术、超高压改性技术、超声波改性技术、湿热改性技术、韧化改性技术、球磨改性技术。

1）等离子体改性技术

等离子体是由电子、自由基、离子（正和负）、激发态原子、中性原子和紫外-可见辐射组成的第四种物质状态。等离子体改性技术作为一种新型非热处理技术，已被广泛应用于食品加工研究中。等离子体改性技术具有低能耗、污染小、短时、高效等优点。随着更多新型等离子设备的出现，等离子体改性技术将会蓬勃发展起来，最终实现工业化生产[11]。

2）超高压改性技术

超高压改性技术一般是指使用 100 MPa 以上（100～1000 MPa）的压力处理气体或液体，在整个处理过程中使用均匀的压力。在食品工业中，可以使用 400～900 MPa 的压力。超高压会使食品中的蛋白质变性、酶失活、淀粉糊化，但不会影响食品中的风味物质。超高压改性技术作为一种新型的食品加工技术，具有杀菌均匀、瞬时、高效的优点，不仅可以保持食品原有的特性，还可以延长保质期，操作安全。随着研究的深入与技术的进步，超高压处理淀粉技术的发展和应用前景会更加广阔[12]。

3）超声波改性技术

超声波是一种声波，通常频率范围为 2×10^4～2×10^9 Hz。超声波在液体内作用主要来自超声波的热作用、机械作用和空化作用。超声波改性技术应用于淀粉领域，与其他降解方法（辐射降解、热降解、生物降解、化学降解、微波降解和机械活化等）相比，具有作用时间短、降解非随机性、操作简单易控制及能耗较低等优点，且易实现自动化、连续化，具有良好的工业应用前景[13]。

4）湿热改性技术

湿热改性通常是将水分含量限制在 10%～30%的范围内，在高温（90～120℃）下加热 15 min 到 16 h 的时间。湿热改性技术是一种既能保持淀粉颗粒结构完整，又能改变淀粉理化性质的物理改性方法[14]。湿热改性可以减少快速消化淀粉含量、增加缓慢消化淀粉和抗性淀粉的含量，而不改变淀粉颗粒结构完整性。湿热改性的使用降低了直链淀粉溶出值和膨胀度，从而改善了其剪切稳定性和热稳定性。湿热改性还增强了淀粉对酸性、抗机械剪切以及淀粉酶的易受性。湿热改性仅使用水和热，属于环保型处理方式，不会造成环境污染，产品安全性明显高于化学改性[15]。

5）韧化改性技术

韧化改性通常是指在过量水分（65%）或平衡水分（40%～55%），温度高于玻璃化温度低于糊化起始温度的条件下处理一段时间。韧化改性技术也是一种能保持淀粉颗粒结构完整但又能改变淀粉理化性质的物理改性方法。韧化改性中的水分含量、处理温度、贮存条件（温度和时间）、干燥温度、粉碎目数等对缓慢消化淀粉含量有不同程度的影响。

韧化改性可以提高淀粉的热稳定性，减少凝沉。同时由于淀粉膨胀度和直链淀粉溶出率降低，热稳定性和机械性能提高。韧化改性和湿热改性类似，同样只涉及水和热的应用，不会造成环境污染，产品安全性高于化学改性[16]。

6）球磨改性技术

球磨改性技术是一种对淀粉进行物理改性的有效手段，其是利用研磨体的冲击作用以及研磨体与球磨内壁的研磨作用对淀粉进行机械粉碎、活化等。球磨法具有样品处理过程简单，工艺也相对简单，具有成本低、绿色、无污染的优点，为淀粉改性提供了一条高效、低能耗的新途径，具有广阔的发展前景[17]。

（2）化学法

化学法是将淀粉与一种或几种化学试剂进行反应，从而改变淀粉分子结构或引进新的官能团以达到改变其理化性质的一种处理方法。淀粉是由多个葡萄糖分子聚合而成的多糖聚合物，而每个葡萄糖残基上有 3 个醇羟基，所以淀粉分子中含有大量的醇羟基。常用的改性手法一般包括氧化、酯化、交联和醚化等，改性过程中一般需要一种或多种方法同时使用。

1）氧化改性

使用次氯酸钠、H_2O_2、高锰酸钾等氧化剂将碳链上的羟基氧化成羧基，分子链断裂，分子结构发生改变从而理化性质改变[18]。氧化反应过程中的温度、pH 以及使用的氧化剂种类都是影响淀粉改性的重要因素。臭氧是一种比次氯酸钠、高锰酸钾等传统氧化剂更绿色环保的氧化剂。使用臭氧进行氧化的过程中羧基和羰基的含量随着臭氧的暴露时间增加而增加，并且不同来源的淀粉分子，同等条件下氧化的程度也并不相同[19]。Chan 等[20]研究了臭氧对淀粉（玉米、西米和木薯）分子结构、流变学特性和热性能的影响。玉米和西米淀粉暴露在臭氧中氧化 10 min，其平均分子量降低，但木薯淀粉会升高。所有的淀粉都随着暴露在臭氧中的时间增长而发生黏度急剧下降。与未改性的原淀粉相比较，臭氧氧化淀粉的糊化温度和糊化焓无差异。这些结果表明在同等条件下臭氧氧化不同植物来源的淀粉，其氧化程度并不相同。

2）酯化改性

酯化是指将淀粉分子中的羟基与无机酸或有机酸进行酯化反应，达到引进新的官能团的淀粉改性方法[21]。淀粉经过酯化改性后，其黏度和稳定性得到增强，并且表现出阴离子特性[22]。因为淀粉的结晶区结构紧密，所以酯化反应主要发生在颗粒表面，难以深入结晶区内部，酯化反应活性受到限制[23]。刘灿灿等[24]通过将球磨技术与酯化改性结合，使用槟榔芋元淀粉作为原材料最终得到球磨酯化淀粉，该淀粉与单独球磨淀粉、单独酯化改性淀粉相比具有更好的冷水溶解性以及膨润力和透明度均显著提高（$p<0.05$）。Borah 等[25]进行了 *N,N'*-二环己基碳二亚胺/4-二甲基氨基吡啶介导的多尺度酯化反应，研究了支链淀粉与叶酸的酯化反应，所得叶酸酯化淀粉能用于制备生物相容性胶体给药系统，为治疗和延缓慢性疾病提供了更多的途径。酯化淀粉是改性淀粉中的一种产品，由于引入了不同的基团，使得淀粉具有了特殊的结构和性质。

淀粉分子中的羟基可以与羧酸发生酯化反应，生成酯化淀粉[26]。经过酯化反应之后，淀粉分子中的葡萄糖单元上的羟基会被羧酸分子中的酯基所取代，从而削弱了分子间氢键的作用力，在淀粉分子中引入亲油基团可使淀粉的性质得到改善[27]。因此酯化淀粉具有糊化温度低、凝沉性减弱、透明度高，以及稳定性、疏水性和生物降解性强等特点。

根据所用酸的不同可以将酯化淀粉分为无机酸酯化淀粉和有机酸酯化淀粉，又可以根据所用羧酸链的长短将有机酸酯化淀粉分为短链羧酯化淀粉、中链羧酸酯化淀粉和长链脂肪酸酯化淀粉，进一步从所用羧酸饱和程度的角度可以将有机酸酯化淀粉分为饱和羧酸酯化淀粉和不饱和羧酸酯化淀粉。目前酯化淀粉的合成方法主要有水相法、有机溶剂法、干法及酶催化法等。

天然淀粉经酯化工艺处理后，其活性基团大大增加，形成分散絮凝基团，从而具有更强的捕捉与沉降作用。因此酯化淀粉已成为药物基材和载体研发的新方向，如在医药工业中，酯化淀粉可以有效地增强药物的稳定性，改善药物的溶解度，缓释功能更易控制[28]。

3）交联改性

交联改性是将淀粉分子上的醇羟基与多官能团的化合物进行反应，通过交联的方法使得淀粉分子间形成三维的网络状结构，这种结构大大地提升了淀粉分子的剪切强度和结构稳定性。魏海香和郐应龙[29]通过正交试验，在最佳的条件下通过交联改性极大提高了大米淀粉的冻融稳定性。通过 Jyothi 等[30]、Ačkar 等[31]、Hirsch 和 Kokini[32]的研究得知，使用交联剂（三氯氧磷、环氧氯丙烷和三偏磷酸钠等）在碱性条件下对淀粉进行改性，反应过程中的时间、温度、交联剂浓度以及溶液 pH 会影响交联改性效果。这种交联改性的淀粉具有较好的冻融稳定性、耐水性、耐热性以及耐酸性，可用于胶黏剂生产中。

4）醚化改性

醚化改性是通过将淀粉分子中的羟基与活性物质进行反应生成取代基醚，包括羟烷基淀粉、羧甲基淀粉、阳离子淀粉等。通过淀粉和环氧烷化合物在碱性条件下合成的羟烷基淀粉具有较高的透明性、亲水性、流动性、成膜性和稳定性。依据醚化后淀粉水溶液的电荷特性可分为离子型淀粉醚和非离子型淀粉醚。在非离子型淀粉醚中，通过 Schmitz 等[33]和 Teramoto 等[34]的研究，醚化改性的淀粉具有低回生和高冻融稳定性并且分解温度升高。使用无机酸或有机酸在醚化基础上进一步酯化，得到酯化淀粉，具备更好的热塑性和疏水性等特性。因此醚化和酯化可以极大改善天然淀粉通过了的性能，扩大天然淀粉的应用领域[35]。由于淀粉本身无毒害、无免疫原性，且生物活性好，价格低廉。通过酯化、醚化、羧基化和接枝共聚等反应对其进行化学改性制备淀粉衍生物，改善淀粉的热力学性质和溶解性等特殊性能。通过化学改性，把一些具有特殊性能的基团引入到淀粉分子上，将赋予淀粉材料更多的、新型的功能，使之更广泛地应用于食品、医药、化妆品、纺织等领域。

（3）酶改性

酶解法是用糖化酶、α-或 β-淀粉酶在低于淀粉糊化温度下降解淀粉的一种处理方法。酶解后的淀粉晶体类型保持不变，结晶度提高，其变化主要体现在糊化温度范围变小、抗剪切和搅拌能力减弱，黏度稳定性下降，糊化透明度增强等理化特性方面。由于其能够被酶有效地降解，所以酶解法被广泛应用于淀粉的降解方面[36]。Rajan 等[37]通过使用真菌脂肪酶处理酯化的木薯淀粉，使得产物的稳定性和可消化性得到了显著提高。Van der Maarel 等[38]通过使用嗜热菌中的麦芽糖转葡萄糖酶成功地减少马铃薯淀粉直链成分、增加支链成分，使其变得容易凝胶化且透明度增加。袁久刚等[39]、Lu 等[40]以及 Li 等[41]均通过实验发现脂肪酶 Novozym45 作为催化剂得到的淀粉酯对比没用酶催化的淀粉酯取代度显著提升，具有明显的催化作用。

9.2.2　微孔淀粉

1984 年 Whistler 首次提出了微孔淀粉[42]。微孔淀粉指经酶水解处理后形成的一种新型的改性淀粉，具有在低糊化温度下呈蜂窝状小孔向颗粒中心延伸的特征[43]。微孔淀粉颗粒具有较大的孔容积和比表面积，以及良好的吸水、吸油及某些特殊吸附性能。目前，微孔淀粉主要采用物理方法（如超声波处理、喷雾、机械撞击、挤压等）、化学方法（酸水解）和生物酶法（酶解法）三种方法来制备。

（1）微孔淀粉的制备方法

物理方法是指通过外力撞击、挤压或辐射等，作用于天然淀粉颗粒而使得淀粉颗粒表面上形成一部分凹坑。由于此方法制备出的微孔淀粉其孔结构达不到最优，吸附能力有限，且生产成本高，当前并没有完全实现工业化。化学方法是指利用化学试剂在一定反应条件下处理天然淀粉，使得淀粉颗粒表面出现裂痕、沟壑。但是化学法水解目的性不强，淀粉颗粒很难形成孔结构、易破碎、机械强度较低[44]。生物酶法是指在适合的酶解条件下应用淀粉酶水解淀粉，淀粉酶从淀粉表面向淀粉颗粒中心水解，使淀粉颗粒形成许多蜂窝状小孔结构。该法制备出的微孔淀粉成孔结构好、具有优良的吸附性能，所以生物酶法是当前制备微孔淀粉最为广泛的方法[45]。

（2）微孔淀粉的吸附性能

天然淀粉颗粒由颗粒表面原子或原子团的化合价只能产生微弱的吸附力，当外界的吸引力逐渐增大时，吸附质就会从天然淀粉颗粒表面解离。微孔淀粉的吸附机理与天然淀粉有一定的差异，由于微孔淀粉表面及内部都具有很多孔洞，内部的中空导致了更大吸引力的产生，能将吸附物吸入小孔的内部，外界的吸引力很难进入小孔内部[46]。因此微孔淀粉的吸附比天然淀粉的吸附更加牢固，且被吸附物不易脱离，所以微孔淀粉的吸附是表面吸附和孔洞吸附共同作用的结果[47]。

微孔淀粉具有优良的吸附性能，作为一种新型吸附材料，它具有安全、无毒、生物降解性好等优良特性，可广泛应用于医药、化工、造纸、降解塑料、水处理工业等领域。但由于淀粉本身的亲水性能极强，对疏水性物质的方面利用度有限，有时并不能满足需要。而在淀粉分子中引入一些具有特殊性能的基团可使淀粉的吸附功能得到明显改善，也拓宽了其应用范围。

9.2.3 改性淀粉吸附剂

由于淀粉本身无毒害、无免疫原性，且生物活性好，价格低廉，通过酯化、醚化、羧基化和接枝共聚等反应对其进行化学改性制备淀粉衍生物，改善淀粉的热力学性质和溶解性等特殊性能。通过化学改性，把一些具有特殊性能的基团引入到淀粉分子上，将赋予淀粉材料更多新型的功能，使之更广泛地应用于食品、医药、化妆品、纺织、化工、造纸、降解塑料、水处理工业等领域[48, 49]。

（1）多孔淀粉吸附剂

多孔淀粉是一种新型变性淀粉，是用物理方法、机械方法以及生物方法使淀粉颗粒由表面至内部形成孔洞的淀粉[50–52]。与原淀粉相比，多孔淀粉具有较强的吸附能力。原淀粉是靠团粒表面原子（或原子团）的化合价剩余力量产生吸附力，这种吸附力是相当微弱的，当被吸附物质受到来自空间的更大吸引力时，吸附就会发生解体。多孔淀粉的凹孔部所产生的吸引力则较为集中，功能性物质被吸附于凹孔的内壁，外界的吸引力很难达到，因此这种吸附更加牢固。多孔淀粉作为一种天然有机物，在形成过程中没有受到任何化学试剂的作用，安全、无毒，被吸附物质的形态可以有粉状、水溶液、油溶液、有机溶剂状[46, 53]。

（2）环糊精吸附剂

环糊精（cyclodextrin，CD）是直链淀粉在由芽孢杆菌产生的环糊精葡萄糖基转移酶作用下生成的一系列环状低聚糖的总称，通常含有 6～12 个 D-吡喃葡萄糖单元。其中研究得较多并且具有重要实际意义的是含有 6、7 和 8 个葡萄糖单元的分子，分别称为α-环糊精、β-环糊精和 γ-环糊精。在废水处理领域研究最多的是含有 7 个葡萄糖单元的 β-环糊精。β-环糊精因其价格低、生产效率高、成型能力强、空腔尺寸适中且包合度更好而得到广泛的研究[54]。而其在空间上带有空腔的圆筒形结构，具有亲水性的羟基全部分布在空腔的外侧，空腔内侧则具有较强的疏水性。这种内疏水外亲水的特殊结构使其可以与疏水的客体分子形成稳定的包合物，从而可以吸附、去除废水中污染物[55]。因而这种键首尾连接的环状低聚糖，可作为一种具有无害性和低成本的吸附材料。但是环糊精单体具有水溶性，在水溶液中稳定性较差，因此环糊精通常需要进行改性修饰才具有较优越的使用性能。

（3）接枝共聚淀粉吸附剂

淀粉的接枝共聚物是一类新型的高分子材料，以亲水性、半刚性的淀粉大分子为骨架，利用物理化学方法引发产生自由基，与烯类单体共聚反应，通过引入不同的官能团和调节亲水与亲油链段结构的比例，使其既具有多糖化合物、分子间作用力和反应性，又有合成高分子的机械与生物作用的稳定性和线性法结构的展开能力[56, 57]。以玉米淀粉和两性离子单体为原料，通过溶液聚合和化学交联制备了两性离子接枝共聚淀粉（ZS）。ZS 在 270℃以下热稳定性良好，对低浓度铜离子的吸附符合拟二级动力学模型和 Freundlich 等温模型，饱和吸附量达 63.1 mg/g。而且两性离子单体的反聚电解质效应提高了产物在铜盐溶液中的稳定性，使 ZS 在高浓度铜盐溶液中不聚沉，吸附性能良好。ZS 的脱附再生能力良好，吸附-脱附循环 3 次以后，脱附率保持在 80%以上。ZS 在铜盐溶液中具有良好的吸附性能和极强的耐盐稳定性[58]。对此类物质的研究，可为吸附相关理论探讨和实际应用提供一定的参考价值。

（4）淀粉黄原酸酯吸附剂

淀粉黄原酸酯是交联淀粉与二硫化碳在碱性环境中进行黄原酸化反应得到的一种淀粉衍生物，它可与多种重金属离子牢固结合，是一种优良的重金属离子吸附剂[59]。作为一种天然高分子水处理剂，淀粉黄原酸酯用于处理含重金属离子废水具有原料来源广、成本低、毒性小、产品易降解等优点[60, 61]。虽然相比于其他改性淀粉重金属离子吸附剂而言，淀粉黄原酸酯产品不稳定，且有难闻的气味，不利于储存运输，但合成工艺相对简单，且对重金属离子的去除效果很好，可谓是一种经济环保的吸附剂[62]。淀粉黄原酸酯是直接对淀粉进行交联反应和黄原酸化反应，所得产品比表面积很小，不能充分发挥螯合基团的作用。所以，为了提高化学改性的效率，使更多的螯合基团成为有效的吸附位点，可用溶胶凝胶法对可溶性淀粉进行预处理，从而大幅度提高淀粉的比表面积，在此基础上再对其化学改性，可有效提高所得淀粉黄原酸酯处理含重金属离子废水的能力[63]。不溶性淀粉黄原酸酯是一种新型高效的吸附材料，受到了广泛重视及研究。这种废水净化材料主要是通过淀粉的改性来制备的，价格低廉，具有化学沉淀、离子交换等多种功能，是一种很好的重金属离子吸附剂，且 pH 适应性宽，沉淀速度快，极易过滤。

（5）氨基甲酸酯淀粉吸附剂

氨基甲酸酯淀粉是淀粉分子葡萄糖残基中的羟基被氨基甲酸酯基团（H_2NCOO—）取代后的一种酯化淀粉。根据结构与性能的关系分析，预计氨基甲酸酯支链淀粉具有比氨基甲酸酯淀粉和支链淀粉更好的应用性能。连接在淀粉分子链上的氨基甲酸酯基团可以通过吸湿和内增塑机理改善淀粉浆膜的韧性，氨基甲酸酯基团还可与纤维素分子中的羟基形成氢键，从而改善淀粉浆料对纤维素纤维的黏着性能[64, 65]。这种氨基甲酸酯支链淀粉还具有较大的膨胀力（是普通玉米淀粉的 27 倍）、较高的透明度、较强的黏滞性以及良好的适应性等突出的特性，因此广泛用于食品、造纸、纺织和医药等行业[64–69]。

（6）羧甲基淀粉吸附剂

改性淀粉作为金属离子吸附剂，吸附效果与其结构和形态有着密切关系。淀粉的不同改性方法对其结构和形态有重要影响。交联羧甲基淀粉是一种研究较广的金属离子吸附剂。通常，由于淀粉分子结构致密，分子量大，反应空间位阻大，传统方法制备的交联羧甲基淀粉取代度低和产品空隙率低，在一定程度上影响吸附效果等问题[70]。因此，研究人员使用多种方法对淀粉进行预改性后再进行羧甲基化改性。机械活化淀粉是一种物理改性淀粉，是在摩擦、碰撞、冲击、剪切等机械力作用下，淀粉致密的颗粒表面及结晶结构被破坏，结晶度降低，淀粉大分子降解，引起理化性质及化学反应活性显著提高[71]。研究表明，活化木薯淀粉的氧化产物羧基含量大，羧甲基化产物取代度高，两种产物结构松软，颗粒空隙率高，有很好的软化硬水和吸附铜离子能力[72]。

（7）其他淀粉吸附剂

除了上述淀粉吸附剂外，交联阳离子淀粉是在常规的阳离子淀粉交换树脂的基础上制备。制备出得到的吸附剂在水体环境中对重金属离子具有良好的吸附性，是一种优良的吸附剂，具有绿色环保的优点[73–75]。

9.3　松香酸淀粉酯吸附剂的制备及表征

淀粉和淀粉制品在生活以及工业等方面的应用日益广泛，促进了淀粉应用技术的深入研究。近年来，生物催化剂在有机合成方面的应用已比较成熟。脂肪酶是应用最广泛的酶，催化效果较好，且无须辅助因子。固定化的脂肪酶是合成松香酸淀粉酯（RAS）的重要生物催化剂。目前，有关 RAS 的报道较少，国内仅有段文贵和唐世华等利用化学催化法合成[76, 77]，主要采用松香酰氯化手段，通过吡啶催化淀粉与之反应，其主要合成路线如图 9-3 所示。有关酶法合成RAS的相关报道更少，截至2014年仅有林日辉课题组开展了相关研究[78]。

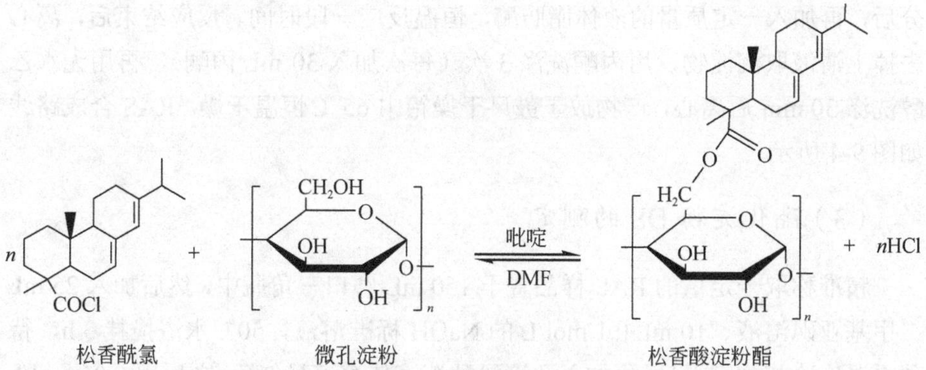

图 9-3　RAS 的酰氯法合成路线

本节以松香酸和微孔淀粉为原料，在叔戊醇溶剂体系中，在液体脂肪酶催化条件下分别制备不同取代度（DS，淀粉分子中每个葡萄糖单元上的羟基平均被取代的数目）的 RAS。通过 FTIR、核磁共振氢谱（^{1}H-MNR）、XRD 和 SEM 等分析技术对 RAS 进行了结构表征分析，证实了 RAS 被成功酶法合成，取代度 DS 达到了 0.056。对产物不同 DS（0.031、0.047、0.056）的 RAS 的溶解性、透明度、溶胀度、黏度和吸油率等理化性质进行了研究，为 RAS 在食品、水处理、医药工业等领域的应用提供了理论依据。

9.3.1　RAS 的制备及条件优化

（1）微孔淀粉的制备

称取一定质量的木薯淀粉置于 500 mL 平底烧瓶中，加入一定 pH 的醋酸-醋酸钠缓冲液，配制成一定浓度的淀粉乳液。在一定温度下将淀粉乳液置于磁力搅拌器上搅拌 10 min，然后加入一定质量的复合酶（糖化酶和α-淀粉酶），继续在同一温度下搅拌一定时间，加入 5 mL 质量浓度为 4%的 NaOH 溶液终止反应。然后以 4000 r/min 的转速离心淀粉溶液 15 min，离心后的底物用蒸馏水洗涤、离心，重复 3 次，将淀粉底物放置于 50℃的干燥箱中烘干，之后粉碎，即得微孔淀粉。

（2）RAS 的合成

在 150 mL 磨口圆底烧瓶中，添加一定质量的松香酸和叔戊醇，在一定温度下搅拌使松香酸溶解。之后添加一定质量的微孔淀粉，等到反应体系混合充分后，再加入一定质量的液体脂肪酶，恒温反应一段时间。反应结束后，离心去掉上清液取沉淀物，用丙酮洗涤 3 次（每次加入 30 mL 丙酮），再用无水乙醇洗涤 30 min 后离心，产物放于鼓风干燥箱中 65 ℃恒温干燥。RAS 合成路线如图 9-4 所示。

（3）酯化淀粉 DS 的测定

精准称取一定量的 RAS 样品置于 150 mL 磨口三角瓶中，然后加入 25 mL 二甲基亚砜溶液、10 mL 0.1 mol/L 的 NaOH 标准溶液，50℃水浴搅拌 3 h，待体系温度冷却到室温后，再加入几滴酚酞溶液使溶液呈红色，之后用 0.05 mol/L 的 HCl 标准溶液滴定，滴定终点为颜色由红色变成无色，记录下滴定用掉的

HCl 量，实验平行 3 次，同时做空白实验求出空白和样品所消耗的 HCl 体积 V_1 和 V_2。根据式（9-1）和式（9-2）计算 RAS 的 DS。

$$w = \frac{285 \times c \times (V_1 - V_2)}{m} \times 100\% \tag{9-1}$$

$$\mathrm{DS} = \frac{162w}{(1-w) \times 285} \tag{9-2}$$

式中，DS 为淀粉分子中每个葡萄糖单元上的羟基平均被取代的数目；V_1 为滴定空白样消耗的 HCl 标准液的体积，mL；V_2 为滴定样品消耗的 HCl 标准液的体积，mL；c 为 HCl 标准液的浓度，mol/L；m 为样品的质量，mg；285 为松香基团的平均相对分子质量；162 为淀粉葡萄糖单元的相对分子质量；w 为松香基团的质量分数。

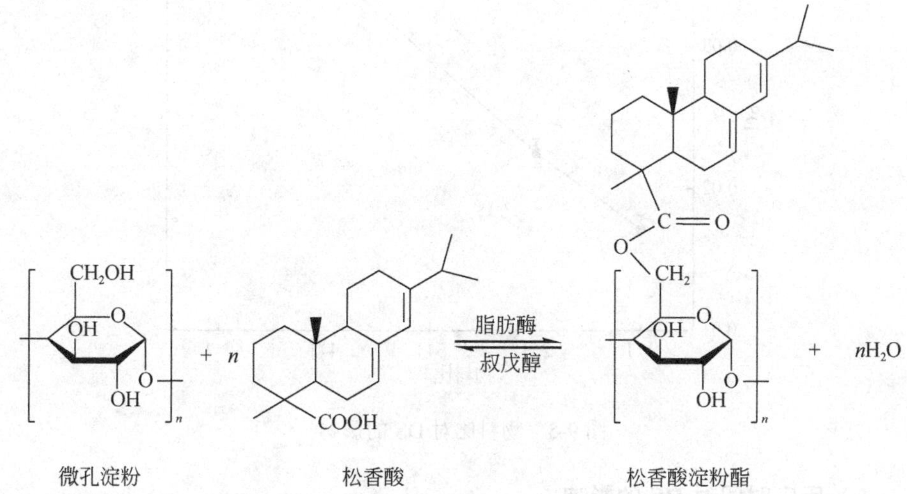

微孔淀粉　　松香酸　　松香酸淀粉酯

图 9-4　RAS 的合成路线

（4）单因素实验的分析测定

以叔戊醇为反应体系，液体脂肪酶为催化剂，正常大气压下反应获得松香酸淀粉酯，选定松香酸与微孔淀粉的物料比（1∶1、2∶1、3∶1、4∶1、5∶1）、反应温度（40 ℃、45 ℃、50 ℃、55 ℃和 60 ℃）、反应时间（6 h、8 h、10 h、12 h 和 14 h）、液体脂肪酶用量［0.1%、0.25%、0.5%、1%、1.5%（以反应体系的体积量计）］4 个因素进行实验，研究不同条件对松香酸淀粉酯 DS 的影响。

1）物料比对 DS 的影响

在反应时间为 10 h、反应温度为 45 ℃、脂肪酶用量为 0.5%（$V_{酶}$：$V_{体}$=1：200）的条件下，研究物料比对 DS 的影响。由图 9-5 可知当物料比从 1：1 增加到 4：1 时，DS 增加；当物料比增大到 5：1 时，相比 4：1 时 DS 增加较小。由于本实验用的是微溶剂体系，增加松香酸的量可以提供过量的酰基供体，增加了酶活性中心与淀粉上的—OH 碰撞接触的机会，但反应只在淀粉颗粒表面，淀粉颗粒表面的羟基数量较少，过量地增加松香酸的量 DS 增加不明显。综合分析产物的 DS 影响因素，后续单因素实验采用物料比为 4：1。

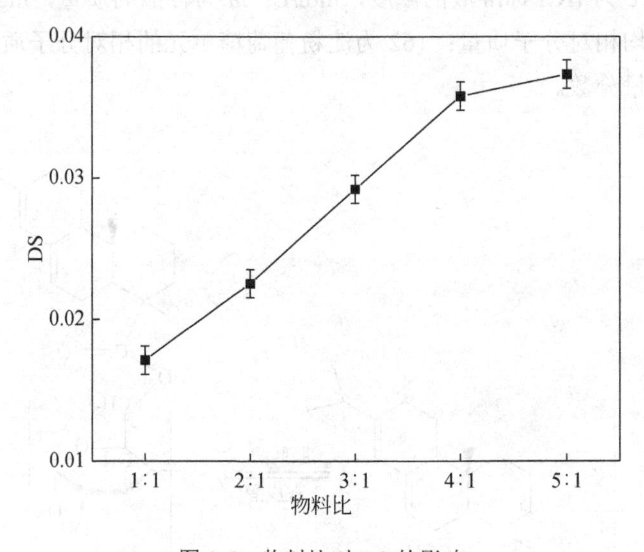

图 9-5　物料比对 DS 的影响

2）反应时间对 DS 的影响

在反应温度定 45 ℃、物料比为 4：1、脂肪酶用量为 0.5%的条件下，反应时间对 DS 的影响如图 9-6 所示。由图可知，6 h 至 12 h 内 DS 逐渐增大，反应 12 h 后 DS 呈现下降趋势。这是因为反应刚开始时体系内松香酸的浓度较大，反应向生成 RAS 的方向进行。一段时间后，淀粉颗粒表面引入松香酸基团，一方面空间位阻增大，导致松香酸分子难以向淀粉颗粒表面靠近；另一方面原因是随着时间的增加，淀粉上的羟基基团不断被取代。由于该反应为可逆反应，到 12 h 后逆反应增加，因此，DS 有所下降。

3）反应温度对 DS 的影响

在脂肪酶用量为 0.5%、物料比为 4：1、反应时间为 12 h 的条件下，改变温度，观察其对 DS 的影响，结果见图 9-7。由图可知，温度由 40 ℃到 55 ℃时 DS 逐渐增大，然而温度超过 55 ℃时，随着温度的升高，DS 减小，原因可能是温度过高使得部分脂肪酶失活。

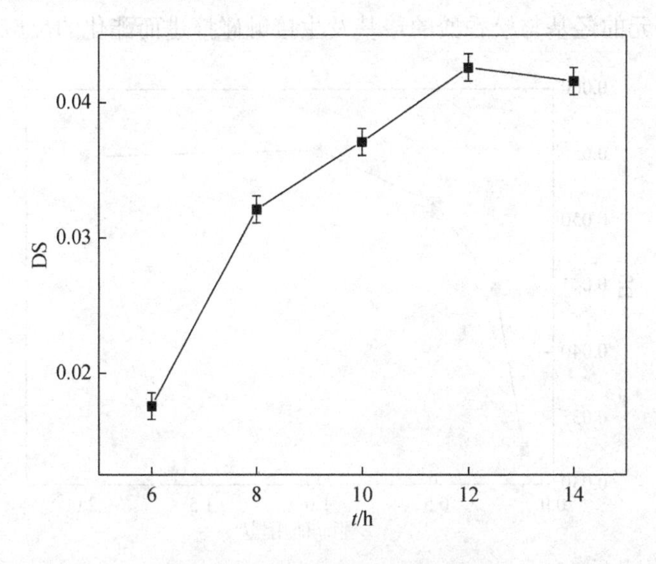

图 9-6　反应时间对 DS 的影响

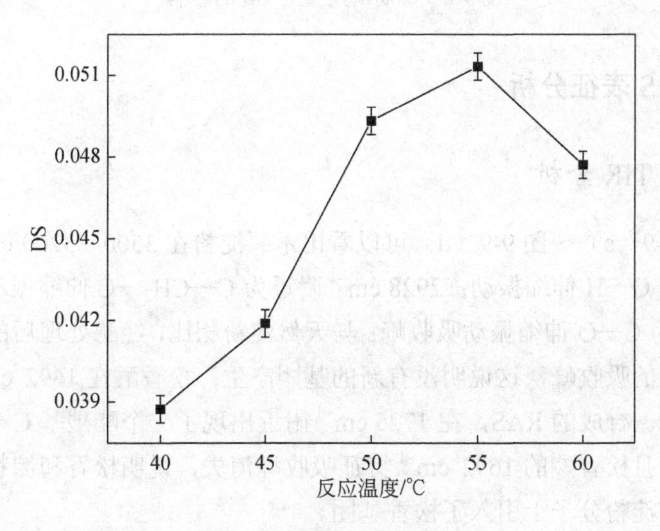

图 9-7　反应温度对 DS 的影响

4）脂肪酶用量对 DS 影响

在物料比为 4∶1、反应时间为 12 h、反应温度为 55 ℃的条件下，探究脂肪酶用量对 DS 的影响，结果见图 9-8。由图可知，随着液体脂肪酶添加量的增加，RAS 的 DS 增加，但当脂肪酶用量超过 1%时，RAS 的 DS 略有减小，是因为过量的脂肪酶容易与淀粉葡萄糖单元的羟基形成强氢键结合，阻碍了淀粉葡萄糖单元的羟基与松香酸的羧基发生接触碰撞进而酯化的反应。

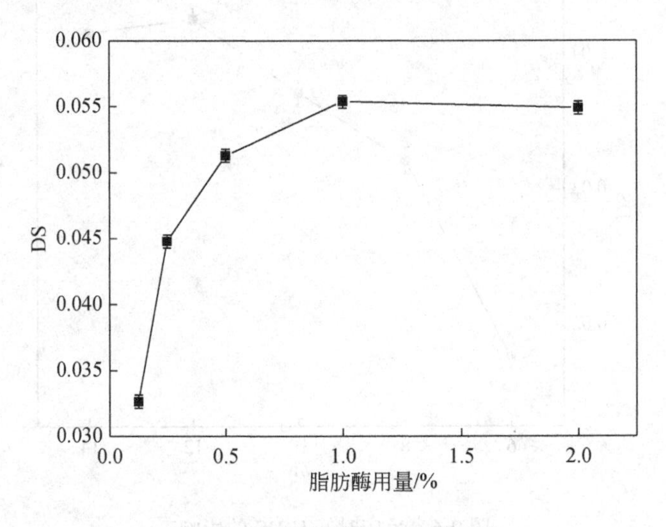

图 9-8　脂肪酶用量对 DS 的影响

9.3.2　RAS 表征分析

（1）FTIR 分析

从图 9-9（a）～图 9-9（d）可以看出木薯淀粉在 3500～3200 cm^{-1} 之间有峰形较宽的 O—H 伸缩振动；2928 cm^{-1} 附近为 C—CH_2—C 伸缩振动；1200～1000 cm^{-1} 为 C—O 伸缩振动吸收峰；与天然淀粉相比，经酶处理后的微孔淀粉没有产生新的吸收峰，这说明没有新的基团产生；松香酸在 1692 cm^{-1} 附近有特征吸收峰。合成的 RAS，在 1725 cm^{-1} 附近出现了一个酯羰基 C═O 伸缩振动特征峰，且松香酸的 1692 cm^{-1} 特征吸收峰消失，说明松香和淀粉发生了酯化反应，在淀粉分子上引入了松香基团。

（2）SEM 分析

采用 SEM 观察了天然淀粉和改性淀粉的表面微观形貌特征，结果如图 9-10 所示。天然淀粉颗粒呈现椭圆形或者圆形，表面平滑且无小裂缝或破面。

经酶解微孔处理后，淀粉颗粒表面有许多小孔，变得粗糙，并增加了比表面积，但仍保持原有的颗粒形貌。经酯化反应后的淀粉仍与微孔淀粉颗粒形貌相似，表明酯化反应发生在淀粉颗粒的表面。

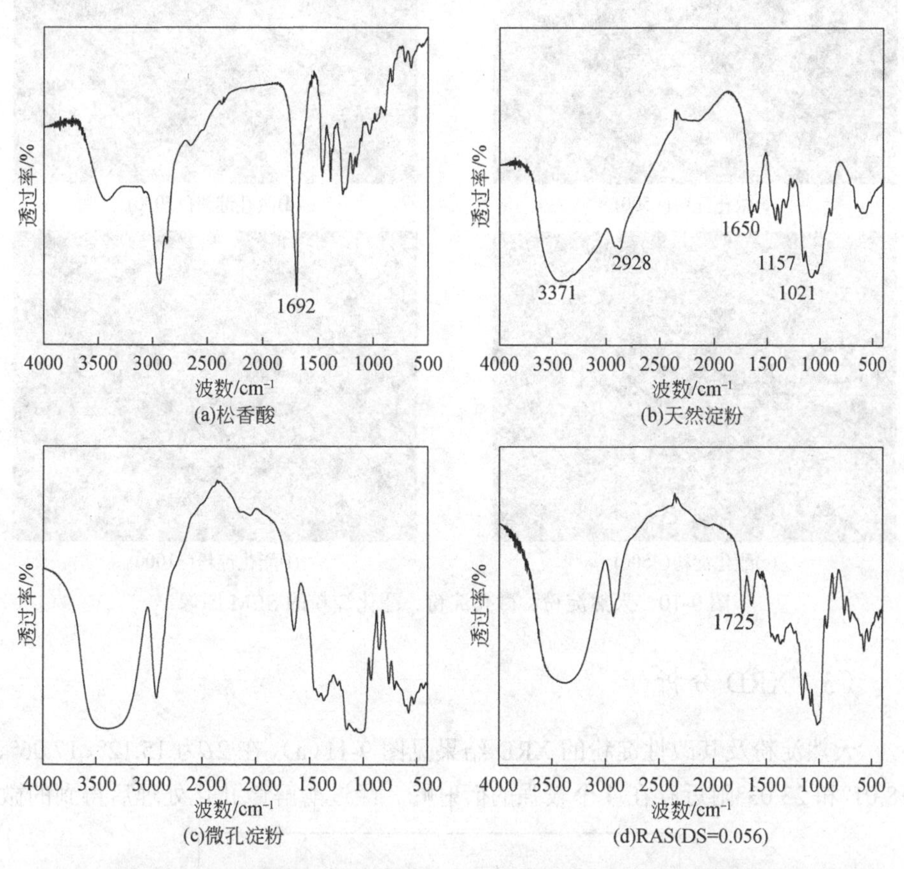

图 9-9　松香酸、天然淀粉、微孔淀粉和 RAS 的 FTIR 图谱

(a)天然淀粉(×500)

(b)天然淀粉(×1000)

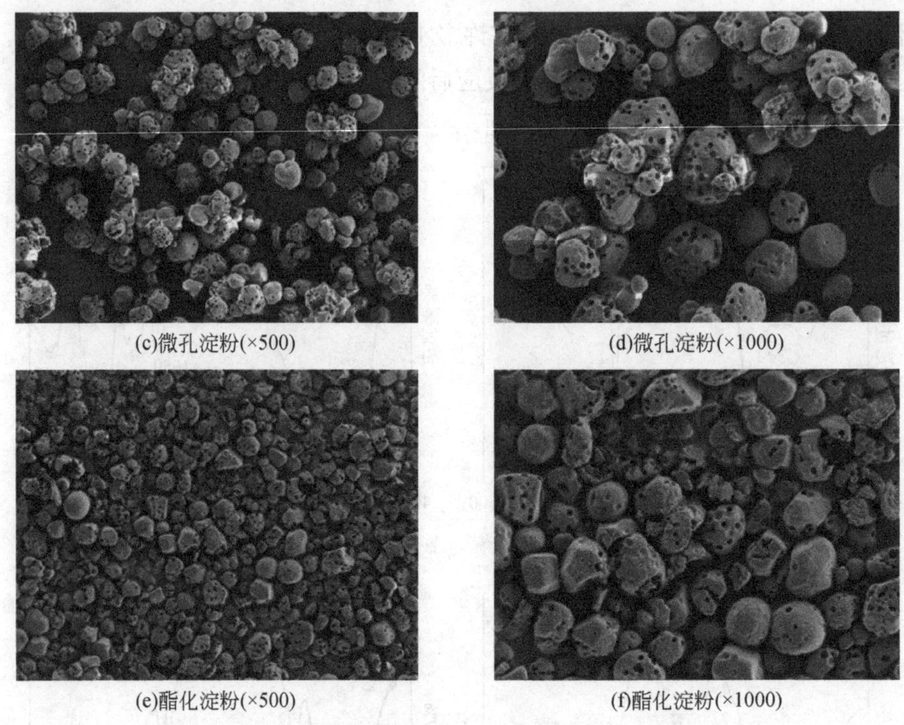
(c)微孔淀粉(×500)　(d)微孔淀粉(×1000)

(e)酯化淀粉(×500)　(f)酯化淀粉(×1000)

图 9-10　天然淀粉、微孔淀粉、酯化淀粉的 SEM 图像

（3）XRD 分析

天然淀粉及其改性淀粉的 XRD 结果见图 9-11（a），在 2θ为 15.12°、17.06°、18.01°和 23.03°附近存在 4 个较强的衍射峰。经过酶解微孔化处理后得到的微

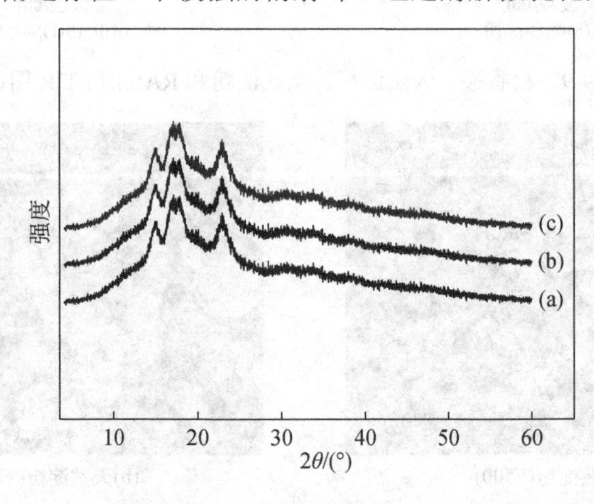

图 9-11　（a）天然淀粉、（b）微孔淀粉和（c）RAS 的 XRD 图谱

孔淀粉的 XRD 结果如图 9-11（b）所示，微孔淀粉比天然淀粉在 2θ为 11.38°和 19.66°附近多了一些小的衍射峰，说明经酶解处理成微孔淀粉后，淀粉颗粒的晶体结构并没有遭到破坏，反而晶体结构略有增强的趋势，也说明酶解反应发生在淀粉的非结晶区域。RAS 的 XRD 结果如图 9-11（c），多出的小的衍射峰的高度和宽度都有所下降，这表明接上松香酸基团后，淀粉颗粒的结晶度有所降低。

9.4　松香酸淀粉酯吸附剂的应用

9.4.1　松香酸淀粉酯吸附去除苯酚的性能研究

使用 RAS 对正辛烷溶液中吸附苯酚以研究其吸附性能。分别研究了吸附时间、吸附温度以及苯酚初始浓度对 RAS 吸附苯酚吸附量的影响，分析吸附过程中热力学及动力学理论，并探讨了 RAS 吸附苯酚的特性和机理。

（1）苯酚初始浓度的影响

苯酚的初始浓度在 RAS 吸附剂对苯酚的吸附过程中有着重要影响。在吸附温度为 25 ℃和吸附时间为 60 min 的条件下研究苯酚的初始浓度对吸附量的影响，结果如图 9-12 所示。RAS 吸附剂对苯酚吸附量随着苯酚在正辛烷溶液中浓度的增加而增加。苯酚的初始浓度从 25 mg/L 增加到 125 mg/L，其吸附量从 0.47 mg/g 增加到 1.36 mg/g。随着苯酚初始浓度高于 100 mg/L，吸附量的增加值下降，这表明在高苯酚浓度下吸附接近饱和，因为吸附剂提供的表面结合位点是有限的。这与已经报道的活性炭吸附苯酚的吸附效果相似[79–81]。随着苯酚初始浓度的增加，RAS 吸附剂表面和苯酚分子之间的相互作用增加，从而增强吸附过程。

（2）吸附温度的影响

研究吸附温度对 RAS 吸附剂吸附苯酚的影响，结果如图 9-13 所示。随着温度从 25 ℃升高到 40 ℃，RAS 吸附剂对苯酚的吸附量降低，表明低温有利于吸附，吸附量的降低表示吸附过程是一个放热过程。吸附量降低的原因可能是与吸附剂上的扭转活性点或从接触表面到溶液的吸附脱附苯酚的增长趋势有关。

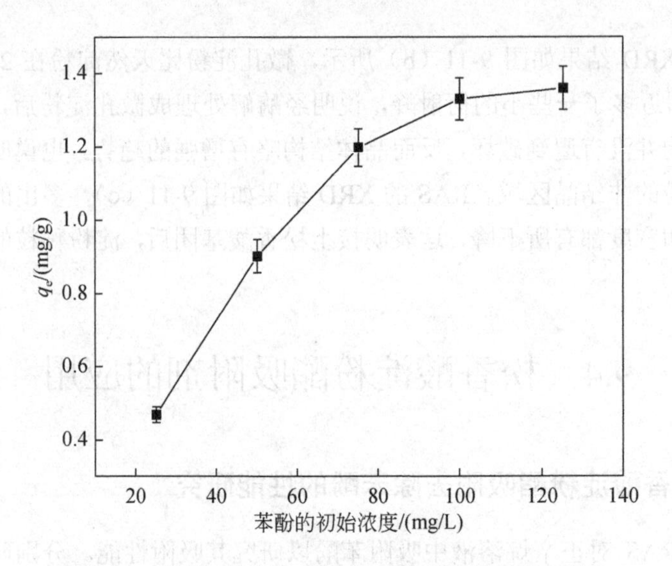

图 9-12　苯酚初始浓度对 RAS 吸附剂吸附苯酚的影响

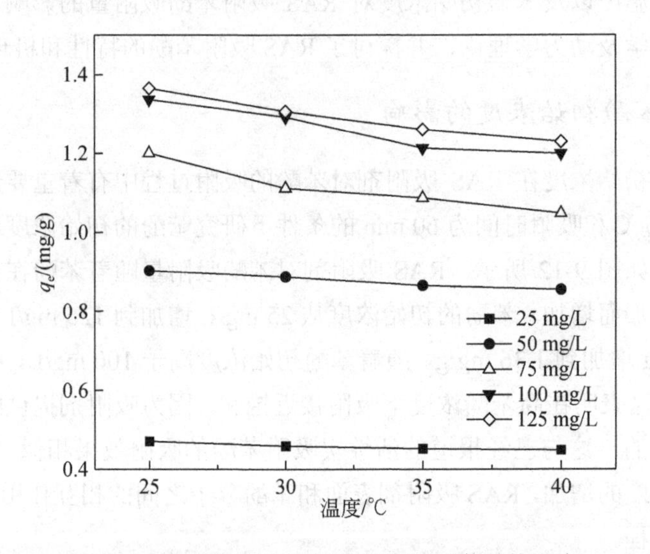

图 9-13　吸附温度对 RAS 吸附剂吸附苯酚的影响

（3）吸附动力学

图 9-14 为在不同初始浓度的苯酚溶液条件下，RAS 吸附剂吸附苯酚的动力学曲线。苯酚在 0 min 到 30 min 时间内吸附速率迅速增加，在 60 min 时达到平衡。由于在 60 min 到 120 min 时间内吸附量几乎没有增加。采用拟一级动力学模型和拟二级动力学模型进行模拟，拟合得到的相应参数见表 9-2。拟一

级动力学模型表明实验吸附量（$q_{e,exp}$）和理论吸附量（$q_{e,cal}$）有明显的差异，并且相关系数 R^2 较低，因此 RAS 吸附剂对苯酚的吸附不符合拟一级动力学模型。拟二级动力学模型有较高的相关系数 R^2，并且理论吸附量与实验值较为接近，因此 RAS 吸附剂吸附苯酚符合拟二级动力学模型。

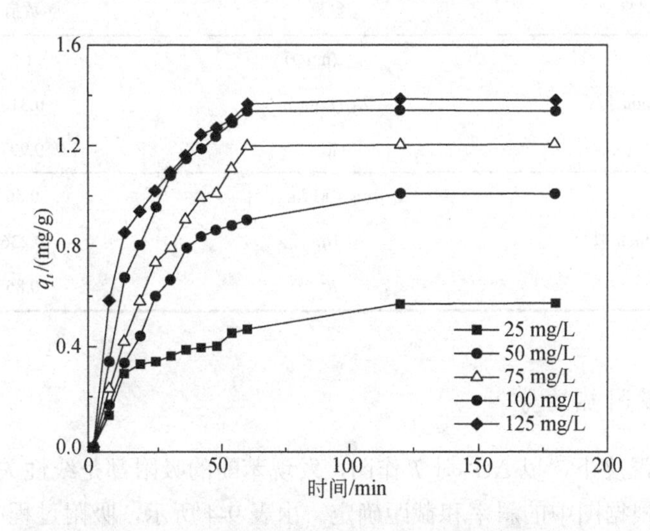

图 9-14 RAS 吸附剂吸附苯酚的动力学曲线

表 9-2 拟一级和拟二级动力学模型拟合 RAS 吸附剂吸附苯酚动力学得到的相应参数

C_0/(mg/L)	$q_{e,exp}$/(mg/g)	拟一级动力学模型			拟二级动力学模型		
		$q_{e,cal}$/(mg/g)	k_1/(1/min)	R^2	$q_{e,cal}$/(mg/g)	k_2/[g/(mg·min)]	R^2
25	0.5	1.6	5.061	0.751	0.5	2.76	0.996
50	0.9	2.5	4.326	0.953	0.9	2.87	0.990
75	1.2	3.3	2.918	0.979	1.2	1.75	0.996
100	1.3	1.5	3.495	0.985	1.4	2.54	0.992
125	1.4	1.1	3.039	0.982	1.6	3.14	0.994

（4）吸附等温线

本研究用 Langmuir 和 Freundlich 两种等温模型对 RAS 吸附剂吸附苯酚平衡时的吸附量进行拟合，并进行相关误差分析，如表 9-3 所示。对于非线性回归分析，基于 R^2，Langmuir 等温模型表现出了比 Freundlich 等温模型更适合于吸附平衡数据。这表明苯酚在 RAS 吸附剂上的吸附过程具有单层吸附的特性。常数 K_L 表示吸附剂和吸附质之间的亲和力，K_L 的值越高，亲和力越高。$1/n$ 的值均低于 1，表明 RAS 吸附剂对苯酚的吸附是有利的。

表 9-3　Langmuir 和 Freundlich 模型拟合吸附等温线得到的参数

等温模型	参数	数值
Langmuir 拟合	q_{max}/(mg/g)	1.5
	K_L/(L/mg)	0.318
	R^2	0.997
Freundlich 拟合	K_F/[(mg/g)(L/mg)$^{1/n}$]	0.56
	$1/n$	0.236
	R^2	0.85

（5）吸附热力学

在不同温度下，以 ΔG^o 对 T 作图，发现苯酚的吸附都是线性关系，ΔS^o 和 ΔH^o 可分别根据图中的斜率和截距确定。由表 9-4 所示，吸附过程中 $\Delta G^o<0$，表明苯酚在 RAS 吸附剂上的吸附是自发进行的过程。并且 ΔG^o 的绝对值随温度升高而减少，表明温度降低有利于吸附的进行。ΔH^o 为负值，表明该吸附反应是一个放热过程[82, 83]。另外，实验表明升高温度造成 RAS 吸附剂对苯酚的吸附量减少，也证明了此吸附反应为放热过程。此外，吸附 $\Delta S^o<0$ 表明在附剂表面上苯酚分子是有序排列的。

表 9-4　苯酚吸附的热力学参数

C_0/(mg/L)	ΔG^o/(kJ/mol)				ΔH^o/(kJ/mol)	ΔS^o/[kJ/(mol·K)]
	25 ℃	30 ℃	35 ℃	40 ℃		
25	−6.72	−6.14	−5.76	−5.67	−27.76	−70.97
50	−5.55	−5.16	−4.72	−4.61	−25.12	−65.79
75	−3.42	−2.66	−2.48	−2.18	−26.81	−78.93
100	−1.72	−1.50	−1.11	−1.06	−16.10	−48.24
125	−0.45	−0.22	−0.034	−0.0015	−9.66	−31.01

9.4.2　松香酸淀粉酯吸附去除苯并芘的性能研究

多环芳香烃属于有机化合物中的一大类，由煤炭、石油、木柴等不完全燃烧或工业中利用这些燃料进行热加工处理时产生的一种化合物，广泛存在于大气烟尘、空气、水、土壤以及烟熏食物中[81]。其中一些化合物具有强致癌性和基因毒性，苯并芘是其中之一，由于其高毒性和强污染性，因此常以它作为多环芳香烃污染物的代表[82]。苯并芘是由一个苯环和一个芘环稠合而成的多环芳烃类化合物，在自然环境中广泛分布。苯并芘有致癌性、致畸和致突变性，对人体健康存在巨大的危害[83]。因此，采取经济、安全、有效的方法去除苯并芘等多环芳烃污染物受到广泛的关注。研究表明，吸附法可对苯并芘的去除起到良好的效果[84]。与其他方法相比较，吸附法除去苯并芘具有操作简单、成本相对较低的优势。

（1）吸附特性

1）初始浓度的影响

图 9-15 为不同苯并芘初始浓度条件下 RAS 吸附剂对苯并芘的吸附量的影响［吸附条件：在系列锥形瓶中分别加入 100 mL 不同浓度的苯并芘溶液，加入 0.1g 吸附剂（DS = 0.056），调节 pH 为 7.0，在 50 ℃摇床中以 150 r/min 的转速进行吸附］。如图所示，随着苯并芘的浓度在正辛烷溶液中增加，RAS 吸

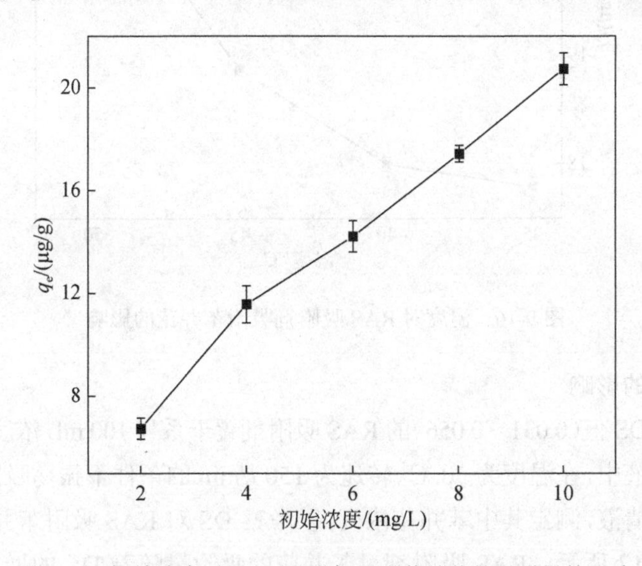

图 9-15　初始浓度对 RAS 吸附剂吸附苯并芘的吸附量的影响

附剂对苯并芘的吸附量呈线性增加。当溶液中苯并芘的浓度为 2 mg/L 时，吸附量为 6.8 μg/g；当溶液中苯并芘的浓度为 10 mg/L 时，RAS 吸附剂对其吸附量为 20.7 μg/g，相比于浓度为 2.0 mg/L 时增加了 3 倍。可能是提高苯并芘初始浓度增加了 RAS 吸附剂和苯并芘之间的接触概率及液相中苯并芘与 RAS 吸附剂表面吸附基团之间的传质推动力，从而提高了 RAS 吸附剂对苯并芘的吸附量，同时提高溶液中苯并芘的浓度，可使苯并芘的扩散率增加，利于促进 RAS 吸附剂对苯比芘的吸附。

2）温度的影响

图 9-16 为不同温度条件下 RAS 吸附剂（DS=0.056）对苯并芘的吸附量的影响（吸附条件：0.1g RAS 吸附剂加入 100 mL、pH 为 5.0 以及苯并芘的浓度为 10 mg/L 的溶液中吸附 120 min，在 35 ℃、40 ℃、45 ℃、50 ℃进行吸附实验。RAS 吸附剂对苯并芘的吸附量随着温度的升高而增加。这可能是 RAS 吸附剂的表面官能团和苯并芘之间的吸附速率随温度的升高而增加，相关研究结果表明活性炭吸附苯并芘也有类似的结果[88]。

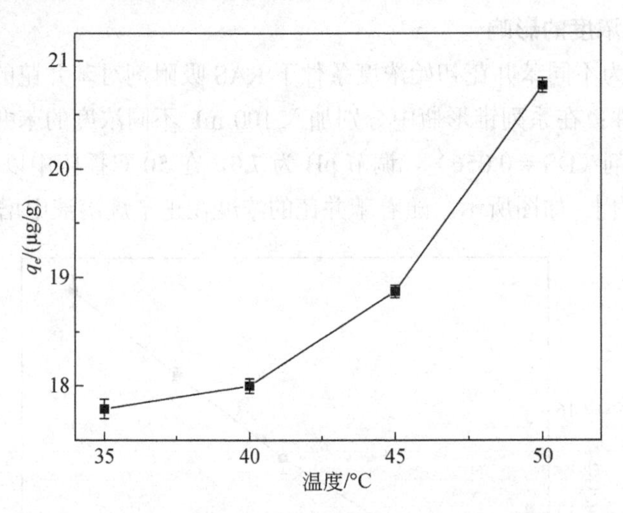

图 9-16　温度对 RAS 吸附剂吸附苯并芘的影响

3）DS 的影响

将不同 DS 值(0.031～0.056)的 RAS 吸附剂置于系列 100 mL 浓度为 10 mg/L 的苯并芘溶液中，在温度为 50 ℃、转速为 150 r/min 的条件下振荡吸附 120 min，然后分离上清液，测定其中苯并芘浓度，以考察 DS 对 RAS 吸附苯并芘的影响。结果如图 9-17 所示，RAS 吸附剂对苯并芘的吸附量随着 DS 的增加而增加。

DS 越高，表明淀粉颗粒接入的松香酸基团越多，样品的亲油性能越高，因此对疏水性很强的苯并芘的吸附能力增强。

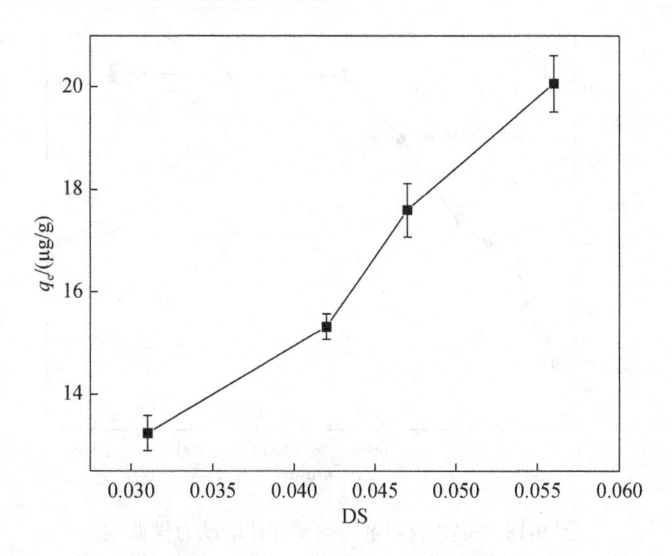

图 9-17　不同 DS 对 RAS 吸附剂吸附苯并芘的影响

（2）吸附动力学研究

图 9-18 为 DS=0.056 的 RAS 吸附剂吸附苯并芘的动力学曲线（吸附条件：配制了初始浓度为 10 mg/L 的苯并芘溶液，在锥形瓶中分别加入一定量的 RAS 吸附剂和 100 mL 苯并芘溶液，在温度为 50℃和转速为 150 r/min 的条件下振荡吸附不同时间）。由图可知，0min 到 90 min 时间内吸附速率迅速增加，90 min 时吸附量为 17.5 μg/g，90 min 后吸附量增加至 120 min 逐渐达到平衡，120 min 时吸附量为 20.8 μg/g，从 120 min 到 240 min，苯并芘的吸附量增加只有 0.67%，这可能是由于苯并芘分子对 RAS 吸附剂表面吸附位点的竞争，使得苯并芘分子之间形成了排斥力，导致 RAS 吸附剂上剩余的吸附位点难以被占据。吸附 120 min 以后吸附量基本不变化，继续延长时间对吸附效果的增加不明显，因此后续实验反应时间均为 120 min。

采用常见的拟一级动力学模型和拟二级动力学模型拟合分析吸附动力学实验数据，并计算各参数及其相关系数，结果如表 9-5 所示。拟一级动力学模型表明实验吸附量（$q_{e,exp}$）和理论吸附量（$q_{e,cal}$）有明显的差异，并且相关系数 R^2 较低，因此 RAS 吸附剂对苯并芘的吸附不符合拟一级动力学模型。用拟二级动力学模型计算的平衡吸附量值，计算与实验值的较为接近且相关系数 R^2＞0.99，说明吸附剂对苯并芘吸附符合拟二级动力学模型。

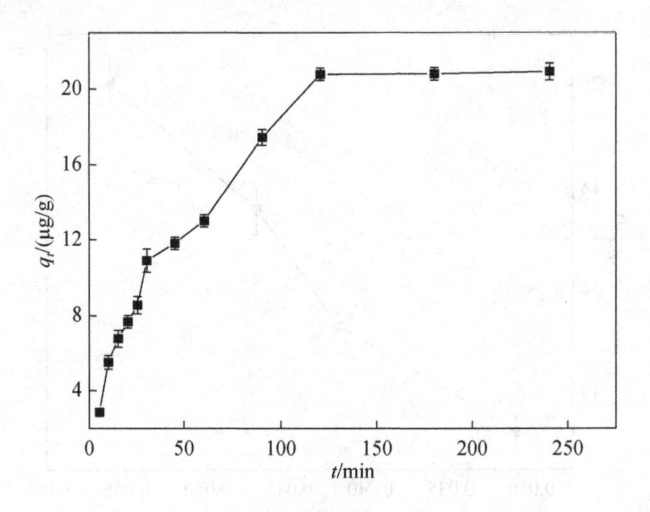

图 9-18　RAS 吸附剂吸附苯并芘的动力学曲线

表 9-5　吸附动力学参数

动力学模型	相关参数	系数
拟一级动力学模型	$q_{e,cal}$/(μg/g)	18.8
	k_1/(1/min)	0.02
	R^2	0.953
拟二级动力学模型	$q_{e,cal}$/(μg/g)	20.2
	k_2/［g/(μg·min)］	0.0015
	R^2	0.994
	$q_{e,exp}$/(mg/g)	20.8

（3）吸附等温线

Langmuir 和 Freundlich 两种等温模型拟合参数结果，见表 9-6。由表可知，在 RAS 吸附剂对苯并芘吸附中 Langmuir 等温模型（R^2＞0.99）比 Freundlich 等温模型更好地拟合吸附平衡数据。这表明 RAS 吸附剂对苯并芘的吸附是被单分子层覆盖。

表 9-6　Langmuir 和 Freundlich 等温模型拟合的参数

等温模型	参数	数值
Langmuir 拟合	q_{max}/(μg/g)	95.7
	K_L/(L/μg)	0.058
	R^2	0.994
Freundlich 拟合	K_F/［(μg/g)(L/μg)$^{1/n}$］	0.567
	n	4.25
	R^2	0.854

不同温度下（35 ℃、40 ℃、45 ℃和 50 ℃）研究了 RAS 吸附剂对苯并芘的吸附，并通过 ΔG^o 对 T 拟合直线可得到相应的斜率和截距，从而通过计算得到对应的热力学参数（如表 9-7）。在不同的吸附温度下，$\Delta G^o<0$ 表明苯并芘在 RAS 吸附剂上的吸附是自发进行的过程；$\Delta H^o>0$ 表明，该吸附反应是一个吸热过程，并且升高温度可使 RAS 吸附剂对苯并芘的吸附量增加也证明了此吸附反应为吸热过程；$\Delta S^o>0$ 表明，RAS 吸附剂对苯并芘的吸附在固液界面的随机性增加。

表 9-7　RAS 吸附剂对苯并芘的吸附热力学参数

T/℃	ΔG^o/(kJ/mol)	ΔH^o/(kJ/mol)	ΔS^o/[kJ/(mol·K)]
35	−0.96	17.91	0.88
40	−1.10		
45	−1.40		
50	−2.18		

9.5　小　　结

本章介绍了以微孔淀粉和松香酸为原料、叔戊醇为溶剂，通过液体脂肪酶催化酯化反应，成功合成了 RAS 吸附剂并应用于有机溶液中苯酚和苯并芘的吸附去除，主要结论如下：

（1）以微孔淀粉和松香酸为原料，叔戊醇为溶剂，通过液体脂肪酶催化酯化反应，合成了 RAS 吸附剂。在微溶剂体系下，通过单因素实验确定的最佳合成条件为：物料比为 4∶1，反应温度为 55 ℃，反应时间为 12 h，液体脂肪酶用量为 1%（以反应体系体积计），RAS 的 DS 为 0.056。

（2）FTIR 分析表明，RAS 吸附剂在 1725 cm^{-1} 处产生一个新的特征吸收峰，此峰为 C═O 属于酯羰基的特征吸收峰。^{1}H-NMR 分析表明了在液体脂肪酶的催化作用下淀粉分子中成功地引入了松香基团，明确了酯化反应的发生。SEM 分析表明了微孔淀粉与原淀粉不同的形貌结构，微孔淀粉颗粒表面有许多小孔，表面变得粗糙，比表面积增大。XRD 分析说明了微孔化之后淀粉的晶体结构并没有遭到破坏，反而结晶结构有所增强。

（3）RAS 吸附剂可用作吸附苯酚的低成本材料。苯酚的初始浓度增加以及降低温度有利于吸附的进行。拟二级动力学模型是描述吸附过程最合适的模型。从热力学实验获得的 ΔG^{o} 负值说明吸附过程是可行的并且自发的，ΔH^{o} 的负值表明吸附反应是放热的。ΔS^{o} 的负值表明吸附剂表面上的苯酚分子有序排列。Langmuir 比 Freundlich 等温模型更适合描述 RAS 吸附剂对苯酚的吸附过程，表明苯酚在 RAS 吸附剂上的吸附过程具有单层吸附的特性。

（4）吸附温度越高，苯并芘的初始浓度越大，RAS 吸附剂的 DS 越大对苯并芘的吸附量越大。通过分析吸附过程的热力学参数 ΔG^{o}、ΔH^{o} 和 ΔS^{o}，吸附反应是自发的吸热反应，RAS 吸附剂对苯并芘的吸附在固液界面的随机性增加。通过比较 Langmuir 等温模型与 Freundlich 等温模型对拟合吸附平衡数据分析，得到 Langmuir 等温模型（$R^2>0.99$）表现出了比 Freundlich 等温模型更好的吸附平衡数据，从 Langmuir 等温模型获得的最大吸附量为 95.7 μg/g。吸附动力学数据通过拟一级动力学模型和拟二级动力学模型进行分析，拟二级动力学模型更好地描述了吸附过程。

参 考 文 献

[1] 陈严双. 天然淀粉改性机制及应用概述[J]. 化工设计通讯，2021，47（7）：165-166.

[2] Dimantov A，Greenberg M，Kesselman E，et al. Study of high amylose corn starch as food grade enteric coating in a microcapsule model system[J]. Innovative Food Science & Emerging Technologies，2004，5（1）：93-100.

[3] Tharanathan R N. Starch-value addition by modification[J]. Critical Reviews in Food Science and Nutrition，2005，45（5）：371-384.

[4] 陈鹏，黄霜，李书艺，等. 微波辐照对玉米淀粉及其改性淀粉理化特性的影响[J]. 食品科学，2013，34（1）：121-126.

[5] Hu A J，Li Y，Zheng J. Dual-frequency ultrasonic effect on the structure and properties of

starch with different size[J]. Lwt，2019，106：254-262.

［6］黄峻榕，刘小晶. 淀粉颗粒结晶结构的测定方法研究进展[J]. 食品科学，2012，33（15）：335-338.

［7］张明. 湿热协同微波处理对淀粉理化性质及消化性的影响[D]. 广州：华南理工大学，2015.

［8］Colussi R，Singh J，Kaur L，et al. Microstructural characteristics and gastro-small intestinal digestion in vitro of potato starch：Effects of refrigerated storage and reheating in microwave[J]. Food Chemistry，2017，226：171-178.

［9］Przetaczek-Rożnowska I. Physicochemical properties of starches isolated from pumpkin compared with potato and corn starches[J]. International Journal of Biological Macromolecules，2017，101：536-542.

［10］杨莹，黄丽婕. 改性淀粉的制备方法及应用的研究进展[J]. 食品工业科技，2013，34（20）：381-385.

［11］闫溢哲，彭百祥，史苗苗，等. 等离子体在淀粉改性中的研究进展[J]. 中国调味品，2022，47（11）：200-204.

［12］李子钰，林新，陆佳慧，等. 高压均质技术在淀粉改性中的应用研究进展[J]. 粮食与油脂，2021，34（6）：21-23，28.

［13］冀国强，邵秀芝，王玉婷. 超声波技术在淀粉改性中应用[J]. 粮食与油脂，2010（1）：1-5.

［14］闫溢哲，冯琳琳，史苗苗，等. 淀粉物理改性技术研究进展[J]. 食品工业，2020，41（3）：241-245.

［15］廖卢艳，吴卫国. 湿热改性淀粉研究进展[J]. 食品与机械，2015，31（5）：266-269.

［16］刘惠惠，廖卢艳. 韧化处理对大米淀粉性质的影响[J]. 食品与生物技术学报，2023，42（3）：74-82.

［17］孙晓晓，刘敬科，赵巍，等. 球磨改性对小米全粉理化特性及其面条品质特性的影响[J]. 食品科学，2023，44（9）：39-46.

［18］Wang Y J，Wang L F. Physicochemical properties of common and waxy corn starches oxidized by different levels of sodium hypochlorite[J]. Carbohydrate Polymers，2003，52（3）：207-217.

［19］Chan H T，Bhat R，Karim A A. Physicochemical and functional properties of ozone-oxidized starch[J]. Journal of Agricultural and Food Chemistry，2009，57（13）：5965-5970.

［20］Chan H T，Leh C P，Bhat R，et al. Molecular structure，rheological and thermal

characteristics of ozone-oxidized starch[J]. Food Chemistry，2011，126（3）：1019-1024.
[21] Haq F，Yu H J，Wang L，et al. Advances in chemical modifications of starches and their applications[J]. Carbohydrate Research，2019，476：12-35.
[22] 余平，石彦忠. 淀粉与淀粉制品工艺学[M]. 北京：中国轻工业出版社，2011.
[23] Zhang B，Mei J Q，Chen B，et al. Digestibility，physicochemical and structural properties of octenyl succinic anhydride-modified cassava starches with different degree of substitution[J]. Food Chemistry，2017，229：136-141.
[24] 刘灿灿，黄群，孙潇鹏，等. 槟榔芋淀粉与其球磨酯化淀粉理化性质比较[J]. 食品与机械，2018，34（5）：44-48.
[25] Borah P K，Rappolt M，Duary R K，et al. Effects of folic acid esterification on the hierarchical structure of amylopectin corn starch[J]. Food Hydrocolloids，2019，86：162-171.
[26] 付陈梅，阚建全，陈宗道，等. 微孔淀粉研究进展[J]. 粮食与油脂，2003（1）：9-11.
[27] Khlestkin V K，Peltek S E，Kolchanov N A. Review of direct chemical and biochemical transformations of starch[J]. Carbohydrate Polymers，2018，181：460-476.
[28] Ochubiojo E M，Rodrigues A. Starch：From food to medicine[M]//Scientific，Health and Social Aspects of the Food Industry. Rijeka：InTech，2012：355-380.
[29] 魏海香，邬应龙. 大米交联淀粉的制备及其冻融稳定性的研究[J]. 食品研究与开发，2006（2）：18-20，23.
[30] Jyothi A N，Moorthy S N，Rajasekharan K N. Effect of cross-linking with epichlorohydrin on the properties of cassava（*Manihot esculenta* Crantz）starch[J]. Starch - Stärke，2006，58（6）：292-299.
[31] Ačkar Đ，Babić J，Šubarić D，et al. Isolation of starch from two wheat varieties and their modification with epichlorohydrin[J]. Carbohydrate Polymers，2010，81（1）：76-82.
[32] Hirsch J B，Kokini J L. Understanding the mechanism of cross-linking agents（$POCl_3$，STMP，and EPI）through swelling behavior and pasting properties of cross-linked waxy maize starches[J]. Cereal Chemistry，2002，79（1）：102-107.
[33] Schmitz C S，De Simas K N，Santos K，et al. Cassava starch functional properties by etherification-hydroxypropylation[J]. International Journal of Food Science & Technology，2006，41（6）：681-687.
[34] Teramoto N，Motoyama T，Yosomiya R，et al. Synthesis，thermal properties，and biodegradability of propyl-etherified starch[J]. European Polymer Journal，2003，39（2）：

255-261.

[35] 徐微，刘玉兵，张丝瑶，等. 变性淀粉的制备方法及应用研究进展[J]. 粮食与油脂，2020，33（9）：8-11.

[36] 张亚伟，侯志兵，陈海珊，等. 酶解淀粉改性三聚氰胺甲醛树脂的研究[J]. 中国胶黏剂，2021，30（4）：25-29.

[37] Rajan A，Sudha J D，Abraham T E. Enzymatic modification of cassava starch by fungal lipase[J]. Industrial Crops and Products，2008，27（1）：50-59.

[38] Van der Maarel M J E C，Capron I，Euverink G J W，et al. A novel thermoreversible gelling product made by enzymatic modification of starch[J]. Starch - Stärke，2005，57（10）：465-472.

[39] 袁久刚，向中林，范雪荣，等. 离子液体环境下淀粉的酶法疏水化改性[J]. 食品与生物技术学报，2017，36（11）：1152-1156.

[40] Lu X X，Luo Z G，Fu X，et al. Two-step method of enzymatic synthesis of starch laurate in ionic liquids[J]. Journal of Agricultural and Food Chemistry，2013，61（41）：9882-9891.

[41] Li D D，Zhang X W，Tian Y Q. Ionic liquids as novel solvents for biosynthesis of octenyl succinic anhydride-modified waxy maize starch[J]. International Journal of Biological Macromolecules，2016，86：119-125.

[42] Whistler R L，Daniel J R. Molecular structure of starch[M]//Whistler R L，BeMiller J N，Paschall E F. Starch：Chemistry and technology. 2nd ed. San Diego：Academic Press，1984：153-182.

[43] 张燕萍. 变性淀粉制造与应用[M]. 北京：化学工业出版社，2007.

[44] 张超. 玉米多孔淀粉的酶法制备及其作为吸附剂的应用研究[D]. 无锡：江南大学，2012.

[45] 袁美兰，伍小华. 多孔淀粉的研究进展[J]. 河北农业科学，2010，14（3）：40-42，95.

[46] Chen J H，Wang Y X，Liu J，et al. Preparation，characterization，physicochemical property and potential application of porous starch：A review[J]. International Journal of Biological Macromolecules，2020，148：1169-1181.

[47] 付陈梅，阚建全，陈宗道，等. 微孔淀粉研究进展[J]. 粮食与油脂，2003（1）：9-11.

[48] Khlestkin V K，Peltek S E，Kolchanov N A. Review of direct chemical and biochemical transformations of starch[J]. Carbohydrate Polymers，2018，181：460-476.

[49] Hj. Latip D N，Samsudin H，Utra U，et al. Modification methods toward the production of porous starch：A review[J]. Critical Reviews in Food Science and Nutrition，2021，61（17）：

2841-2862.
[50] Jeon Y S，Lowell A V，Gross R A. Studies of starch esterification：Reactions with alkenylsuccinates in aqueous slurry systems[J]. Starch-Stärke，1999，51（2-3）：90-93.
[51] Adak S，Banerjee R. A green approach for starch modification：Esterification by lipase and novel imidazolium surfactant[J]. Carbohydrate Polymers，2016，150：359-368.
[52] 苏良华. 马铃薯淀粉的酯化与复合变性的研究[D]. 天津：天津科技大学，2010.
[53] 潘远凤. 磷酸酯淀粉的合成及其反应机理研究[D]. 南宁：广西大学，2002.
[54] Bai Y J，Shi Y C. Structure and preparation of octenyl succinic esters of granular starch，microporous starch and soluble maltodextrin[J]. Carbohydrate Polymers，2011，83（2）：520-527.
[55] 石佳，辛嘉英，王艳，等. 酯化改性淀粉研究进展[J]. 食品工业科技，2014，35（2）：395-399.
[56] 孙建平，吴洪才，胡友慧. 酯化变性淀粉的制备与应用性能[J]. 高分子材料科学与工程，2003（3）：102-104，108.
[57] 钱大钧，杨光. 醋酸酯淀粉制备及性质研究[J]. 中国粮油学报，2007（2）：49-52，59.
[58] Whistler R L. Preparation and properties of starch esters[J]. Advances in Carbohydrate Chemistry，1945，1：279-307.
[59] Xu J T，Andrews T D，Shi Y C. Recent advances in the preparation and characterization of intermediately to highly esterified and etherified starches：A review[J]. Starch‐Stärke，2020，72（3-4）：1900238.
[60] Tian S Q，Chen Y M，Chen Z C，et al. Preparation and characteristics of starch esters and its effects on dough physicochemical properties[J]. Journal of Food Quality，2018，2018：1-7.
[61] Zuo Y F，Gu J Y，Yang L，et al. Preparation and characterization of dry method esterified starch/polylactic acid composite materials[J]. International Journal of Biological Macromolecules，2014，64：174-180.
[62] Biswas A，Shogren R L，Selling G，et al. Rapid and environmentally friendly preparation of starch esters[J]. Carbohydrate Polymers，2008，74（1）：137-141.
[63] Ochubiojo E M，Rodrigues A. Starch：from food to medicine[J]. Scientific，Health and Social Aspects of the Food Industry，2012：355-380.
[64] 赵妍嫣. 甘薯淀粉基高吸水树脂的合成及性质研究[D].合肥：合肥工业大学，2008.
[65] Hong J，Zeng X A，Brennan C S，et al. Recent advances in techniques for starch esters and

the applications：A review[J]. Foods，2016，5（3）：50.

[66] Otache M A，Duru R U，Achugasim O，et al. Advances in the modification of starch via esterification for enhanced properties[J]. Journal of Polymers and the Environment，2021，29：1365-1379.

[67] Chen Q，Yu H J，Wang L，et al. Recent progress in chemical modification of starch and its applications[J]. RSC Advances，2015，5（83）：67459-67474.

[68] Olorundare O F，Msagati T A M，Krause R W M，et al. Preparation and use of maize tassels' activated carbon for the adsorption of phenolic compounds in environmental waste water samples[J]. Environmental Science and Pollution Research，2015，22：5780-5792.

[69] 王航，黄立新，高群玉，等. 多孔淀粉的研究进展[J]. 精细化工，2002（S1）：102-105.

[70] 施晓丹，汪少芸. 多孔淀粉的制备与应用研究进展[J]. 中国粮油学报，2021，36（2）：187-195.

[71] 袁直，魏斌，杭德华，等. 固载 β-环糊精吸附剂对胆红素吸附机理的探讨[J]. 高等学校化学学报，2000（5）：731-733.

[72] Alsbaiee A，Smith B J，Xiao L L，et al. Rapid removal of organic micropollutants from water by a porous β-cyclodextrin polymer[J]. Nature，2016，529：190-194.

[73] Farag A M，Sokker H H，Zayed E M，et al. Removal of hazardous pollutants using bifunctional hydrogel obtained from modified starch by grafting copolymerization[J]. International Journal of Biological Macromolecules，2018，120（Part B）：2188-2199.

[74] Zhang L M，Chen D Q. An investigation of adsorption of lead（Ⅱ）and copper（Ⅱ）ions by water-insoluble starch graft copolymers[J]. Colloids and Surfaces A：Physicochemical and Engineering Aspects，2002，205（3）：231-236.

[75] 王梓民，石海信，王爱荣，等. 两性离子接枝共聚淀粉的制备及对 Cu^{2+} 的吸附性能[J]. 工业水处理，2020，40（11）：53-57.

[76] 段文贵，耿哲，张加研，等. 改性松香-缩合单宁酯的制备及性质[J]. 林产化学与工业，2009，29（3）：6-12.

[77] 唐世华，张柯，雷福厚. 常压一锅法合成聚乙二醇 400 葡糖苷松香酸酯[J]. 林产化学与工业，2010，30（2）：67-71.

[78] 林日辉，李贺，黄文勤，等. 一种脂肪酶催化合成松香淀粉酯的方法：CN201310465752.0[P]. 2014-01-22.

[79] 范延臻，王宝贞，王琳，等. 改性活性炭对有机物的吸附性能[J]. 环境化学，2001（5）：444-448.

［80］高超，王启山. 吸附法处理含酚废水的研究进展[J]. 水处理技术，2011，37（1）：1-4.
［81］高尚愚，安部郁夫，棚田成纪，等. 表面改性活性炭对苯酚及苯磺酸吸附的研究[J]. 林产化学与工业，1994（3）：29-34.
［82］范顺利，孙寿家，佘健. 活性炭自水溶液中吸附酚的热力学与机理研究[J]. 化学学报，1995（6）：526-531.
［83］Senturk H B，Ozdes D，Gundogdu A，et al. Removal of phenol from aqueous solutions by adsorption onto organomodified Tirebolu bentonite：Equilibrium，kinetic and thermodynamic study[J]. Journal of Hazardous Materials，2009，172（1）：353-362.
［84］Choi H，Harrison R，Komulainen H，et al. Polycyclic aromatic hydrocarbons[M]//WHO guidelines for indoor air quality：Selected pollutants. Geneva：World Health Organization，2010.
［85］Lawal A T. Polycyclic aromatic hydrocarbons. A review[J]. Cogent Environmental Science，2017，3（1）：1339841.
［86］傅孝美，李宗军，赵志友，等. 食用槟榔中苯并芘检测方法研究进展[J]. 食品与机械，2019，35（8）：216-219，225.
［87］Lamichhane S，Krishna K C B，Sarukkalige R. Polycyclic aromatic hydrocarbons（PAHs）removal by sorption：A review[J]. Chemosphere，2016，148：336-353.
［88］Walters R W，Luthy R G. Equilibrium adsorption of polycyclic aromatic hydrocarbons from water onto activated carbon[J]. Environmental Science & Technology，1984，18（6）：395-403.